Andreas Gigon

Symbiosen in unseren Wiesen, Wäldern und Mooren

Haupt
NATUR

Gewidmet meiner Frau Maria mit Dank für das Mitdenken und Mitgestalten

«Die Arten sind die Musiknoten,
die Beziehungen die Melodie.»

Daniel Janzen, University of Pennsylvania

Umschlagbilder vorne
Beispiele von positiven Beziehungen: Gelbflechte *(Xanthoria parietina),* Symbiose zwischen bestimmten Pilzarten mit Grünalgen bzw. Cyanobakterien; Rendezvous-Platz von Rosenkäfern *(Cetonia aurata)* auf dem Blütenstand des Zwerg-Holunders *(Sambucus ebulus);* Eichelhäher *(Garrulus glandarius)* lassen sich mit Ameisensäure bespritzen, die Parasiten eindämmen kann; eine Zikadenwespe *(Argogorytes mystaceus)* besucht die Weibchen-ähnliche Blüte der Fliegen-Ragwurz *(Ophrys insectifera);* eine Sandbiene *(Andrena rufizona)* benutzt die Blüte einer Glockenblume *(Campanula)* als Schlafstätte; eine Krabbenspinne *(Misumena vatia)* ist in einem Blütenstand der Zypressen-Wolfsmilch *(Euphorbia cyparissias)* gut getarnt; die Schneckenhaus-Mauerbiene *(Osmia bicolor)* benutzt obligat jeweils ein leeres Schneckenhäuschen als Nistplatz; Feldmäuse *(Microtus arvalis)* fressen Pflanzen, die durch ihren Kot gedüngt worden sind.

Andreas Gigon

Symbiosen in unseren Wiesen, Wäldern und Mooren

60 Typen positiver Beziehungen und ihre Bedeutung für den Menschen

2., überarbeitete und ergänzte Auflage

Haupt Verlag

Andreas Gigon wuchs im französisch- und im deutschsprachigen Teil der Schweiz sowie im Tessin auf. Studium der Naturwissenschaften an der Eidgenössischen Technischen Hochschule in Zürich (ETHZ). Diplomarbeit über Stickstoff- und Wasserhaushalt in Magerwiesen bei Heinz Ellenberg. Doktorarbeit über experimentelle Ökologie alpiner Rasen auf Silikat- und auf Karbonatboden bei Elias Landolt. Forschung über Stickstoffernährung von Wiesenpflanzen an der Universität Sheffield (GB). An der Stanford Universität (USA), im Rahmen des Internationalen Biologischen Programms, Forschung über die Ökophysiologie und Konvergenz mediterraner Sträucher sowie Lehrbeauftragter zum Thema Soil-plant relationships. Von 1972 bis 1985 Dozent, dann bis 2007 Professor für Pflanzenökologie und Naturschutzbiologie an der ETH Zürich. Entwicklung des Naturschutz-Instrumentes der «Blauen Listen der gefährdeten Tier- und Pflanzenarten, die erfolgreich gefördert werden konnten». Gründungsmitglied des interdisziplinären ETH-Studienganges Umweltnaturwissenschaften. Forschungsschwerpunkte (über 100 Fachartikel und -bücher): Koexistenz und positive Interaktionen in Wiesen-Ökosystemen, experimentelle Ökologie und Maßnahmen zur Erhaltung von Trockenrasen und Feuchtwiesen, Grundlagen des Naturschutzes sowie Ökologie von Neophyten.

Die Herausgabe der 1. Auflage wurde durch Beiträge folgender Stiftungen unterstützt:

- Bristol Stiftung, Ruth und Herbert Uhl-Forschungsstelle für Natur- und Umweltschutz
- Dr. Bertold Suhner-Stiftung für Natur-, Tier- und Landschaftsschutz
- Stiftung Geobotanisches Forschungsinstitut Rübel

Zitierung
Gigon, A., 2021. Symbiosen in unseren Wiesen, Wäldern und Mooren. 60 Typen positiver Beziehungen und ihre Bedeutung für den Menschen. 2. Aufl. Haupt, Bern. 432 S.

Der Haupt Verlag wird vom Bundesamt für Kultur für die Jahre 2021–2024 unterstützt.

2. Auflage: 2021
1. Auflage: 2020

Diese Publikation ist in der Deutschen Nationalbibliografie verzeichnet.
Mehr Informationen dazu finden Sie unter http://dnb.dnb.de.

ISBN 978-3-258-08248-6

Gestaltungskonzept: pooldesign, CH-Zürich
Satz und Umschlag: Die Werkstatt Medien-Produktion GmbH, D-Göttingen
Lektorat: Claudia Huber, D-Erfurt

Inhalt

Vorwort zur 1. Auflage

Begeisterung für die Natur begleitet mich schon seit der Jugend. Dies bewog mich, Naturwissenschaften an der Eidgenössischen Technischen Hochschule in Zürich zu studieren. Mich interessierten und interessieren vor allem die Beziehungen zwischen den Pflanzen, den Tieren und dem Boden. Im Verlauf von Untersuchungen in verschiedenen Wiesentypen realisierte ich, dass neben der Konkurrenz zwischen den Arten auch die positiven Beziehungen zwischen diesen eine wichtige Rolle spielen und zum Zusammenleben beitragen. Zu diesem Thema folgten in den letzten dreißig Jahren mehrere Publikationen.

Es ist mir immer wichtig, Erkenntnisse über die Natur anderen Menschen näherzubringen, früher als Hochschuldozent, insbesondere mit Feldpraktika, und bis heute mit Exkursionen und Vorträgen auch für ein breiteres Publikum. Die Phänomene draußen in der Natur stehen dabei immer im Vordergrund und nicht so sehr abstrakte Modelle. In die gleiche Richtung zielte und zielt mein Engagement im Naturschutz. All dies führte zum vorliegenden Buch mit seinen zahlreichen Fotos, Tabellen und Übersichtsdarstellungen sowie den im Anhang zusammengestellten Tipps für das Finden und Beobachten von positiven Beziehungen in unseren Wiesen und Wäldern. Diese Tipps können die Leserin/den Leser dazu anregen, weitere positive Beziehungen in der Natur zu entdecken.

In einem größeren Zusammenhang geht es mir in diesem Buch nicht zuletzt auch darum, die Bedeutung der positiven Beziehungen zwischen den Arten für den Menschen herauszuarbeiten.

Dieses Buch ist für Lehrer, Studierende in den ersten Semestern, NaturschützerInnen, ExkursionsleiterInnen und generell für Menschen gedacht, die Interesse und Freude an der Natur haben.

Vorwort zur 2. Auflage

Es wurden zahlreiche Verbesserungen und Änderungen vorgenommen sowie mehrere Kapitel umgestellt. Das Konzept der positiven Beziehung als allgemeiner Oberbegriff, der auch die Symbiose beinhaltet, wurde klarer gefasst (Kap. 1.1.4). Das Kap. 1.3 wurde gestrafft. In die Kap. 2–6 wurden insgesamt zehn faszinierende neue Beispiele zu verschiedenen Typen von positiven Beziehungen eingefügt. Neu sind das Kap. 5.3.2 über die Konvergenz bei Symbiosen sowie das Synthesekapitel 6.4.

Andreas Gigon

Einführung

Ein Spaziergang in einem Wald oder durch eine Blumenwiese zeigt uns ein stetes und ausgeglichenes Zusammenleben, eine Koexistenz vieler verschiedener Pflanzen und Tiere. Ab und zu sieht man Vögel hin und her fliegen oder man hört einen Gesang oder Ruf. Bei genauem Hinschauen und -hören nimmt man auch kleinere Tiere wahr: Bienen, Ameisen, Spinnen, Schmetterlinge. Ab und zu sieht man Vögel, die Insekten von Zweigen abpicken, blätterfressende Raupen oder weidende Rehe, also Tiere, die Pflanzen bzw. andere Tiere fressen – gesamthaft fällt kein allgegenwärtiges Fressen-und-gefressen-Werden auf. Trotzdem glauben manche Menschen, dass in der belebten Natur der Kampf, das Gesetz des Stärkeren und die Konkurrenz die wichtigsten Prozesse sind. Fernsehsendungen über Raubtiere, die ihre Beute jagen und fressen, sind häufig und beliebt.
Welches Bild der Natur stimmt nun? Beide!
Wir erleben, dass Tiere und der Mensch Pflanzen und Tiere fressen bzw. essen. Fraß, Konkurrenz und andere als negativ bezeichnete Beziehungen sind für das Leben unerlässlich. Auch tragen sie dazu bei, dass einzelne Arten nicht völlig überhandnehmen, was langfristig nicht nachhaltig wäre.
Aber auch die mannigfachen *Symbiosen*, hier verstanden als enge und dauerhafte gegenseitige Förderungen zwischen zwei Arten, sowie zahlreiche andere positive Beziehungen sind für das Funktionieren der belebten Natur unerlässlich. Bekannte Beispiele hierzu sind:

- Blütenbestäubung durch Insekten
- Samenausbreitung durch Insekten, Vögel und Säugetiere
- Symbiosen zwischen Pflanzen und Wurzelpilzen (Mykorrhizen)

Wie wir sehen werden, kommen in unseren Wiesen und Wäldern zusätzlich zu den soeben genannten noch viele Hundert weitere positive Einzelbeziehungen vor. Viele von ihnen sind wenig bekannt – und faszinierend, z. B. jene der Schlafstättenblumen, der Ammenpflanzen, der Rendezvousblumen, der Einemsung und der Nachnutzung verlassener Käferfraßgänge. Oft sind die Beziehungen nur für *einen* der Partner positiv, für den anderen hingegen bedeutungslos.
Die älteste schriftliche Aufzeichnung über eine positive Beziehung zwischen verschiedenen Arten stammt vom griechischen Geschichtsschreiber Herodot (ca. 490–ca. 420 v. Chr.). Er beschrieb, dass bestimmte Vögel aus dem Maul des Nilkrokodils Blutegel (andere Quellen sagen Nahrungsreste) wegpicken, ein Verhalten, das heute als Putzsymbiose bezeichnet wird.

Nicht Thema dieses Buches sind die positiven Beziehungen zwischen Individuen ein und derselben Art, also z. B. die Brutpflege, das gemeinsame Jagen, das Zusammenleben bei den staatenbildenden Insekten (Bienen, Ameisen) sowie die Kommunikation zwischen Individuen der gleichen Pflanzenart.

Konzept

In diesem Buch geht es darum, ein möglichst umfassendes Bild der positiven Beziehungen, die in einem *einzelnen Ökosystem* vorkommen, zusammenzustellen, von den Tieren über die Pflanzen und die Pilze bis zu den Bakterien. Dieser Ansatz unterscheidet sich grundlegend von dem anderer Bücher zum Thema Symbiose bzw. Mutualismus. In den Werken z. B. von Offenberger (2014), Bronstein (2015 a) und Brandstetter & Reichholf (2016) sowie in den gängigen Ökologie-Lehrbüchern stehen nicht die Ökosysteme im Vordergrund, sondern detaillierte Beschreibungen und Analysen einzelner wichtiger oder besonders attraktiver Symbiosen. Viele von ihnen kommen nur in exotischen Ökosystemen vor. Im Gegensatz dazu werden im vorliegenden Buch die zwischenartlichen positiven Beziehungen vor unserer Haustüre beschrieben und analysiert, in mehreren natürlichen bzw. naturnahen Land-Ökosystemen Mitteleuropas. Die Fokussierung auf diese Region ermöglicht der Leserin und dem Leser einen unmittelbaren Bezug zu den besprochenen Ökosystemen: Sie können diese besuchen und die im Buch beschriebenen Beziehungen entdecken. Die von bloßem Auge oder mit einer Lupe sichtbaren Beziehungen sind mit  gekennzeichnet. Anregungen für Beobachtungen liefern auch die in den Anhängen A und B präsentierten über 40 Tipps.

Gliederung

Als Erstes wird in einem *Methodenkapitel* (Kap. 1) auf wichtige, in der wissenschaftlichen Literatur verwendete Begriffe eingegangen. Die verschiedenen Grundkategorien von Beziehungen werden definiert und mit den einleuchtenden Symbolen + (Plus) für «Förderung», – (Minus) für «Beeinträchtigung» und 0 (Null) für «keine Bedeutung» charakterisiert. Auf die Verwendungen der unzähligen, für einzelne positive Beziehungen verwendeten Fachausdrücke wie Kommensalismus, Protokooperation, Facilitation und Amensalismus wird weitgehend verzichtet, mit Ausnahme der Begriffe Symbiose und Mutualismus.

Positive Beziehungen werden in diesem Buch wie folgt definiert: *Beziehungen, in denen eine der Arten oder Artengruppen gefördert und die andere ebenfalls gefördert oder nicht beeinträchtigt wird.* Diese Definition ist weit gefasst, indem sie auch *einseitig positive Beziehungen umfasst.* Beispiel einer solchen ist die obligate Benützung leerer Schneckenhäuschen durch bestimmte Wildbienen-Arten als Brutplatz. Diese Beziehung ist für die Biene positiv, für das leere Schneckenhäuschen bzw. die Schnecke jedoch bedeutungslos.

Wichtig ist hier der Hinweis, dass «positiv» nur im naturwissenschaftlichen Sinn von Förderung zu verstehen ist und nicht als ethische Wertung. Außerdem sei festgehalten, dass sich «Gegenleistung», «helfen» und ähnliche Ausdrucksweisen auf die Wirkung beziehen und nicht ein absichtsvolles Handeln bedeuten.

Im *Hauptteil* (Kap. 2–4) werden positive Beziehungen in sieben natürlichen oder naturnahen mitteleuropäischen Land-Ökosystemen beschrieben. Diese und ähnliche Ökosysteme decken einen namhaften Teil der natürlichen und naturnahen Landfläche Mitteleuropas mit feucht-gemäßigten Klimabedingungen ab. In diesen Ökosystemen kommen jeweils *Dutzende bis Hunderte von verschiedenen positiven Einzelbeziehungen* vor. Mit den neuartigen grafischen Darstellungen der *Förderungskonstellation* und des *Förderungsnetzes* wird angestrebt, eine Übersicht über die große Zahl und das Zusammenwirken der positiven Beziehungen in den Ökosystemen Magerwiese bzw. Laubwald zu geben (Kap. 2.8 und 3.8).

In Kap. 5 wird geprüft, inwieweit positive Beziehungen bei der ökologischen Sukzession (5.1), also bei der zeitlichen Abfolge verschiedener Ökosysteme an einem Ort, sowie in den *Stoffkreisläufen* (5.2) eine Rolle spielen. Thema von Kap. 5.3 ist die *Evolution*. Es würde den Rahmen dieses Buches sprengen, diesen für die Entstehung von engen positiven Beziehungen entscheidenden Prozess ausführlich zu beschreiben. Thematisiert wird jedoch die Frage, inwieweit neben dem Kampf und dem Gesetz des Stärkeren auch positive Beziehungen zwischen den Arten in Evolutionsprozessen wichtig sind.

Einen *Gesamtüberblick über die im Buch beschriebenen positiven Beziehungen* liefert das Kap. 6. Dazu werden die rund 700 zusammengestellten *Einzelbeziehungen* zu etwa 60 *Beziehungstypen* zusammengefasst, also zu Gruppen von Beziehungen, die auf dem gleichen ökologischen Prinzip oder ähnlichen Prinzipien beruhen. So bilden z. B. die zahlreichen verschiedenen Varianten der Blütenbestäubung durch Tiere einen einzigen Beziehungstyp. Anschließend wird der Blick ausgeweitet auf die große Bedeutung der Symbiosen und anderen positiven zwischenartlichen Beziehungen in der gesamten Biosphäre und für das Leben des Menschen (Kap. 6.5 bis 6.8).

Im Schlusskapitel (Kap. 7) wird der Frage nachgegangen, wieso die positiven Beziehungen trotz ihrer Häufigkeit und ihrer wichtigen ökologischen Wirkungen sowohl in der Allgemeinheit als auch in der Wissenschaft oft als weniger wichtig angesehen werden als die negativen wie der Kampf und die Konkurrenz. Es werden Gründe für diese einseitige Sichtweise beschrieben, wobei auch nicht naturwissenschaftliche Aspekte zur Sprache kommen. Anschließend wird diskutiert, inwieweit die Berücksichtigung der positiven Beziehungen dazu beitragen kann, dass Menschen ein *sachgerechteres und partnerschaftlicheres Naturverständnis* und daraus folgend ein *entsprechendes Verhalten* gewinnen. Dafür ist grundlegend, die Bilder des Gesetzes des Stärkeren und des *Fressen-und-gefressen-Werdens* zu *ergänzen* durch die Bilder der Symbiose und des *Fördern-und-gefördert-Werdens.*

Damit das Literaturverzeichnis nicht übermäßig lang wird, wurde in manchen Fällen darauf verzichtet, die entsprechenden Publikationen zu zitieren. Diese können jedoch mit den entsprechenden thematischen Stichwörtern meist leicht im Internet gefunden werden.

Die Pflanzennamen werden in diesem Buch hauptsächlich gemäß Landolt et al. (2010) und der Flora Helvetica von Lauber et al. (2018) verwendet, die Namen der Schmetterlinge gemäß Bühler-Cortesi (2013) und jene der Pilzarten gemäß der Roten Liste von Senn-Irlet et al. (2007). Das in einigen Artnamen vorkommende antiquierte Adjektiv «gemein» wird durch «gewöhnlich» ersetzt.

1

Was sind positive Beziehungen, Symbiose und Mutualismus?

Vorangehende Seite:
Kirschblüten werden von Bienen bestäubt – eine typische und bekannte, wechselseitig positive Beziehung.

1.1 Definitionen, Symbole und Namen der zwischenartlichen Beziehungen

In diesem Kapitel werden die Methoden, Symbole und Begriffe beschrieben, die zur Charakterisierung der Beziehungen zwischen verschiedenen Arten angewandt werden.

1.1.1 Förderung (+ und +*), Beeinträchtigung (–) und Nullwirkung (0) zwischen verschiedenen Arten

Eine **Förderung, also positive Wirkung (Symbol +),** liegt vor, wenn eine Art besser gedeiht, eine größere Populationsdichte bzw. mehr Nachkommen (Nachwuchs, Eier, Samen, Sporen) hat oder länger lebt, wenn sie mit einer anderen Art oder mehreren anderen Arten lebt als ohne diese. In der Wissenschaft spricht man auch von einer Vergrößerung der reproduktiven Fitness. Oft ermöglicht das Zusammenleben der einen Art oder beiden Arten, etwas zu erlangen, was sonst «teuer» oder unmöglich zu erhalten ist. Ein Beispiel hierfür ist der gezielte Transport von Pollen von Blüte zu Blüte durch die Bestäuber. Eine positive Wirkung liegt auch vor, wenn eine Art durch das Zusammenleben mit einer anderen Art oder Artengruppe unter neuen (anderen) Umweltbedingungen leben kann (Beispiele siehe unten). Die hauptsächlichen Förderungsfunktionen sind Schutz, Ernährung und Transport (siehe Kap. 1.2). Bei einer Förderung muss der Vorteil natürlich größer als ein allfälliger Nachteil sein (siehe das Schema in Kap. 1.1.2). Selbstverständlich können positive Wirkungen verschieden stark oder häufig sein. Auf eine solche Differenzierung wird hier jedoch verzichtet.
Geht man ins Detail, so kann man zwei Fälle von positiven Wirkungen unterscheiden:

1. Positive Wirkungen, bei denen mindestens bei *einer* Art eine im Verlauf der Evolution entstandene **Anpassung** an die andere Art vorliegt (siehe Kap. 5.3). Man kann auch von **Art-zu-Art-Förderung** bzw. **eigentlicher positiver Beziehung** sprechen. Ein Beispiel hierfür ist die Blütenbestäubung durch Insekten.
2. Positive Wirkungen, bei denen *keine Anpassung* einer Art an eine andere Art oder Artengruppe vorliegt. Hier handelt es sich um ein Zusammentreffen, das für die betreffende Art positiv ist; sie profitiert einfach, weswegen man diesen Fall als **Profitierung** bezeichnen kann. Ein Beispiel hierfür ist, wenn bestimmte Waldkräuter davon profitieren, dass Bäume ein Mikroklima schaffen, das ihnen das Leben ermöglicht. Die Kräuter sind dabei nicht an bestimmte Baumarten angepasst (jedoch an das Waldklima). Man kann in diesem Zusammenhang auch von **Ermöglichung** sprechen; z. B. ermöglicht das Astwerk eines Baumes (der selbst nichts davon hat) einer Amsel, in ihm (instinktiv) ihr Nest zu bauen.

Zwischen diesen beiden Fällen gibt es fließende Übergänge, sodass es nicht immer einfach ist, positive Wirkungen einem der beiden beschriebenen Fälle zuzuordnen. Der Einfachheit wegen wird im Folgenden von positiven Beziehungen gesprochen, auch wenn es sich streng genommen um ein Profitieren im obigen Sinn handelt.
Die Bedeutung des Symbols +* wird erst in Kap. 1.1.4 beschrieben.
Eine **Beeinträchtigung bzw. Schädigung, also negative Wirkung (Symbol –),** ist natürlich das Gegenteil von Förderung. Sie liegt vor, wenn eine Art von einer anderen Art gefressen, parasitiert, vergiftet, verdrängt oder sonst irgendwie geschädigt wird, insbesondere, wenn sie weniger Nachkommen hat, die (reproduktive) Fitness also verringert wird. Eine Art kann auch dadurch beeinträchtigt werden, dass eine andere Art die Umweltbedingungen so verändert, dass die erstgenannte Art dort nicht mehr leben kann, z. B. infolge zu starker Beschattung.
Hier muss darauf aufmerksam gemacht werden, dass *Fraß auch in positiven Beziehungen vorkommen kann*. So profitieren bestimmte Tierarten davon, dass sie abgestorbene Teile (z. B. Falllaub), Ausscheidungen oder Kadaver fressen, wodurch die betreffende Art natürlich nicht beeinträchtigt wird. Auch wenn die Bestäuber Nektar und einen Teil des Pollens fressen, ist der Nutzen für die Pflanzenart größer als der Schaden, sodass gesamthaft eine positive Beziehung vorliegt (siehe Kap. 1.5.6). Analoges gilt auch bei der Samenausbreitung durch Tiere. Auch bei der Feind-meines-Feindes-ist-mein-Freund-Beziehung geht es z. T. um Fraß und Parasitismus (siehe Kap. 1.4.2). Eine Beeinträchtigung kann auch vorliegen, wenn Tiere Pflanzenteile als Heilpflanzen nutzen. So tragen z. B. Stare die aromatischen Blüten von Schafgarbe als «Desinfektionsmittel» ins Nest. Die Menge an Blüten ist aber so gering, dass die Schafgarbe praktisch nicht beeinträchtigt wird.
Eine **Nullwirkung (Symbol 0),** manchmal auch als **neutrale Wirkung** bezeichnet, liegt vor, wenn weder eine Förderung noch eine Beeinträchtigung vorhanden ist. Wie oben erwähnt, liegt *keine* Beeinträchtigung vor, wenn sich eine Art z. B. von *toten* Ästen, Falllaub, Exkrementen oder einem Kadaver einer anderen Art ernährt.

1.1.2 Direkte Beziehungen zwischen zwei Arten

In vielen Ökologie-Lehrbüchern werden die Beziehungen (Interaktionen) zwischen zwei Arten oder Artengruppen mit den Kombinationen von Förderung (+), Beeinträchtigung (–) und Nullwirkung (0) charakterisiert und mit den Namen bezeichnet, die in der unten stehenden Tabelle aufgeführt sind.

Da beispielsweise die Kombination + – das Gleiche ist wie – + (obwohl die Bedeutung für die betreffenden Arten natürlich entgegengesetzt ist), ergeben sich insgesamt fünf verschiedene Kombinationsmöglichkeiten dieser drei Symbole.
Die fünf verschiedenen Kombinationen von +, 0 und – in der unten stehenden Tabelle sowie die in Kap. 1.1.4 beschriebenen drei zusätzlichen Kombinationen mit der obligaten, also unerlässlichen positiven Wirkung (Symbol +*) werden im Folgenden als *Grundkategorien* von Beziehungen bezeichnet (siehe Kap. 1.3).

Die sich aufgrund der Kombinationsmöglichkeiten von Förderung, Beeinträchtigung und Nullwirkung ergebenden fünf Grundkategorien von Beziehungen zwischen zwei Arten bzw. zwei Artengruppen. Dabei wird aber keine Aussage darüber getroffen, ob die Förderung unerlässlich, also obligat, oder ob sie fakultativ ist (siehe Kap. 1.1.4). Von den 18 in der Tabelle angegebenen Bezeichnungen werden in diesem Buch nur die grün markierten verwendet.

ART A / ART B		Gefördert	Unbeeinflusst, Nullwirkung	Beeinträchtigt, geschädigt
		+	0	–
Gefördert	+	+ + Mutualismus, Symbiose, Facilitation, Kooperation, Protokooperation, eine positive Beziehung	+ 0 Kommensalismus, Probiose, Facilitation, eine positive Beziehung	+ – Fraßbeziehung, Prädation, Räuber-Beute-Beziehung, Antagonismus, Parasitismus, Konkurrenz, Wettbewerb
Unbeeinflusst	0	gleich wie 0 + Mitte rechts oben	0 0 Keine Beziehung, Neutralismus	0 – Amensalismus, (Konkurrenz, Wettbewerb)
Beeinträchtigt, geschädigt	–	gleich wie – + ganz rechts oben	gleich wie – 0 ganz rechts Mitte	– – Konkurrenz, Wettbewerb, Kompetition

Bei den wechselseitig positiven Beziehungen, also der Symbiose bzw. dem Mutualismus, ist es übrigens nicht so, dass zwischen den beiden Partnern einfach nur eine Förderung vorliegt, sondern diese «kostet» auch etwas, wie dies in der unten stehenden Abbildung dargestellt ist.

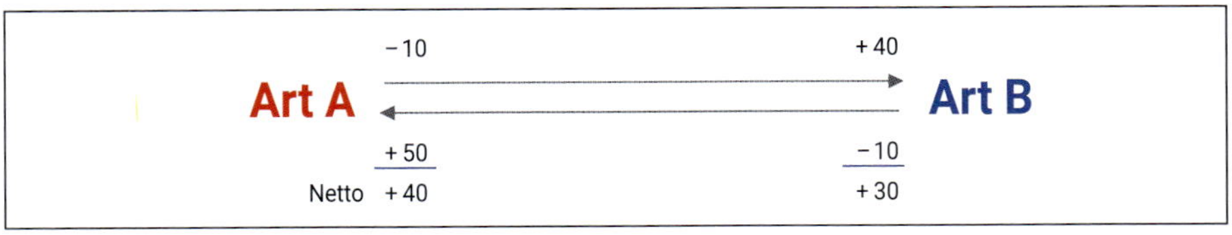

Die insgesamt positive Nettobilanz von Kosten (Symbol –) und Nutzen (+) einer wechselseitig positiven Beziehung zwischen den Arten A und B. Die angegebenen Zahlenwerte sind willkürlich.

Als Beispiel kann man die wechselseitig positive Beziehung zwischen einer Pflanze und einem Wurzelpilz (Mykorrhiza) heranziehen. Die Pflanze kann in der Fotosynthese relativ leicht Kohlenhydrate herstellen und gibt davon einen Teil an den Pilz ab. Bei der Versorgung der Pflanze mit Phosphorverbindungen, die der Pilz aus dem Boden aufnimmt, ist es analog. Netto ist die Beziehung für beide Partner positiv (Einzelheiten siehe Kap. 3.5).
Wie in der Einleitung bereits festgehalten, sind die positiven Beziehungen zwischen Individuen (oder Gruppen von Individuen) der *gleichen* Art nicht Thema des vorliegenden Buches. Beispiele solcher Beziehungen sind die Brutpflege, das Rudelverhalten sowie das Zusammenleben bei staatenbildenden Insekten wie Ameisen und Bienen. Solche Beziehungen werden meist als *Kooperation* (Zusammenwirken) oder als *Altruismus* bezeichnet (von lat. *alter* = der Andere, im Sinn von uneigennütziger Hilfe).
Bevor weiter auf das Hauptthema dieses Buches, die positiven Beziehungen, eingegangen wird, sollen noch kurz die negativen und die gemischten zwischenartlichen Beziehungen beschrieben werden.

Rein negative Beziehungen sind jene, in denen einer der Partner beeinträchtigt wird und der andere ebenfalls beeinträchtigt bzw. nicht gefördert wird, immer im Vergleich zum Leben ohne den Partner.
Beispiele für die – –-Beziehung:

- Geringeres Wachstum beider Grasarten beim Zusammenleben in Vergleich zum Wachstum der einzelnen Arten in Reinkultur, beispielsweise infolge von Konkurrenz um Bodennährstoffe.
- Konkurrenz zwischen gleich großen und gleich aggressiven Vogelarten am Futterbrett.

Beispiele für die – 0-Beziehung:

- Orchideen, die von weidenden Rindern, die nichts davon haben, zertreten werden.
- Aus Nussbaumblättern werden bei der Zersetzung Stoffe freigesetzt, die für bestimmte andere Pflanzenarten giftig sind. Für einen ausgewachsenen Nussbaum ist dies wohl bedeutungslos.

Gemischte Beziehungen sind jene, in denen einer der Partner beeinträchtigt und der andere gefördert wird, immer im Vergleich zum Leben ohne den Partner.

Beispiele für die + – *-Beziehung:*

- Beziehung zwischen einem Wolf, der ein Reh tötet und frisst.
- Besseres Wachstum des Englischen Raygrases *(Lolium perenne)* in Mischkultur mit Weiß-Klee *(Trifolium repens)* als aufgrund des Wachstums des Grases in Reinkultur zu erwarten ist. Beim Weiß-Klee ist das Gegenteil der Fall. Die Ursache für diesen Befund ist, dass das Raygras von der Stickstoffnahrung profitiert, die ihm durch die Knöllchenbakterien des Klees zur Verfügung gestellt wird. Der Klee hingegen wird durch das Raygras beschattet, also durch Konkurrenz um Licht im Wachstum beeinträchtigt.
- Eine Giftwirkung ist für die betreffende Art von Vorteil, für die betroffene hingegen negativ.

Beispiele für die +*– *-Beziehung:*

- Der Kuckuck parasitiert obligat im Nest einer anderen Vogelart.
- Die Mistel muss obligat auf einem Baum parasitieren.

1.1.3 Warum kann auch eine nur einseitige Förderung zwischen zwei Arten als positive Beziehung angesehen werden?

In der Natur kommen viele Fälle vor, wo beim Zusammenleben von zwei Arten nur *eine* gefördert wird, die andere hingegen unbeeinflusst bleibt (Nullwirkung). Beispielsweise profitiert der Efeu *(Hedera helix)* vom Baum, auf den er geklettert ist, weil dort mehr Licht für die Fotosynthese zur Verfügung steht und die Ausbreitung der Samen durch Vögel wohl eher erfolgt. Der Baum wird vom Efeu im Allgemeinen weder geschädigt noch gefördert: eine +0-Beziehung.

Auch bei den Mistkäfern, die sich bekanntlich von Kot von Wildtieren und Vieh ernähren, liegt eine +0-Beziehung vor, denn das Tier, das den Kot ausgeschieden hat, profitiert von der Beziehung nicht. Analoges gilt für all die vielen Kleintiere, Pilze und Mikroorganismen, die Falllaub und Totholz abbauen.

Sind solche Zusammenhänge überhaupt als Beziehungen anzusehen?

In den meisten Fällen: ja, sofern die eine Art *Anpassungen* hat, die das Zusammenleben mit der anderen Art ermöglichen. Solche Anpassungen sind im Erbgut der betreffenden Art festgelegt. (Gibt es keine solchen Anpassungen, so liegt ein bloßes Profitieren, aber keine wirkliche Beziehung vor, siehe Kap. 1.1.1). Eine Anpassung liegt z. B. beim Efeu vor: Er hat Haftorgane und klettert. Anpassungen des Mistkäfers sind, den Gestank des Tierkots zu riechen, hinzukriechen, ihn zu fressen und schließlich verdauen zu können. Auch die verschiedenen Organismen, die z. B. Falllaub und Totholz abbauen, müssen daran angepasst sein, die in diesen Substraten enthaltenen chemischen Verbindungen zu zersetzen und die Abbauprodukte dann als Nahrung aufzunehmen.

1.1.4 Definitionen von «positive Beziehung», obligat (+*) und fakultativ (+) sowie von Symbiose, Eusymbiose und Mutualismus

Für das Verständnis von ökologischen Zusammenhängen ist wichtig zu wissen, ob eine Art auf die *direkte Förderung durch eine andere Art angewiesen ist, also alleine nicht lebensfähig ist. Dieser Fall wird mit dem Symbol +* gekennzeichnet.* Meist ist eine solche Beziehung eng und mehr oder weniger dauerhaft. Liegt der seltene Fall einer *wechselseitig obligaten Beziehung vor, so wird er z. T. als* ***Eusymbiose*** bezeichnet. Beispiel hierfür ist die Beziehung zwischen der Feigenpflanze und ihrem Bestäuber, der Feigen-Gallwespe (Einzelheiten siehe Kap. 1.3.1). Oft sind die beteiligten Arten nur auf die betreffende positive Beziehung angewiesen; jedoch ist nicht «fix», welche Arten an der Beziehung beteiligt sind. Dann spricht man von einer *fakultativen Förderung; sie wird im Folgenden durch das Symbol + gekennzeichnet.* Als Beispiel hierfür dient der Kirschbaum, der für die Bestäubung und somit die Bildung von Kirschen auf Bestäuber angewiesen ist; dies können Bienen, bestimmte Fliegen, Tagfalter und sogar Käfer sein (Landolt et al. 2010). Diese Insekten ihrerseits bestäuben natürlich auch andere Pflanzenarten. Beispiele solcher einseitig oder zweiseitig fakultativen Beziehungen geben die Kapitel 1.3.2–1.3.5. *Auch wenn eine gegenseitige direkte Förderung erforderlich ist, aber nicht «fix» ist, durch welche Arten sie erfolgt, wird die Beziehung als Symbiose bezeichnet.* (Der Übersichtlichkeit wegen werden selten auch alle positiven Beziehungen, also auch die einseitigen, als Symbiose bezeichnet.) Generelle Überlegungen zu den häufig indirekten Förderungen sind das Thema von Kap. 1.4.

Unterscheidet man zwischen der obligaten und der fakultativen *direkten* Förderung, so ergeben sich zusätzlich zu den zwei Fällen + + und +0 der Tabelle in Kap. 1.1.2 noch drei weitere, nämlich +*+*, +*+ und +*0. Wie im erwähnten Kapitel bereits festgehalten, werden sie als Grundkategorien von positiven Beziehungen bezeichnet; sie sind in der folgenden Tabelle zusammengestellt.

Die Erklärungen der Namen der Bezeichnungen, die in der nebenstehenden Tabelle verwendet werden, sind im anschließenden Kap. 1.1.5 zusammengestellt. Wichtig ist bereits hier festzuhalten, dass der Begriff der Symbiose in diesem Buch bewusst nicht so verwendet wird, wie er ursprünglich von De Bary (1879) definiert wurde und wie er in der Wissenschaft und im Englischen und Amerikanischen verwendet wird, nämlich als eine *enge und dauerhafte* wechselseitige Beziehung. Der Grund für die in diesem Buch benutzte breitere Definition der Symbiose als eine *auch nicht enge und nicht dauerhafte* wechselseitige Förderung ist der folgende: In diesem Sinn wird die Symbiose sehr oft im allgemeinen deutschen Sprachgebrauch und in vielen Veröffentlichungen verwendet.

Wie in Kap. 1.1.5 dargelegt, umfasst der Begriff der Symbiosen nach der Definition von De Bary (1879) und im englischen und amerikanischen Sprachraum auch den Parasitismus.

Übersichtstabelle über die Definitionen von «positive Beziehung» und ihrer fünf Grundkategorien. Für Beispiele hierzu siehe Kap. 1.3 und die anschließenden Kapitel.

Symbole	**Bezeichnungen, die in diesem Buch verwendet werden**	Weitere Bezeichnungen für die betreffende Beziehung, sowie Hinweise
+*+*, +*+, + +, +*0, +0	**Positive Beziehung wird als umfassender Oberbegriff verstanden, der alle fünf unten beschriebenen Grundkategorien beinhaltet.**	Beziehung, die für beide Arten positiv bzw. für eine der Arten positiv und für die andere nicht negativ ist.
+*+*	**Symbiose** im engeren Sinn (auch als **Eusymbiose** bezeichnet; griech. *eu* = gut, echt) ist eine **obligat** wechselseitige, enge und dauerhafte Förderung zwischen zwei (bestimmten) Arten.	Mutualismus (symbiotischer Mutualismus); verwendet in der Wissenschaft sowie im Englischen und im Amerikanischen. Interdependenz.
+*+	**Symbiose** im weiteren Sinn, hier einseitig obligat, d. h. Förderung, die nur für eine der Arten durch eine bestimmte andere Art erfolgen muss. Auch für die andere Art findet eine Förderung statt, aber es ist nicht wichtig (obligat), welche Art der Partner ist.	Mutualismus; verwendet in der Wissenschaft sowie im Englischen und im Amerikanischen.
+ +	**Symbiose** im weiteren Sinn, hier fakultativ, d. h. wechselseitige Förderung, die für keine der beiden Arten obligat ist (siehe oben).	Mutualismus; verwendet in der Wissenschaft sowie im Englischen und im Amerikanischen.
+*0	Einseitig **obligate, positive Beziehung**	Kommensalismus; verwendet in der Wissenschaft sowie im Englischen und im Amerikanischen.
+0	Einseitig **positive Beziehung**	Kommensalismus; verwendet in der Wissenschaft sowie im Englischen und im Amerikanischen.

+* bedeutet direktes obligates Gefördert-Werden bzw. obligate Förderung, und zwar eng und dauerhaft
+ bedeutet direkte fakultative Förderung (nicht eng bzw. dauerhaft)
0 bedeutet weder Förderung noch Beeinträchtigung durch die andere Art

1.1.5 Spezielle Hinweise zu den Begriffen und Symbolen Symbiose, Mutualismus, Kommensalismus und Interdependenz

Zunächst sei festgehalten, dass, wie bereits in der Einleitung erwähnt, «positiv» nur im naturwissenschaftlichen Sinn von Förderung zu verstehen ist und nicht als ethische Wertung.
Von den Begriffen in der Tabelle in Kap. 1.1.2 werden in diesem Buch praktisch nur die dort grün eingezeichneten verwendet, also Symbiose, Fraßbeziehung, Parasitismus, Konkurrenz und Wettbewerb. Die übrigen sind im allgemeinen Sprachgebrauch nicht bekannt, kompliziert, ungeschickt und z. T. mehrdeutig.

Kommensalismus (lat. *com* = mit, zusammen; *mensa* = Tisch) ist ein Beispiel hierfür. Mit diesem, auch als Tischgemeinschaft oder Mitessertum bezeichneten Begriff wird zunächst gemeint, dass eine Art von der Beute einer anderen Art (mit)frisst, ohne die Letztere zu beeinträchtigen. So fressen z. B. die Geier die Reste einer Beute, die ein Wolf gerissen hat. Im Weiteren geht es beim Kommensalismus aber auch um ganz andere Beziehungen, bei denen der eine Partner einen Vorteil und der andere weder einen Vor- noch einen Nachteil hat (Grundkategorie +0). Hierzu gehört z. B. die für die Klettenpflanze (Gattung *Arctium*) nützliche Ausbreitung ihrer bekanntlich anhaftenden Früchte, und damit der Samen, durch Tiere. Ein weiteres Beispiel ist die Nachnutzung einer verlassenen Spechthöhle z. B. durch den Baummarder. In beiden Fällen hat nur der *eine* Partner einen Vorteil; für den anderen ist die Beziehung bedeutungslos. Trotz ihrer großen Verschiedenheit werden auch Fälle wie die oben erwähnten als Kommensalismus bezeichnet.

Der Begriff der *Symbiose* leitet sich von altgriech. *Syn* = zusammen und *bios* = Leben ab. Er wurde 1879 von De Bary für das enge und dauerhafte Zusammenleben von zwei verschiedenen Organismen (Arten) geprägt und beinhaltet somit sowohl die Symbiose im Sinn der Eusymbiose der Tabelle in Kap. 1.1.4 als auch den Parasitismus. Auf diese umfassende Art und Weise wird Symbiose im englischsprachigen Raum verwendet, jedoch nur relativ selten. Im deutschsprachigen Raum ist der Begriff hingegen recht bekannt und wird meist, wie in diesem Buch, im Sinn von wechselseitig positiven Beziehungen verwendet, die sowohl eng und dauerhaft als auch locker und kurzzeitig sind. Für eine allgemein verständliche Publikation macht es meines Erachtens keinen Sinn, einen einmal breit gefassten Begriff wieder einengen zu wollen. Als Beispiel für eine solch breite Definition sei die Blütenbestäubung genannt, die oft als Symbiose bezeichnet wird, obwohl sie *nicht dauerhaft* ist, wie es die ursprüngliche Definition einer Symbiose fordert.

Weitere Beispiele für eine breite Umschreibung der Symbiose liefern die neueren deutschsprachigen Werke von Offenberger (2014) und von Brandstetter & Reichholf (2016), in denen z. T. sogar die nur einseitig positiven Beziehungen als Symbiosen bezeichnet werden. In Wikipedia werden nur die wechselseitigen positiven Beziehungen Symbiosen genannt, und zwar unabhängig davon, ob sie eng und dauerhaft oder locker und kurzzeitig sind.

Der Begriff des *Mutualismus* leitet sich von lat. *mutuus* = gegenseitig bzw. wechselseitig ab. Er geht auf Van Beneden (1876) zurück, der damit die gegenseitige Hilfe zwischen verschiedenen Arten bezeichnete. In diesem Sinn wird der Begriff in der englisch-amerikanischen- und in der letzten Zeit vermehrt auch in der deutschsprachigen Fachliteratur verwendet.

Interdependenz (lat. *Inter* = zwischen; *dependere* = von oben hängen, abhängen, also gegenseitige Abhängigkeit) ist ein weiterer Begriff, der manchmal im Zusammenhang mit den Symbiosen verwendet wird.

In Lehrbüchern und wissenschaftlichen Publikationen gibt es noch über 80 weitere Bezeichnungen für Varianten der in Kap. 1.1.2 aufgeführten Beziehungen (siehe z. B. Kratochwil & Schwabe, 2001 und Schaefer, 2012).
Die *Verwendung der Symbole* **+**, **–**, **0** und **+*** ermöglicht, die oben erwähnten und weitere Unklarheiten im Zusammenhang mit den Begriffen für die zwischenartlichen Beziehungen zu vermeiden und bietet die folgenden Vorteile:

1. Die Symbole sind kurz und selbsterklärend.
2. Die Verwendung komplizierter unbekannter Fachwörter wird vermieden.
3. Mit diesen Symbolen lassen sich die Beziehungen in ganzen Netzen von interagierenden Arten oder Artengruppen einfach, klar und übersichtlich charakterisieren und darstellen (siehe Kap. 2.8 und 3.8).

1.1.6 Der Blickwinkel des Menschen und das Symbol 

Die Kennzeichnung von Wirkungen und Beziehungen als positiv oder negativ sowie die Verwendung von Begriffen wie Förderung, Beeinträchtigung und Schädigung erfolgt aus dem Blickwinkel des Menschen. Die Natur kennt solche z. T. ethischen Wertungen nicht. Die Verwendung der erwähnten und weiterer ähnlicher Begriffe ist jedoch nützlich für die Beschreibung ökologischer Zusammenhänge.

Wichtig ist zudem festzuhalten, dass das Herausgreifen von Zweier- und Dreierbeziehungen aus einem Ökosystem immer etwas Künstliches ist. Das Herausgreifen ist jedoch sinnvoll, weil nur *dadurch* Einblicke in das Funktionieren von Ökosystemen mit seinen Hunderten bis Tausenden von Arten und Beziehungen gewonnen werden können (siehe Kap. 2.1, 3.1, 2.8 und 3.8). Die Tatsache, dass auch das Konzept des Ökosystems, wie es in diesem Buch verwendet wird, im Wesentlichen etwas Künstliches ist, sei hier erwähnt aber nicht näher diskutiert.

Mit diesem Symbol sind jene positiven Beziehungen gekennzeichnet, die vom Auge beobachtet werden können.

1.2 Auf welchen Förderungsfunktionen beruhen die positiven Beziehungen?

Im Folgenden wird zusammengestellt, auf welchen Funktionen (Mechanismen) die positiven zwischenartlichen Beziehungen, wie sie in Kap. 1.1 definiert wurden und in den Kap. 2–5 beschrieben werden, beruhen.

Schutz

Diese Funktion kommt in vielen bekannten positiven Beziehungen vor: Schutz vor ungünstigen klimatischen oder chemischen Umweltbedingungen sowie vor Fressfeinden, Parasiten, Krankheiten, Konkurrenten usw. Einen Schutz vor Fressfeinden erfahren z. B. Pflanzen, die zwischen dornigen oder giftigen anderen Pflanzenarten wachsen. Auch die Ammenpflanzen-Beziehung kann hier erwähnt werden (Kap. 2.3). Tarnung, Mimese und Mimikry haben ebenfalls einen Schutz zur Folge.
Weitere Beispiele liefern Pflanzenarten, die Duftstoffe aussenden, um Parasiten anzulocken, die sie vor pflanzenfressenden Insekten schützen bzw. diese vernichten (Kap. 2.2.1). Eine interessante Schutzwirkung zeigt das folgende Beispiel (Kap. 2.4).

Eine Rote Schneckenhaus-Mauerbiene (*Osmia aurulenta,* Weibchen) kriecht aus dem leeren Schneckenhaus einer Weinbergschnecke *(Helix pomatia).* In dieses hat die Biene bereits ihre Eier und Nahrung für den Nachwuchs gelegt. Dort sind sie vor Fraß durch andere Tiere geschützt. Die Schnecke hat, da sie bereits tot ist, nichts von der Biene: Es liegt also eine einseitig positive Beziehung vor. Diese ist, wie in Kap. 2.4 dargelegt werden wird, für die Biene sogar obligat, also unerlässlich.

Typische Waldkräuter werden in einer Wiese rasch von schnell wachsenden Wiesengräsern und -kräutern verdrängt. Letztere wachsen jedoch im Schatten des Waldes nur schlecht oder gar nicht. Man kann also sagen, dass die Waldkräuter infolge der Beschattung durch die Waldbäume vor der Konkurrenz durch die Wiesenkräuter geschützt werden (Kap. 3.3).

Ernährung

Hier geht es natürlich um eine Förderungsfunktion, bei der mindestens *einer* der Partner gefördert und *keiner* beeinträchtigt wird, also nicht um normale Fraßbeziehungen, bei denen Tiere *lebende* Tiere oder Pflanzen verzehren. Werden hingegen *tote* Tiere oder Pflanzen, Teile von solchen, Ausscheidungen oder Kadaver verzehrt, kann von einer einseitigen positiven Beziehung gesprochen werden. Denn der abgestorbene Partner hat nichts von der Beziehung.

Viele Pflanzenarten sind für ein gutes Gedeihen auf die Versorgung (Ernährung) mit Stickstoff und Phosphat durch Wurzelpilze (Mykorrhizen) angewiesen (Kap. 3.5). Diese werden ihrerseits von den Pflanzen mit Kohlenhydraten ernährt.

Auch die positive Beziehung zwischen den Schmetterlingsblütlern, z. B. dem Rot-Klee, und den Luftstickstoff fixierenden Wurzelknöllchen-Bakterien (Rhizobien) schafft für die Pflanze selbst günstige, nährstoffreiche Wachstumsbedingungen (Kap. 2.5).

Auch bei der positiven Beziehung zwischen einem Tier und dem Mikrobiom in seinem Verdauungstrakt, also der Darmflora, geht es natürlich um Ernährung (Kap. 2.6).

Transport

Das bekannteste Beispiel ist der gezielte Transport von Pollen bei der Blütenbestäubung durch Insekten und andere Tiere. Dieser Transport sowie jener von Samen, Früchten und kleinen oder winzigen Tieren durch (andere) Tiere ist nicht nur deshalb positiv, weil neue Lebensorte erreicht werden, sondern auch, weil dadurch die genetische Durchmischung bei der herumtransportierten Art gefördert wird.

Nutzung spezieller Lebensorte durch Pflanzen, Pilze oder Tiere (ohne Schutz-, Ernährungs- und Transportfunktion)

Hier geht es z. B. darum, dass Lianen, Moose, Pilze und Flechten sowie im Weiteren auch Tiere auf Bäumen und Sträuchern leben, ohne diese zu beeinflussen (manchmal geht es allerdings auch um Schutz). Dies kann so weit gehen, dass Vögel Bäume, die aus dem Waldbestand herausragen, als Singwarte, als Ansitz für die Jagd oder bei der Abgrenzung ihres Reviers benutzen. Die Nutzung von Hecken als Leitlinien beim Flug von Fledermäusen gehört ebenfalls hierher. Diese Nutzungen sind nicht zufällig, sondern beruhen auf Instinkten.
Ein weiterer Aspekt ist, dass Blütenstände, Früchte, Exkremente oder Kadaver die Möglichkeit bieten, dass Geschlechtspartner sich an diesen Stellen finden und dann paaren. Ähnlich dienen auch herausragende Baumspitzen bestimmten Vogel- und Insektenarten für die sogenannte Wipfelbalz.

Ermöglichung des Vorkommens (Facilitation)

Diese Förderungsfunktion – im Englischen als *facilitation* bezeichnet (von lat. *facilis* = einfach, leicht) – tritt vor allem im Verlauf der ökologischen Sukzession auf, also bei der Abfolge (Entwicklung) verschiedener Ökosysteme an einem Ort im Laufe von Jahrzehnten bis Jahrtausenden (siehe Kap. 5.1). Die Ermöglichung des Vorkommens wird durch die bisher erwähnten Funktionen nur unvollständig abgedeckt. Ein Beispiel für Facilitation liegt vor, wenn Sträucher und Bäume, die im Laufe der Sukzession aufwachsen, Vögeln und anderen Tieren einen umfassenden Lebensraum bieten, nicht nur Schutz und Nahrung.

Weitere Förderungsfunktionen

Neben den bisher vorgestellten gibt es noch weitere zwischenartliche Förderungsfunktionen. Ein exotisches Beispiel ist die Symbiose zwischen bestimmten Tiefseefischen und Leuchtbakterien, die Licht erzeugen, das Beute für den Fisch anlockt.

Kombinationen von Förderungsfunktionen

Die insgesamt acht Kombinationen zwischen den drei häufigsten in Land-Ökosystemen vorkommenden Förderungsfunktionen, nämlich Ernährung, Transport und Schutz, werden ausführlich in Kap. 6.4 beschrieben.

1.3 Die fünf Grundkategorien von direkten, positiven Beziehungen zwischen zwei Arten +*+*, +*+, ++, +*0, +0

Wie bereits dargelegt, ergeben die verschiedenen Möglichkeiten des Zusammenwirkens von obligater Förderung (+*), fakultativer Förderung (+) und Nullwirkung (0) die folgenden fünf, als Grundkategorien bezeichneten, direkten positiven Beziehungen.

1.3.1 Grundkategorie +*+*: Wechselseitig obligate positive Beziehung zwischen zwei Arten: Symbiose im engeren Sinn, also Eusymbiose

Dieser Fall liegt bei der Symbiose zwischen der Feigenpflanze *(Ficus carica)* und der Feigen-Gallwespe *(Blastophaga psenes)* vor. Diese Pflanze ist für die Bestäubung, also die Produktion von Feigen und somit von Samen, obligat auf die Weibchen der Feigen-Gallwespe angewiesen. Diese Art legt ihre Eier nur in Feigen, und die Larven können sich nur in diesen entwickeln, auf sehr komplizierte Art und Weise. Es gibt jedoch auch Feigen-Sorten, die für die Fruchtbildung keine Bestäubung brauchen und deshalb heute bevorzugt angepflanzt werden, sogar in warmen Lagen Mitteleuropas. Ein weiteres Beispiel ist die Symbiose zwischen bestimmten Borkenkäfern und speziellen Ambrosiapilzen, von denen sie sich ernähren (siehe Kap. 3.6). Eusymbiosen sind riskant: Stirbt nämlich eine der Arten (lokal) aus, so stirbt (lokal) auch die andere aus.

1.3.2 Grundkategorie +*+: Wechselseitig positive, einseitig obligate Beziehung zwischen zwei Arten: eine Symbiose im weiteren Sinn

Ein Beispiel hierfür ist die Beziehung zwischen Glockenblumen-Arten *(Campanula)* und der Glockenblumen-Sägehornbiene *(Melitta haemorrhoidalis)*, denn diese bestäubt ausschließlich Glockenblumen. Diese werden hingegen auch von anderen Wildbienen, Fliegen und z. T. auch von Schmetterlingen und Käfern bestäubt. Weitere Beispiele für diese Grundkategorie sind bestimmte Formen der Pflanze-Wurzelpilz-Symbiose (Mykorrhizen, siehe Kap. 3.5).

1.3.3 Grundkategorie ++: Wechselseitig positive, nicht obligate Beziehung zwischen zwei Arten: eine Symbiose im weiteren Sinn

Dazu das folgende Beispiel: Der Kleine Fuchs *(Aglais urticae)* ist ein Tagfalter, der die Tauben-Skabiose *(Scabiosa columbaria)* bestäubt. Bekanntlich ist dies eine für beide Arten positive Beziehung. Der Kleine Fuchs ist aber auf die Skabiose nicht angewiesen, denn er bestäubt noch viele andere Pflanzenarten (in Deutschland über 100). Und auch die Skabiose ist auf den Kleinen Fuchs nicht angewiesen: Sie wird auch von vielen anderen Tagfaltern sowie von Bienen und Schwebfliegen bestäubt. In den meisten Bestäubungsbeziehungen bestehen zwischen der Pflanzenart und der Bestäuberart keine obligaten Beziehungen. Die Bestäubung ist aber natürlich für die Samenbildung unerlässlich, und auch der Bestäuber ist auf Nahrung, u. a. Nektar aus Blüten, angewiesen. Ein solches *allgemeines* Angewiesensein steht bei den hier besprochenen Grundkategorien jedoch nicht im Zentrum, sondern es geht um die konkreten Beziehungen zwischen jeweils zwei Arten.

1.3.4 Grundkategorie +*0: Obligate, einseitig positive Beziehung zwischen zwei Arten: Kommensalismus

Die eine Art ist auf eine andere Art obligat angewiesen, die Partnerart wird durch die Beziehung nicht beeinflusst bzw. hat von der Beziehung nichts.
Ein Beispiel hierfür ist der in Südeuropa und Südwestasien vorkommende Gänsegeier *(Gyps fulvus),* der in natürlichen Ökosystemen obligat auf Beute angewiesen ist, die von Wölfen *(Canis lupus)* oder anderen Tierarten getötet und nicht vollständig aufgefressen worden ist. Denn diese Geier-Art ernährt sich ausschließlich von Aas. In der Wissenschaftssprache wird dieser Beziehungstyp als Kommensalismus (Tischgemeinschaft) bezeichnet.
Ein weiterer Fall zu dieser Grundkategorie liegt bei den Kletten vor, z. B. bei der Großen Klette *(Arctium lappa).* Deren kugelige Fruchtstände haften bekanntlich an Tieren (und Kleidern), wodurch die Samen an neue Standorte gelangen, was für die Art positiv ist. Das Tier hat von dieser Beziehung nichts; sie wird trotzdem, wie bereits gesagt, als Kommensalismus (Mitessertum) bezeichnet, obwohl sie nichts mit dem Fressen zu tun hat.

1.3.5 Grundkategorie +0: Nicht obligate, einseitig positive Beziehung zwischen zwei Arten: Kommensalismus

Die eine Art wird durch die andere Art gefördert, ist aber auf diese nicht angewiesen; die Partnerart wird durch die Beziehung nicht beeinflusst bzw. hat von der Beziehung nichts.

Ein Beispiel: Die Samen bzw. Samenstände des Arznei-Feld-Thymians (Breitblättriger Thymian, *Thymus pulegioides*) werden von Schafen verbreitet, da sie sich im Fell festhaken und dann ab und zu auf den Boden fallen oder weggerieben werden. Dies ist für die Pflanzenart positiv, da sie so neue Standorte besiedeln kann. Für die Schafe ist die Beziehung hingegen bedeutungslos, da sie von den anhaftenden Samen nicht beeinflusst werden und auch keine Thymianpflanzen fressen.

Weitere Fälle liegen bei Moosen vor, die auf Bäumen leben. Dort erhalten sie mehr Licht als am Boden, was für sie positiv ist; der Baum wird nicht beeinträchtigt, da die Moose nicht ins Innere des Stammes eindringen.

Noch ein Beispiel: Mistkäfer und andere Organismen ernähren sind vom Kot anderer Tierarten, was für die Käfer natürlich positiv ist. Für die Kotlieferanten ist die Beziehung hingegen bedeutungslos (außer dass Ausscheidung natürlich für sie physiologisch unerlässlich ist).

1.4 Indirekte positive Beziehungen (Zusatz-Symbol Δ)

1.4.1 Allgemeines zu den indirekten positiven Beziehungen

In der Natur kann man immer wieder positive Beziehungen antreffen, die zunächst wie normale Zweierbeziehungen aussehen, bei näherer Analyse aber auf der Beteiligung einer weiteren Art beruhen, also *indirekte* positive Beziehungen sind. Solche positiven Dreiecksbeziehungen werden im Folgenden durch das Symbol Δ gekennzeichnet. Dazu ein Beispiel: Eine Kuh erwischt und frisst in einer Wiese vor allem jene Teile der Gräser und Kräuter, die höher als 3–5 cm sind. Indirekt werden dadurch niedrig wachsende Pflanzenarten wie das Gänseblümchen *(Bellis perennis)* gefördert, da es mehr Licht für die Fotosynthese erhält, wenn die höher gewachsenen Kraut- und Grasstängel abgefressen worden sind. Es besteht also eine indirekte positive Beziehung zwischen der Kuh und dem Gänseblümchen. Ein weiterer Fall liegt dann vor, wenn ein Krankheitserreger einen Pflanzenfresser dezimiert und so indirekt das Wachstum der Pflanzen fördert. Diese Situation trat in England ein, als die Kaninchen infolge der Myxomatose, einer Virus-Erkrankung, massenweise starben und sich die Trockenrasenvegetation danach sehr üppig entwickeln konnte. Diese Beispiele zeigen, dass sich beliebig viele Fälle von indirekten positiven Beziehungen konstruieren lassen. Dies ist aber natürlich nicht sinnvoll. Im Folgenden werden daher nur solche indirekten positiven Beziehungen zwischen maximal drei Arten präsentiert, die besonders wichtig oder interessant sind bzw. bei denen die beteiligten Arten spezielle Anpassungen aneinander haben.

1.4.2 Feind-meines-Feindes-ist-mein-Freund-Beziehung (Symbole + +Δ und +0Δ)

Diese selbsterklärende Bezeichnung wird schon seit der griechischen Antike für die Beschreibung von bestimmten Beziehungen bzw. Konfliktsituationen verwendet. In der Ökologie lassen sich viele Fraß- bzw. Parasitenbeziehungen, in einem größeren Rahmen betrachtet, diesem Typ zuordnen. Feind-meines-Feindes-ist-mein-Freund-Beziehungen, bei denen es lediglich um ein simples Fressen-und-gefressen-Werden oder um entsprechende Parasiten-Beziehungen geht, werden in diesem Buch jedoch, wie gesagt, nicht behandelt, weil sie trivial sind und beliebig konstruiert werden können, wie das unten stehende Beispiel mit der Kohlmeise *(Parus major)* zeigt.

Kohlmeisen *(Parus major)* bringen unzählige Raupen, die sonst Pflanzen fressen würden, als Nahrung zu ihren Jungen. Für die betreffenden Pflanzen sind die Kohlmeisen Feinde ihrer Feinde, nämlich der pflanzenfressenden Raupen. Die Meisen fördern also indirekt die Pflanzen. (+ +Δ)

Ein Beispiel für raffiniertere Feind-meines-Feindes-ist-mein-Freund-Beziehungen, wie sie in diesem Buch dargestellt werden, sind Pflanzenarten, die, sobald sie angefressen worden sind, bestimmte gasförmige Stoffe freisetzen, durch welche ein Feind des Pflanzenfressers angelockt wird. Dieser Feind vertreibt oder frisst dann den Pflanzenfresser. Solche Dreiecksbeziehungen wurden vor allem an Nutzpflanzen erforscht.

Ein klassisches Beispiel für eine raffinierte Dreiecksbeziehung betrifft die amerikanische, unserer Buschbohne ähnliche, aber höher wachsende Limabohne *(Phaseolus lunatus)*. Wird sie von Blattläusen, Käfern oder, wie im Bild, von einer Heuschrecke angestochen bzw. angefressen, so werden aus Nektardrüsen in den Blattachseln vermehrt zuckerhaltige Tröpfchen ausgeschieden. Deren Duft lockt Ameisen an, welche den Zuckersaft fressen und die Pflanzenfresser vertreiben oder töten. Der Zuckersaft wird deswegen auch als Polizistenfutter bezeichnet.

In der *biologischen Schädlingsbekämpfung* wendet der Mensch die Feind-meines-Feindes-ist-mein-Freund-Beziehung vielfach an (Beispiel siehe Kap. 6.6).

1.4.3 Tarnung, Mimese und Mimikry (Symbole +0Δ, +*0Δ, + +Δ und +*+Δ)

Es gibt ganz verschiedenen Typen von Tarnung und Täuschung zwischen Arten oder Artengruppen. In der unten stehenden Tabelle wird versucht, eine Übersicht über diese indirekten positiven Beziehungen zu geben. Dabei bleiben, der Thematik dieses Buches entsprechend, Tarnungen und Täuschungen, bei denen unbelebte Materialien wie Boden oder Steine ins Spiel kommen, unberücksichtigt.
Das Wort Mimese stammt aus dem Griechischen (*mimesis* = Nachahmung). Mimese wird auch als Camouflage und im Englischen meist als Mimikry bezeichnet. Dieses Wort beruht auf dem englischen Verb *to mimic* = nachahmen, das letztlich auch vom griech. *mimesis* herrührt.
Die verschiedenen Formen von Mimese und Mimikry beruhen meist auf Evolutionsprozessen, sind also nicht einfach zufällige Beziehungen zwischen verschiedenen Arten.
Im Folgenden werden nun einzelne Beispiele zu den in der Tabelle aufgeführten Phänomenen präsentiert. Eine detaillierte Beschreibung der Themen Tarnen, Mimikry und Mimese gibt Lunau (2011).

Rechte Seite:
Beschreibung und Beispiele von Tarnung, Mimese und Mimikry. Zwischen diesen Phänomenen gibt es viele Übergänge. Mimese wird im Englischen meist als Mimikry bezeichnet. Unter «unbelebt» werden sowohl abgestorbene Lebewesen oder Teile von ihnen (z. B. ein Rindenstück oder Kot) verstanden als auch Anorganisches wie z. B. Steine oder Sand. Tarnung, Mimese und Mimikry betreffen oft das Sehen, können sich aber auch auf das Riechen, das Schmecken, das Hören und sogar auf den Tastsinn beziehen. Beispiele in den Kap. 2.2, 2.4, 3.2 und 3.4.

Name der indirekten positiven Beziehung	Beschreibung, vor allem anhand optischer Merkmale	Beispiele, vor allem hinsichtlich des Schutzes vor Fraß
Aktive bzw. eigentliche Tarnung	Eine Art tarnt sich oder ihren Nachwuchs aktiv mit belebten oder ehemals belebten (oder anorganischen) Objekten, sodass sie vor Fraß geschützt ist.	Bestimmte Mauerbienen verwenden abgestorbene Grashalme, um die leeren Schneckenhäuschen, in die sie ihre Eier gelegt haben, zu tarnen.
Verschmelzungs-Tarnung oder -Mimese; z. T. auch als Mimikry bezeichnet (passive Tarnung)	Ein Lebewesen ähnelt der Umgebung und ist deshalb nicht zu erkennen. Dies bringt dem betreffenden Lebewesen (der betreffenden Art) Vorteile, z. B. Schutz vor Fraß. Die Umgebung kann belebt oder unbelebt sein.	Eine Heuschrecke ist grün wie das umgebende Blattwerk und wird deshalb von Vögeln nicht erkannt und somit nicht gefressen.
Eigentliche Mimese = Täuschungs-Mimese (mimetische Tarnung); z. T. auch als Mimikry bezeichnet	Die betreffende Art ähnelt einem anderen belebten oder unbelebten Objekt der Umgebung und wird festgestellt, aber nicht als Lebewesen erkannt. Diese Täuschung bringt dem betreffenden Lebewesen (der betreffenden Art) Vorteile, z. B. Schutz vor Fraß.	Ein Schmetterling ähnelt in Ruhestellung einem abgestorbenen Blatt. Insekteneier oder -raupen sehen aus wie Vogelkot (oder Sandkörner).
Mimikry (Bates'sche) Schutz-Mimikry	Eine unbewehrte Art ist klar zu erkennen und ähnelt einer anderen, wehrhaften Art und hat dadurch Vorteile, z. B. Schutz vor Fraß.	Eine harmlose Schwebfliege sieht aus wie eine wehrhafte Wespe; sie täuscht somit ihre Fressfeinde und ist deshalb vor ihnen geschützt.
Mimikry (Müller'sche) Schutz-Mimikry	Mehrere wehrhafte Arten sehen ähnlich aus und haben alle dadurch Vorteile, z. B. Schutz vor Fraß.	Mehrere Arten von Wespen und Bienen sehen alle ähnlich aus, was für alle einen Schutz vor Fressfeinden zur Folge hat.
Mimikry (Peckham'sche) Aggressive Mimikry	Eine Art ahmt eine andere Art nach und kann so leichter Beute fangen: «Wolf im Schafspelz».	Die Krabbenspinne nimmt die Färbung der Blüte, auf der sie sitzt, an. Beute wird getäuscht und dann von der Spinne getötet und ausgesaugt.
Weitere spezielle Typen von Tarnung, Mimese und Mimikry	Mimikry aufgrund akustischer, olfaktorischer (Geruch), taktiler (z. B. Behaarung) und anderer Merkmale.	Beispiele u. a. in den Kap. 2.2, 2.4, 3.2 und 3.4.

Eigentliche Tarnung (Symbol +0Δ)

Die Vogeleier und Jungvögel sind in vielen (aber längst nicht allen) Fällen bräunlich, wodurch sie in den meist braunen Nestern im Geäst der Bäume und Sträucher getarnt sind. Aktive Tarnung betreiben z. B. Sandwespen, die den Eingang zu ihrem Nest mit Materialien aus der Umgebung abdecken, wenn sie dieses verlassen, und die Schneckenhaus-Mauerbiene, wie die folgende Abbildung. zeigt.

Ein krasses Beispiel von Tarnung: Eine Schneckenhaus-Mauerbiene *(Osmia bicolor)* hat das leere Schneckenhäuschen, in das sie ihre Eier gelegt hat, mit abgestorbenen Pflanzenstängeln und Kiefernadeln getarnt, die pyramidenförmig aufgeschichtet sind.

Verschmelzungs-Mimese (Symbol +0Δ)

Oft verschmelzen Tiere optisch mit dem Blattwerk oder Geäst, in dem sie leben, und sind deshalb von Fressfeinden bzw. ihren Beutetieren nicht zu erkennen. Für die Pflanzen ist dies bedeutungslos, sofern sie nicht gefressen werden. So sind die Weibchen und Jungtiere vieler Vogelarten braun gefärbt, was sie natürlich in Wald und Gebüsch schwer erkennbar macht. Ähnliches gilt auch für viele Arten von Schmetterlingen, vor allem für die Weibchen in Ruhestellung, denn ihre Flügelunterseiten sind oft bräunlich.

Täuschungs-Mimese (Symbol +0Δ)

Dies ist eine Form von Tarnung bzw. Täuschung, bei welcher Lebewesen die Gestalt, Form oder Haltung eines *Teils des Lebensraumes annehmen und gut sichtbar bleiben*, aber für optisch ausgerichtete Feinde mit anderen Objekten der Umwelt verwechselt werden. Beispiele dafür finden sich u. a. bei Schmetterlingsraupen, die aussehen wie kleine dürre Ästchen.

Der Luchs *(Lynx lynx)* ist im Geäst perfekt getarnt, sodass seine Beute ihn kaum wahrnehmen kann, insbesondere, da er vor allem in der Dämmerung und nachts auf die Pirsch geht.

Verblüffend ist die Ähnlichkeit zwischen dem Mondvogel *(Phalera bucephala)* und einem verdorrten Ästchen, eine typische Mimese. Durch sie wird der Falter vor Fraß geschützt.

Mimikry (Symbol +0Δ)

Bei dieser indirekten positiven Beziehung liegt eine Ähnlichkeit einer Art mit einer anderen Art vor, durch welche für die erstgenannte Art ein Vorteil entsteht. So wird z. B. eine gut sichtbare wehrlose Art infolge ihrer Ähnlichkeit mit einer wehrhaften Art vor dem Gefressen-Werden geschützt (Schutzmimikry). Für die nachgeahmte Art ist die Beziehung im Allgemeinen bedeutungslos, also kann diese indirekte Zweierbeziehung mit dem Symbol +0Δ charakterisiert werden.

Die wehrlose Hornissenschwebfliege *(Volucella zonaria)* ist durch ihre Ähnlichkeit mit einer wehrhaften Hornisse (*Vespa crabro*, rechtes Bild) vor Vogelfraß geschützt: Schutzmimikry.

An der Mimikry können neben den bekannten visuellen Reizen wie Farbe und Form auch olfaktorische (Duft), taktile (Behaarung) sowie akustische Faktoren beteiligt sein (siehe Kap. 2.2, 2.4, 3.2 und 3.4).

1.4.4 Gesundheitspolizei-Beziehung (Symbol + +Δ)

Diese bekannte indirekte Beziehung besteht darin, dass Fressfeinde kranke Tiere vertilgen und so die Ausbreitung einer Krankheit in der betreffenden Population verlangsamen oder verhindern. Die Beutenahrung ist für den Fressfeind positiv, und die Eindämmung der Krankheit ist positiv für die betreffende Beuteart.

Die Gesundheitspolizei-Beziehung besteht hier darin, dass der Wolf insbesondere Gämsen erwischt und frisst, die an Gämsblindheit *(Mykoplasma conjunctivae)* erkrankt sind. Mit dem Tod scheiden die krankheitsübertragenden Gämsen aus der Population aus, was für diese positiv ist (Symbol **+ +** Δ).

1.5 Spezielle Aspekte der positiven Beziehungen

1.5.1 Die Beziehungen können sich je nach den Umweltbedingungen, weiteren Arten und im Lauf der Zeit stark ändern

Dazu werden zwei Beispiele präsentiert.

Ameisen betasten («melken») die pflanzensaugenden Blattläuse, welche daraufhin Zuckersaft (Honigtau) ausscheiden: Nahrung für die Ameisen. Diese beschützen dafür die Blattläuse vor Fressfeinden. Es liegt also eine wechselseitig positive Beziehung vor (Symbol **+ +**). Unter bestimmten Umweltbedingungen fressen die Ameisen jedoch die Blattläuse auf (**+ –**).

Die Beziehung zwischen dem Efeu *(Hedera helix)* und dem Baum, auf den er klettert, ist für den Efeu positiv, da er dort mehr Licht erhält, als wenn er auf dem Boden kriecht. Für den Baum ist die Beziehung zunächst bedeutungslos, da der Efeu nicht in die Rinde eindringt und den Baum nicht aussaugt (Symbol + 0). Nach vielen Jahre kann der Efeu aber die ganze Baumkrone überwuchern und beschatten, was bis zum Absterben des Baumes führen kann (+ –).

Die Veränderung der Beziehung zwischen einer Grasart, dem Schaf-Schwingel, und ihren Wurzelpilzen (Mykorrhizen) infolge verschiedener Nährstoffgaben und Verlauf von 4 Monaten wird am Anfang des Kap. 2.5. beschrieben.

1.5.2 Enge bis lockere positive Beziehungen

Die engste positive Beziehung ist natürlich die beidseitig obligate, wie sie in Kap. 1.3 zwischen der Feige und der Feigen-Gallwespe beschrieben wurde (Symbol +*+*). Meist ist die Bestäubungsbeziehung zwischen Blütenpflanzen und Insekten teilobligat, denn sie ist für viele Pflanzenarten für die Samenbildung unerlässlich; hingegen können sich viele Insekten nicht nur von Pollen und Nektar ernähren, sondern auch von Honigtau und anderen Quellen.
Als noch weniger eng können Beziehungen bezeichnet werden, die nur für *einen* der Partner positiv, für den anderen hingegen bedeutungslos sind (Symbole +*0 und +0). Dieser Fall liegt z. B. bei der Nachnutzung von verlassenen Spechthöhlen durch Vögel, Fledermäuse oder andere Tierarten vor (Details in Kap. 3.4). Der Specht hat von dieser Beziehung natürlich nichts.

1.5.3 Spezifische und unspezifische positive Beziehungen

Bei einer spezifischen positiven Beziehung wird nur eine ganz bestimmte Art (Spezies) vom betreffenden Partner gefördert. Dies ist bei den obligaten Beziehungen der Fall. Ein Beispiel ist die bereits erwähnte Beziehung zwischen dem Feigenbaum und der Feigen-Gallwespe. Unspezifische Beziehungen liegen zwischen bestimmten Blütenpflanzen, z. B. dem Wiesen-Salbei, und ihren vielen verschiedenen Bestäubern vor (weitere Beispiele siehe Kap. 2 und 3).

1.5.4 Koevolvierte und nicht koevolvierte positive Beziehungen

Man bezeichnet Beziehungen als koevolviert, wenn sich die beiden Partner im Laufe der Evolution, also im Verlauf von Jahrtausenden bis Jahrmillionen, im Erbgut aneinander angepasst haben (siehe Kap. 5.3). Eine solche Koevolution liegt beispielsweise bei der positiven Beziehung (Symbiose) zwischen den Schmetterlingsblütlern (Klee und Verwandte) und ihren Wurzelknöllchen-Bakterien vor (Kap. 2.5).

Bei der nicht koevolvierten Beziehung bestehen keine gegenseitigen evolutionären Anpassungen zwischen den Partnern. Ein Beispiel ist die positive Wirkung der Tiefwurzler, die den Boden an einen Berghang so stabilisieren, dass auch Flachwurzler auf ihm wachsen können. Zwischen diesen beiden Pflanzengruppen bestehen keine wechselseitigen evolutionären Anpassungen (Kap. 2.3).

1.5.5 Zwischen zwei Arten können gleichzeitig mehrere positive Beziehungen vorkommen

Ein Beispiel hierfür ist das folgende.

Die Blüten vieler Korbblütler (Asteraceae) und Doldenblütler (Apiaceae, hier *Chaerophyllum*) werden oft von Käfern als Nahrungsquelle besucht und dabei meist bestäubt. Die Blütenstände sind manchmal auch Rendez-vous-Plätze für die Paarung, z. B. des Roten Weichkäfers *(Rhagonycha fulva)*. Beides, Bestäubung und Anbieten eines Paarungstreffpunktes, sind gleichzeitig stattfindende positive Beziehungen zwischen Pflanze und Insekt (Symbol **+ +**).

1.5.6 Positive Beziehungen können manchmal mit negativen gekoppelt sein

Beispiele hierzu zeigen die unten stehenden Abbildungen.

Eichhörnchen *(Sciurus vulgaris)* ernähren sich u. a. von Nüssen, eine negative Beziehung für die Pflanze. Viele Nüsse werden aber auch als Winterfutter im Boden versteckt, dann jedoch z. T. nicht wiedergefunden, was zur Verbreitung der betreffenden Pflanzenart führt. Dies ist für die Pflanzenart positiv.

Der Aurorafalter *(Anthochoris cardamines)*, hier ein Weibchen, ernährt sich unter anderem vom Nektar von Kreuzblütlern, z. B. des Wiesen-Schaumkrautes *(Cardamine pratensis)*. Dabei findet auch die Bestäubung statt, was zur Samenbildung führt (Symbol + +). Auf einige Blüten werden aber auch Eier abgelegt, aus denen Raupen schlüpfen, die sich von den Blüten und dann von den Schoten ernähren (+ –).

Die Zaun-Wicke *(Vicia sepium)* stellt, wie alle Schmetterlingsblütler (Fabaceae), mithilfe ihrer Wurzelknöllchen-Bakterien aus Luftstickstoff Nährstoffe her, die ihr zugutekommen – eine positive Beziehung. Andererseits kann die bis über 50 cm hoch kletternde üppige Wicke diese Nachbarpflanzen gleichzeitig auch überwachsen und beschatten – eine negative Beziehung.

1.5.7 Positive Beziehung zu abgestorbenen Individuen oder Ausscheidungen einer anderen Art (Symbole +0 und +*0)

Dieser bereits in Kap. 1.1.3 beschriebene Fall ist viel häufiger als man denkt. Hierher gehören z. B. die Aasfresser wie die Geier, der Fuchs und andere Arten, welche Tiere fressen, die von anderen Tieren getötet worden oder sonst irgendwie umgekommen sind. Ein weiteres Beispiel betrifft Kleintiere, Pilze und Bakterien, die sich von Falllaub ernähren.

Wie bereits in Kap. 1.1.5 festgehalten, ist es sinnvoll, diese und analoge Fälle als Beziehung der Grundkategorien +0 und +*0 zu betrachten. Die Artzugehörigkeit des abgestorbenen Materials muss jedoch erkennbar sein, damit man von einer Beziehung sprechen kann.

Waldmistkäfer *(Anoplotrupes stercorosus)* beim Umwühlen von verrottendem Pferdemist, der dann in eine Erdkammer eingebracht wird. In diese wird schließlich ein Ei gelegt. Der Mist dient später der geschlüpften Larve als Nahrung. Für den Käfer ist die Beziehung positiv, für das Pferd bedeutungslos (+0).

1.5.8 Bestimmte positive Beziehungen werden von Säugetieren und Vögeln «erlernt»

Viele positive Beziehungen bzw. die dazu führenden Verhaltensmuster sind, wie in Kap. 5.3 dargelegt, im Erbgut und damit im Verhalten der Tiere festgelegt. Man denke da z. B. an die Blütenbestäubung, die Ausbreitung von Samen durch Tiere sowie die Nachnutzung von verlassenen Käferfraßgängen durch bestimmte Wildbienen-Arten.

Aber es gibt auch für Tiere nützliche Verhaltensweisen, die ein Individuum vielleicht zufällig entdeckt hat und die dann von anderen Individuen der gleichen Art (Population) nachgeahmt und mit der Zeit «erlernt» werden. Ein Beispiel hierfür ist das Aufpicken von Regenwürmern und Insekten, wenn ein Acker gepflügt wird oder wenn auf einer Wiese Gülle ausgebracht wird. Man kann also sagen, dass hier zwischen der landwirtschaftlichen Tätigkeit des Menschen und bestimmten Vogelarten eine für diese förderliche Beziehung erlernt worden ist.

1.5.9 Sollen Fraß-Beziehungen, die den Partner praktisch nicht beeinflussen, als einseitig positiv angesehen werden?

Amseln und andere Tiere, welche Regenwürmer, Insekten und Spinnen fressen, verkleinern deren Bestände im Normalfall meist nicht wesentlich. Es gibt auch zahlreiche Insektenarten, die ihre Futterpflanzen nicht namhaft schädigen, weil sie sonst ihre eigene Nahrungsgrundlage beeinträchtigen würden.
Selbst die auffälligen, oft als parasitisch bezeichneten Gallen verschiedener Insektenarten schädigen die Pflanzen im Allgemeinen kaum. So sind die vielen kleinen, grünen und später rötlichen, warzenförmigen, spitzen Gallen der Buchengallmücken *(Mikiola fagi)* für diese positiv, für ausgewachsene Buchen hingegen harmlos. Nur Jungpflanzen werden manchmal geschädigt.
Diese Beispiele, die sich beliebig vermehren lassen, zeigen, dass der Fraß bzw. der Parasitismus für den einen Partner positiv, für den anderen hingegen oft praktisch bedeutungslos sein kann. Diese Beziehungen könnten also der Grundkategorie + 0 zugeordnet werden. Um das Bild der eigentlichen positiven Beziehungen (siehe Kap. 1.1–1.3) nicht zu verwässern, wird auf diese Art Fraß- und Parasitismus-Beziehungen außer in wenigen besonders interessanten Fällen jedoch nicht weiter eingegangen.

1.6 Was ist unter Einzelbeziehung und unter Typ von positiver Beziehung zu verstehen?

Einzelbeziehung

Eine Einzelbeziehung ist eine solche zwischen einer bestimmten Art und einer bestimmten anderen Art. Beispiel: die Ausbreitung der Samen des Kirschbaumes durch die Amsel.
In Kap. 6 wird dargelegt, wie die Anzahl direkter positiver Einzelbeziehungen, die in den in diesem Buch behandelten Ökosystemen vorkommen, geschätzt wird. Es sind jeweils Dutzende bis Hunderte.

Typ von positiver Beziehung

Darunter soll im Folgenden *eine Gruppe von Einzelbeziehungen verstanden werden, die auf dem gleichen ökologischen Prinzip bzw. auf sehr ähnlichen* ökologischen Prinzipien beruhen. So umfasst z. B. der Beziehungstyp «Ausbreitung» sowohl jene von Samen durch Vögel, Säugetiere und Insekten als auch die Ausbreitung von Insekten und Spinnen im Fell wandernder Schafe. Ein weiteres Beispiel eines Beziehungstyps

ist die Bestäubung: Sie beinhaltet all die vielen verschiedenen Formen der Bestäubung von Pflanzen durch Tiere, insbesondere durch Insekten (siehe Kap. 2.2).
In Kap. 6.1 sind die Typen von direkten positiven Beziehungen aufgelistet, die insgesamt in den sieben Ökosystemen, die in diesem Buch beschrieben werden, vorkommen. Es sind etwa 60.

1.7 Förderungskonstellation und Förderungsnetz: zwei neue Darstellungsweisen

Was ist eine Förderungskonstellation?

Eine Förderungskonstellation ist die *grafische Darstellung von positiven Beziehungen, die zwischen einer einzelnen sogenannten Zentralart oder -artengruppe und mehreren anderen Arten* bestehen. Die Förderungen können dabei von der Zentralart ausgehen oder ihr zugutekommen. Das Wort Konstellation (von *con* = zusammen und *stella* = Stern) wurde gewählt, weil die Darstellung der geförderten Arten um die Zentralart ähnlich ist wie in der Astronomie die Darstellung der einzelnen Planeten, die um die Sonne als Zentralgestirn kreisen.
Für Förderungskonstellationen gelten mehrere Einschränkungen. Es ist klar, dass man nie alle Arten erfassen und darstellen kann: Man wird sich auf die dominanten, häufigen oder sonst wichtigen oder interessanten Arten beschränken. Auch ist zu berücksichtigen, dass nie alle eingezeichneten Beziehungen gleichzeitig realisiert sind und dass sie sich im Lauf der Zeit ändern können. Selbstverständlich ist es einseitig, nur die positiven Beziehungen darzustellen; aber man kann sich so ein Bild von deren großer und entscheidender ökologischer Bedeutung verschaffen.
Die unten stehende Abbildung zeigt die Förderungskonstellation um den Kirschbaum (Süß-Kirsche, Vogel-Kirsche, *Prunus avium*), der als Wildform auch in Laubwäldern vorkommt. Die große Bedeutung dieser Baumart insbesondere für verschiedene Tierarten ist klar ersichtlich. Man erkennt auch sofort, welche großen Auswirkungen das Fällen eines Kirschbaumes oder gar aller Kirschbäume in einem Wald auf viele andere Arten hat (weitere Einzelheiten siehe Kap. 3.8).
Zwischen den einzelnen Arten der Konstellation gibt es natürlich noch weitere Beziehungen. So haben z. B. Wurzelpilze (Mykorrhizen) nicht nur zum Kirschbaum, sondern auch zum Veilchen (Gattung *Viola*) wechselseitig positive Beziehungen. Und Insekten bestäuben nicht nur die Blüten des Kirschbaumes, sondern auch jene der Veilchen und vieler anderer Waldpflanzen. Solche Verknüpfungen können in einem Förderungsnetz dargestellt werden.

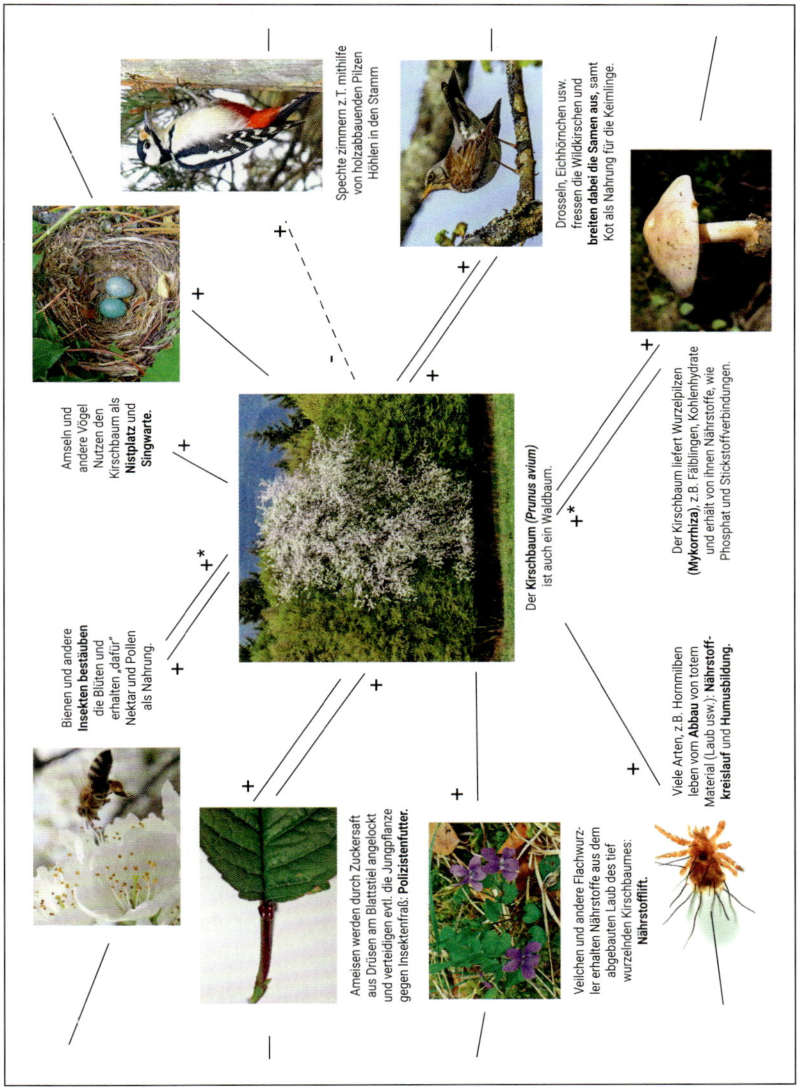

Förderungskonstellation um einen Kirschbaum *(Prunus avium),* also die Darstellung von positiven Beziehungen, die diese Art (als sogenannte Zentralart) zu anderen Arten oder Artengruppen hat. Die Symbole + bzw. +* sind jeweils bei derjenigen Art platziert, für die die Beziehung positiv ist. Wo kein Symbol eingezeichnet ist, geht von der betreffenden Art keine Wirkung aus (Nullwirkung).

Um eine Zentralart gibt es natürlich auch viele negative Beziehungen zu anderen Arten, z. B. Fraßbeziehungen, Parasitismus usw. Außerdem sind selbstverständlich alle Arten, die in einer Konstellation eingezeichnet sind, mit weiteren Arten verknüpft, was durch die nach außen zeigenden Linien angedeutet wird.
Weitere Förderungskonstellationen sind in den Kap. 2.8 und 3.8 zusammengestellt.

Was ist ein Förderungsnetz?

Ein Förderungsnetz ist die *grafische Darstellung des Netzes von positiven Beziehungen zwischen vielen verschiedenen Arten* in einem Ökosystem. Man hätte auch die Bezeichnung «Symbiosennetz» wählen können. Aber da längst nicht alle positiven Beziehungen Symbiosen, also eng und dauerhaft sind, wäre dieser Begriff nicht zutreffend gewesen. Der Übersichtlichkeit wegen sind in Förderungsnetzen die wechselseitigen Beziehungen nicht mit zwei Verbindungslinien, sondern jeweils nur mit einer eingezeichnet. Die Einschränkungen, die für die Förderungskonstellationen beschrieben worden sind, gelten auch für die Förderungsnetze.
Ein Förderungsnetz ermöglicht es, sich ein Bild der Bedeutung der Vernetzungen in einem Ökosystem zu verschaffen. Vernetzungen haben bemerkenswerte Eigenschaften. Eine Vernetzung kann stabilisierend wirken, indem Arten einander bezüglich bestimmter ökologischer Funktionen ersetzen können (Redundanz). Beispielsweise kann ein verminderter Ertrag trockenheitsempfindlicher Pflanzen während einer Dürreperiode durch vermehrtes Wachstum anderer Pflanzenarten teilweise kompensiert werden, die besser an Trockenheit angepasst sind. Andererseits können in einem Netz auch Störungen weitergeleitet werden und zu einem Zusammenbruch führen, was als Kettenreaktion oder Dominoeffekt bezeichnet wird. Beispielsweise führt das Eschentriebsterben, eine eingeschleppte Pilzkrankheit, in manchen Ahorn-Eschenwäldern zum Totalausfall der Esche. Dies hat für viele weitere Pflanzen-, Tier- und Pilzarten weitreichende Konsequenzen.
In der Natur leben die einzelnen Arten natürlich im dreidimensionalen Raum; wenn der Zeitfaktor berücksichtigt wird, sogar in einem vierdimensionalen; entsprechend sollte auch ein Förderungsnetz mehrdimensional dargestellt werden. Dies ist aber nicht «nötig», da bereits ein zweidimensionales Netz die Komplexität genug klar aufzeigt. Ein Förderungsnetz zeigt selbstverständlich immer nur einen winzigen Ausschnitt aus dem Beziehungsgefüge der vielen Hundert bis einigen Tausend Arten, die in einem Ökosystem zusammenleben (siehe die Tabellen in den Kap. 2.1 und 3.1). Dies wird durch die aus dem Netz nach außen zeigenden Linien angedeutet.

Die unten stehende Abbildung zeigt das Förderungsnetz in einem Laubwald; es wird in Kap. 3.8 noch eingehender besprochen. In Kap. 2.8 wird das Förderungsnetz in einer Magerwiese präsentiert. Eine der wenigen Darstellungen mit quantitativen Angaben zu den Beziehungen zwischen einzelnen Arten ist in Kap. 3.2.1 einzusehen. Förderungsnetze sind ähnlich aufgebaut wie die bekannten *Nahrungsnetze*. Diese zeigen die Fraß-Beziehungen, also gemäß unseren Definitionen negative Beziehungen zwischen den Pflanzen, den Pflanzenfressern (Herbivoren) und den Fleischfressern (Karnivoren); manchmal werden auch die Abbau-Organismen (Detritusfresser = Zersetzer) berücksichtigt. Beide Typen von Darstellungen ermöglichen, das Funktionieren der Ökosysteme besser zu verstehen.

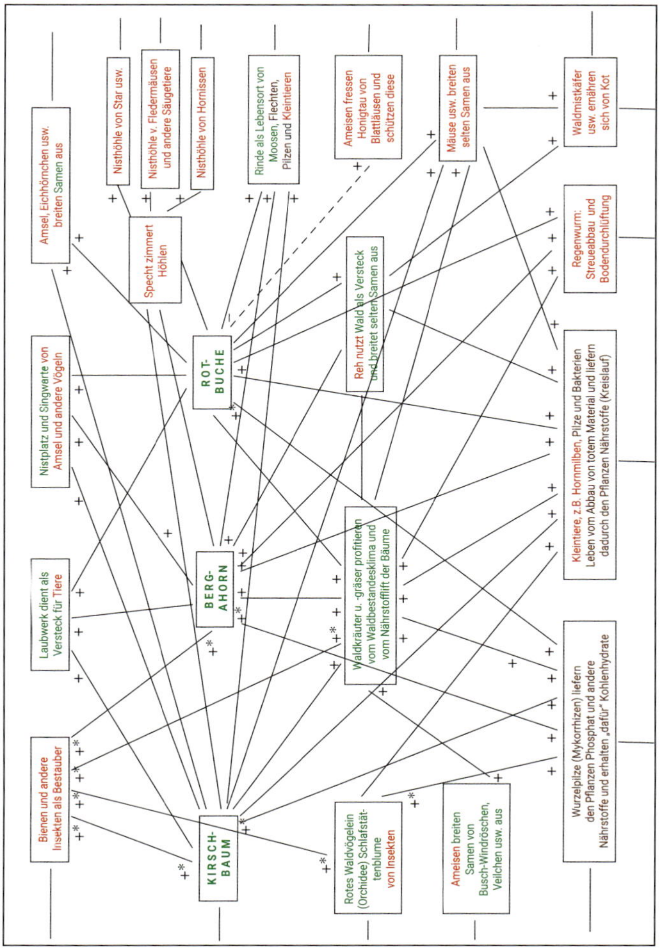

Ausschnitt aus dem Förderungsnetz in einem Laubwald. Wenn an einer Verbindungslinie nur ein einziges + eingezeichnet ist, so besteht eine + 0-Beziehung. Für Details zu den einzelnen Beziehungen sei auf Kap. 3.2–3.7 verwiesen. Eine weitergehende Besprechung dieses Förderungsnetzes erfolgt in Kap. 3.8.

2

Positive Beziehungen in einer Magerwiese bzw. -weide

Vorangehende Seite:
Magerwiese mit Wiesen-Salbei (*Salvia pratensis*, blau), Wiesen-Margerite *(Leucanthemum vulgare)*, Wundklee (*Anthyllis vulneraria*, gelb), Rot-Klee *(Trifolium pratense)*, verschiedenen Gräsern und weiteren Pflanzen.

2.1 Beschreibung, Vorkommen, Bewirtschaftung und Artenvielfalt

Magerwiesen umfassen verschiedene Typen von jährlich im Frühsommer gemähtem Grasland auf trockenen, ungedüngten, also mageren Böden; sie werden z. T. auch als Halbtrockenrasen oder auf kalkreichen Böden als Kalkmagerrasen bezeichnet. Ihr Heuertrag ist im Vergleich zu jenem von gedüngten Wiesen gering.
Magerweiden sind von Vieh oder Schafen meist mehrmals im Jahr extensiv, also schwach beweidete Graslandtypen. Auch sie werden nicht gedüngt, weswegen sie nur einen geringen Weideertrag liefern.
Im Folgenden geht es nur um relativ homogene Wiesen und Weiden, also um solche ohne große vegetationsfreie Stellen, Felsen oder Gebüsche, und zwar vor allem in tiefen Lagen Mitteleuropas.

Magerwiesen mit vielen Pflanzenarten bieten Schmetterlingen, Wildbienen und unzähligen anderen Arten einen Lebensraum.

Magerwiesen und -weiden wurden als eines der Hauptthemen dieses Buches gewählt, weil in ihnen unzählige faszinierende positive Beziehungen vorkommen. Dies hängt mit ihrem großen Artenreichtum zusammen (siehe die weiter unten stehende Tabelle und die Liste der Pflanzenarten in Anhang C). In diesen Wiesentypen kommen in 50 bis 150 m² großen Flächen zwischen 40 bis 60 verschiedene Pflanzenarten (ohne Moose) vor; in Düngewiesen (Glatthaferwiesen) sind es zwischen 20 bis 40 und in frisch angesäten Kunstwiesen 3 bis 5. Die genannten Artenzahlen an Pflanzen haben natürlich einen Einfluss auf die Vielfalt an Tier- und Pilzarten.
In den tieferen Lagen Mitteleuropas sind solche Weiden und Wiesen vor Jahrhunderten durch Rodung des ursprünglichen Waldes und anschließende Beweidung bzw. Mahd zur Heugewinnung entstanden. Sie stocken also auf ehemaligem Waldboden. Magerwiesen und -weiden wurden nicht angesät, sondern die Gras- und Krautarten sind im Laufe der Zeit aus der näheren oder weiteren Umgebung eingewandert und durch das Vieh und Schafe eingeschleppt worden. Es leuchtet somit ein, dass beide Graslandtypen als *halbnatürlich* bezeichnet werden.

Vorkommen

Früher waren Magerwiesen und -weiden vom Flachland bis in die subalpine Höhenstufe Mitteleuropas weit verbreitet. Heute sind sie in tiefen Lagen Mitteleuropas selten, insbesondere weil sich ihre Bewirtschaftung finanziell nicht mehr lohnt. Durch Düngung sind viele magere Wiesen und z. T. auch Weideflächen in artenarme Fettwiesen oder in Äcker umgewandelt worden. Andererseits wurde die Bewirtschaftung zahlreicher Magerwiesen und -weiden aufgegeben, sodass Gebüsche und sogar Wälder aufwachsen konnten (siehe Kap. 5.1). Mancherorts wurden anstelle des mageren Graslandes auch Weinberge angelegt oder es wurde überbaut. In der Schweiz sind heute nur noch etwa 5 % der am Anfang des 20. Jahrhunderts vorhandenen Fläche an Magerwiesen und -weiden vorhanden. Eine ähnliche Abnahme hat auch in anderen Gebieten Mitteleuropas stattgefunden.

Bewirtschaftung

Magerwiesen müssen, um erhalten zu bleiben, jährlich im Frühsommer und manche Typen zusätzlich im Herbst zur Gras- oder Heugewinnung gemäht werden. Mit der Mahd (und auch mit der manchmal stattfindenden Beweidung) werden immer Nährstoffe aus dem Ökosystem exportiert; darum sind die Böden dieses Ökosystemtyps mager, d. h. nährstoffarm.

In Magerwiesen kommen mehrere seltene Orchideen-Arten vor, z. B. die Spitzorchis (Pyramiden-Orchis, Pyramiden-Knabenkraut, *Anacamptis pyramidalis = Orchis pyramidalis*) und die Hummel-Ragwurz *(Ophrys holosericea)*.

Mahd einer Magerwiese im Schweizer Jura.

Wird nicht regelmäßig gemäht, so reichern sich Nährstoffe an. Es wachsen hohe Stauden und Büsche auf und nach einigen Jahrzehnten entsteht Wald (siehe Kap. 5.1). Damit in großflächigen Magerwiesen auch die charakteristischen Insekten und andere Kleintiere erhalten bleiben, ist es sinnvoll, sogenannte Altgrasstreifen (Brachestreifen) jeweils für ein Jahr als Refugien für diese Tiere stehen zu lassen. Einzelheiten zu solchen Streifen wurden anhand von mageren Feuchtwiesen z. B. von Schmidt et al. (2008) und Gigon et al. (2010) beschrieben.

Magerweiden werden jährlich beweidet; dies darf aber nicht mit zu vielen Tieren und nicht zu häufig erfolgen, da dann ein niedriger Bestand entsteht, der ähnlich wie ein Parkrasen relativ arm an Arten und insbesondere an Blüten ist. Die Beweidung muss also in mehreren kurzen Perioden mit wenigen Tieren, meist Schafen oder Rindern, geschehen. In wenigen Gebieten Mitteleuropas, z. B. in der Schwäbischen Alb, wird lokal und selten auch heute noch mit wandernden Schafherden beweidet (Transhumanz). In Magerweiden müssen die spontan aufwachsenden Sträucher alle paar Jahre zurückgeschnitten oder ausgerissen werden.

Beweidung eines trockenen Graslandes mit Schafen in Niederösterreich.

Artenvielfalt, also Biodiversität an Arten, sowie Biomasse der Hauptgruppen

Die Biodiversität ist in Magerwiesen und -weiden meist sehr groß. In besonders artenreichen Wiesen wurden bis zu 70 verschiedene Pflanzenarten (Moose inbegriffen) auf 100 m^2 festgestellt. In einem einzelnen, artenreichen, mehr oder weniger homogenen Bestand von einigen Dutzend Ar Fläche kommen, wie die unten stehende Tabelle zeigt, insgesamt 1100–1500 Pflanzen-, Tier- und Pilz-Arten vor.

Artenzahlen in einer jährlich im Frühsommer gemähten, manchmal im Herbst beweideten, homogenen Magerwiese in der Nordschweiz (ohne Büsche und nicht am Waldrand). Etwa 10–20 Ar groß, auf schwach geneigtem Südhang in ca. 500 m ü. M. auf kalkreichem Boden. Die ober- und unterirdische Biomasse ist bei den Pflanzen als Trockengewicht (TG) angegeben, bei den Tieren und Pilzen als Lebendgewicht (LG). Alle Zahlenangaben sind nur Größenordnungen.

PFLANZENARTEN (Biomasse vor Mahd im Juli: ca. 5 t TG/ha)			**ca. 100**
Blüten- und Farnpflanzen		60	
Moose		15	
Grünalgen auf dem und im Boden		20	
TIERARTEN (Biomasse: einige t LG/ha)			**800–1200**
Säugetiere, inkl. nur Nahrung suchende		10	
Vögel, inkl. nur Nahrung suchende		15	
Kriechtiere		3	
Schnecken		10–20	
Insekten		500–800	
Tagfalter	30		
Nachtfalter und Kleinschmetterlinge	200–400		
Heuschrecken und Grillen	8–15		
Käfer	100–200		
Bienen, Fliegen, Wanzen, Zikaden usw.	200–300		
Spinnen, Milben und Tausendfüßler		100–200	
Würmer, «Urtierchen» und weitere Gruppen		ca. 100	
PILZ- und FLECHTENARTEN (Biomasse: wenige t LG/ha)			**ca. 160**
Flechten		5	
Pilze, inkl. Schimmelpilze, Mykorrhizen und andere Pilze		150	
Summe			**1100–1500**

Außerdem kommen **viele Hundert Arten von Bakterien und anderen Mikroorganismen** im Boden, in und auf Pflanzen sowie in und auf Tieren vor mit einer Biomasse von einigen t/ha.

Im Vergleich zu den Artenzahlen, die in anderen Publikationen über einzelne Artengruppen der Magerwiesen angegeben sind, sind die in der obigen Tabelle relativ gering. Dies rührt daher, dass in jenen Publikationen meist die *Gesamtheit* der mitteleuropäischen Magerwiesen betrachtet wird. Das heißt, es wird die Summe der Artenzahlen von Magerwiesen auf trockenen, halbtrockenen, sauren und basischen Böden angegeben. Außerdem werden oft auch jene Arten berücksichtigt, die nur in einzelnen geografischen Gebieten vorkommen.
Auffallend in der obigen Tabelle ist, wievielmal größer die Biomasse der Pflanzen ist als jene der Tiere, Pilze und Bakterien. Bei den Artenzahlen verhält es sich gerade umgekehrt.
Eine der vielen Ursachen für die große Vielfalt an Pflanzenarten ist die erwähnte Nährstoffarmut. Diese verhindert, dass einige Arten allzu dominant werden. Letzteres rührt auch daher, dass die Mahd bzw. die Beweidung die hochwachsenden Arten relativ stärker beeinträchtigt als die niedrigwüchsigen. Diese können somit in den Wiesen und Weiden zahlreich überleben. In Viehweiden spielen auch der selektive Fraß der Tiere sowie deren Tritt und Exkremente für die Artenvielfalt eine Rolle. Denn dadurch entstehen spezielle, sogenannte Mikrostandorte, auf denen bestimmte Pflanzenarten eher aufwachsen können als in der übrigen Weide.
Eine Liste mit 68 Arten von Blütenpflanzen, die typisch für trockene Magerwiesen bei Schaffhausen sind, ist in Anhang C zusammengestellt. In dieser Liste ist auch vermerkt, ob die Arten in Symbiose mit Wurzelpilzen bzw. mit stickstofffixierenden Wurzelknöllchen-Bakterien leben. Außerdem ist festgehalten, ob die Blüten von Insekten bestäubt und die Samen von Tieren verbreitet werden.
Unter den im Vergleich zu anderen Wiesentypen zahlreichen Pflanzenarten in Magerwiesen sind meist auch einige Orchideen (siehe Anhang C). Auch die Artenzahl der Schmetterlinge, Wildbienen und anderen Kleintiere ist relativ groß. Wegen des einzigartigen Reichtums an Arten, darunter viele seltene oder gefährdete, stehen in der Schweiz und in ganz Mitteleuropa die meisten Magerwiesen und auch manche Magerweiden unter Naturschutz.

Individuenzahl der verschiedenen Artengruppen

Dieser Aspekt soll nicht im Detail besprochen werden, obwohl er für die Beziehungen zwischen den verschiedenen Arten und Artengruppen wichtig ist.
Die Anzahl Pflanzenindividuen pro Quadratmeter beträgt je nach Typ der Magerwiese oder -weide zwischen wenigen Dutzend bis mehrere Hundert, Letzteres ist z.B. bei kleinen einjährigen Pflanzenarten wie dem Purgier-Lein *(Linum cathartícum)* der Fall. Wirbeltiere brauchen je nach ihrer Größe und Lebensweise einige Dutzend Quadratmeter bis mehrere Quadratkilometer. Dazu kommt noch der

Biotopwechsel z. B. bei vielen Säugetieren, den Zugvögeln und im Weiteren auch bei den Wanderfaltern.
Bei den wirbellosen, oberirdisch lebenden Tierarten, vor allem den Insekten und den Spinnentieren, gibt es je nach Größe und Ernährungsweise riesige Unterschiede im Flächenbedarf; darüber existieren jedoch keine umfassenden Zusammenstellungen. Die unten stehende Abbildung gibt einen Einblick in die riesige Zahl von Lebewesen der verschiedenen Gruppen im obersten Kubikmeter Boden in der temperierten Klimazone.

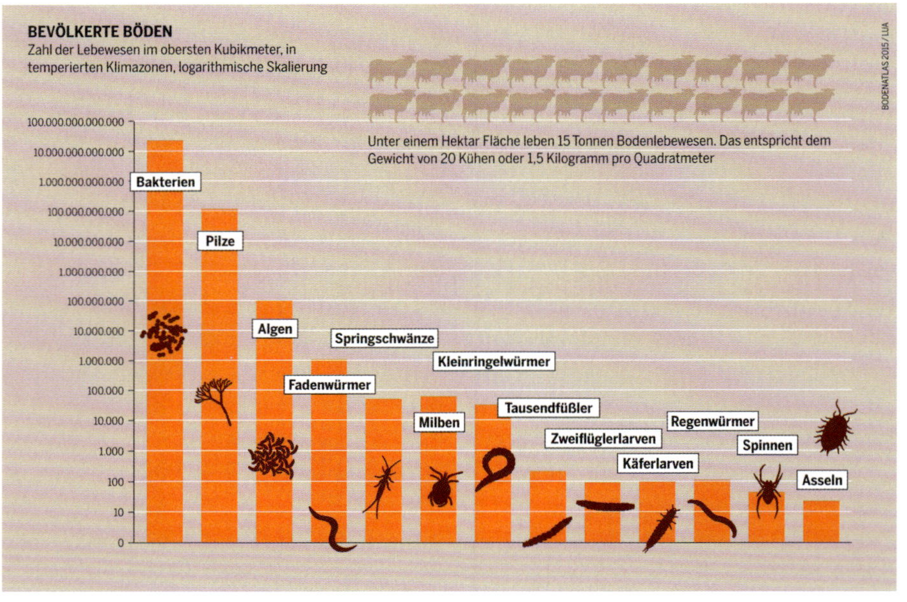

Größenordnung der Zahl der Individuen von Bakterien, Pilzen, Algen, Würmern und verschiedenen anderen Gruppen von Gliedertieren im obersten Kubikmeter in einem Boden der temperierten Klimazone.

Viele der im Folgenden beschriebenen Typen von positiven Beziehungen kommen auch in Feuchtwiesen, Düngewiesen, z. T. sogar in Parkrasen und in angesäten Kunstwiesen vor, außerdem in alpinen Rasen (siehe auch Kap. 4.3). Die Erkenntnisse über die Magerwiesen und -weiden gelten also großenteils auch für andere Wiesen und Weiden.

Die nun anschließenden Ausführungen beziehen sich hauptsächlich auf südexponierte Magerwiesen und -weiden auf kalkreichen Böden im Schweizer Jura und der Schwäbischen Alb.

2.2 Positive Beziehungen zwischen Pflanzen- und Tierarten

Bevor auf die positiven Beziehungen zwischen einzelnen Arten eingegangen wird, sollen zunächst unerlässliche ökologische Strukturen und Prozesse erwähnt werden, die für zahlreiche Arten positiv sind.

Die Pflanzendecke prägt das für viele andere Wiesenlebewesen entscheidende Mikroklima

Die hochwachsenden Gräser und Kräuter prägen, vor allem bevor sie abgemäht werden, mit ihrer großen Biomasse das Mikroklima des ganzen Ökosystems. Sie schaffen ein im Vergleich zu kahlem Boden ausgeglicheneres, tagsüber schattigeres und somit weniger heißes, aber feuchteres Mikroklima, von dem niedrig wüchsige Pflanzenarten sowie viele Tier- und Pilzarten profitieren. Es liegt aber keine eigentliche Art-zu-Art-Beziehung vor (siehe Kap. 1.1). Ähnliches gilt auch für die Schicht aus abgestorbenen Pflanzenteilen, die während der kühlen Jahreszeit den Boden bedeckt.

2.2.1 Für Pflanzen- und Tierarten wechselseitig positive Beziehungen

Blütenbestäubung durch Insekten (Symbole +*+*, +*+, + +, +*0 und +0)

Das Prinzip der Blütenbestäubung durch Insekten ist allgemein bekannt. Angezogen durch Duft, Farbe, Form und andere Merkmale landen Insekten auf einer Blüte oder einem Blütenstand und saugen, falls vorhanden, den zuckerhaltigen Nektar auf. Dieser liefert ihnen die sogenannte Betriebsenergie für das Leben, insbesondere das Fliegen. Beim Blütenbesuch bleiben meist auch Pollenkörner (Blütenstaub) auf dem Insektenkörper haften oder kleben. Die Insekten fliegen dann zur nächsten Blüte, wo Pollenkörner auf die Narbe gelangen. Dort keimen sie, sofern die Blüte derselben Art angehört, und senden Pollenschläuche mit dem männlichen Zellkern in die Narbe und befruchten die Samenanlagen. Es entstehen schließlich Samen. Nektar und oft auch Pollenkörner werden von vielen Insektenarten auch speziell gesammelt und dienen ihnen und oft auch ihren Nachkommen als Nahrung.

Neben Duft, Farbe und Form spielen auch andere Aspekte bei der Bestäubung eine Rolle. So wird z. B. bei Hummeln (Gattung *Bombus*) das Finden des Pollens beim

Gänseblümchen *(Bellis perennis)* bzw. beim Klatsch-Mohn *(Papaver rhoeas)* dadurch erleichtert, dass die inneren Teile des Blütenstandes bzw. der Blüte bis zu 4–5 °C wärmer sein können als die äußeren. Hummeln können diese höhere Temperatur feststellen und fliegen gezielt darauf zu.

Forschungsergebnisse zeigen, dass bei trockenem Wetter bei der Bestäubung sogar elektrostatische Kräfte eine Rolle spielen. Blüten besitzen ein negatives elektrostatisches Potenzial, Insekten, z.B. Hummeln, ein positives. Dies hat zur Folge, dass Pollenkörner durch die Luft zu den Bestäubern fliegen können, jedoch nur über Distanzen von weniger als 1 mm. Hummeln können mit ihrer Behaarung das elektrische Feld um eine Blüte fühlen, was ihr Bestäubungsverhalten beeinflusst (Clarke et al. 2013).

Eine Honigbiene *(Apis mellifera)* sammelt auf einer Wiesen-Margerite *(Leucanthemum vulgare)* Nektar und Pollen, wobei sie die gelben Einzelblütchen bestäubt. Gut sieht man an einem Beinchen der Biene das «Höschen», in welchem der Pollen gesammelt und dann als Nahrung für den Nachwuchs in den Bienenstock transportiert wird.

Bei der Bestäubung ist nicht nur die Samenbildung wichtig, sondern auch die Tatsache, dass der Pollen je nach Größe und Verhalten des Insekts über Dutzende bis Hunderte von Metern zwischen Pflanzen hin und her transportiert wird. Dies fördert die Durchmischung des Erbgutes der betreffenden Pflanzenart, was für ihr langfristiges Überleben wichtig ist.

Je nach Pflanzenart ist die Beziehung zu einer bestimmten Bestäuberart fakultativ oder obligat, also unerlässlich.

Etwa 70 % der Magerwiesen-Pflanzenarten werden von Insekten bestäubt (siehe Anhang C); Ausnahmen sind die Gräser, Seggen und wenige weitere Arten, die windbestäubt sind, sowie einige selbstbestäubende Pflanzenarten.

Scheinblüten profitieren davon, dass sie wie eine einzelne (größere) Blüte aussehen: Mimikry (Symbole + 0 und + +)

Der Vorteil dieser Mimikry (siehe Kap. 1.4.3) besteht darin, dass eine aus mehreren Blüten bestehende (größere) Blume optisch mehr Bestäuber anlockt, als dies bei einer der kleinen, einzelnen Blüten, aus denen sie besteht, der Fall wäre. Solche Scheinblüten (Pseudanthien) haben z. B. die Wiesen-Margerite (siehe oben) und andere Korbblütler (Asteraceae), viele Doldenblütler (Apiaceae) sowie Rapunzel-Arten (Teufelskralle, *Phyteuma,* Glockenblumengewächse, Campanulaceae).

Das Vorhandensein von süßem Nektar in einer Blüte kann man leicht selber überprüfen. Man saugt dazu einige abgerissene Einzelblütchen eines Rot-Klee- *(Trifolium pratense)* oder eines Wundklee-Köpfchens *(Anthyllis vulneraria)* oder eines Wiesen-Salbeis (*Salvia pratensis*, siehe unten) aus. Ältere Blüten enthalten oft keinen Nektar, weil er schon von Bestäubern weggesaugt worden ist.

Bei der Gewöhnlichen Akelei *(Aquilegia vulgaris)* befindet sich der Nektar jeweils am Ende der gekrümmten Sporne. In diese beißen Hummeln und Bienen oft Löcher, um an den Nektar zu kommen. Der Mensch kann einfach das Ende eines Sporns abbeißen und schmeckt dann den süßen Nektar.

Besonders eindrücklich ist, wenn Schmetterlinge frei schwebend ihren langen Rüssel abrollen und ihn in eine Blüte einführen, um dort Nektar zu saugen. Ein bekanntes Beispiel für dieses Verhalten ist das Taubenschwänzchen *(Macroglossum stellatarum).*

Das Taubenschwänzchen *(Macroglossum stellatarum)*, ein am Tag fliegender, nur 3,5 cm großer Nachtfalter, saugt mit seinem langen Rüssel Nektar aus einer Natternkopf-Blüte *(Echium vulgare)*. Dieser Schwärmer saugt auch gerne an Geranien, Lavendel, Phlox und Sommerflieder *(Buddleja davidii)* und vielen anderen Arten. Manchmal wird das Taubenschwänzchen für einen Kolibri gehalten, weil es wie dieser kleine Vogel beim Saugen vor einer Blüte in der Luft steht.

Manche Bestäuber haben ein «zweideutiges» Verhältnis zu ihren Pflanzen

(Symbole + + und + –)

Damit ist gemeint, dass zwischen den beteiligten Arten sowohl eine positive als auch eine negative Beziehung herrschen. Eine interessante Frage hierbei ist, ob eine der Beziehungen überwiegt.

Ein «zweideutiges» Verhalten zwischen Bestäuber- und Pflanzenart liegt z. B. beim Hauhechel-Bläuling *(Polyommatus icarus)* vor, einem häufigen kleinen Tagfalter. Er bestäubt unter anderem Blüten des Gewöhnlichen Hornklees *(Lotus corniculatus)*: eine positive Beziehung. Der Hornklee ist, neben vielen anderen Schmetterlingsblütlern, aber auch eine Raupenfutterpflanze dieses Bläulings: eine negative Beziehung.

Spezielle Bestäubungsmechanismen

Ein Hebelmechanismus ermöglicht die Bestäubung des Wiesen-Salbeis (Symbol + +)

Der Wiesen-Salbei *(Salvia pratensis)*, ein Lippenblütler, ist eine typische Magerwiesenpflanze.

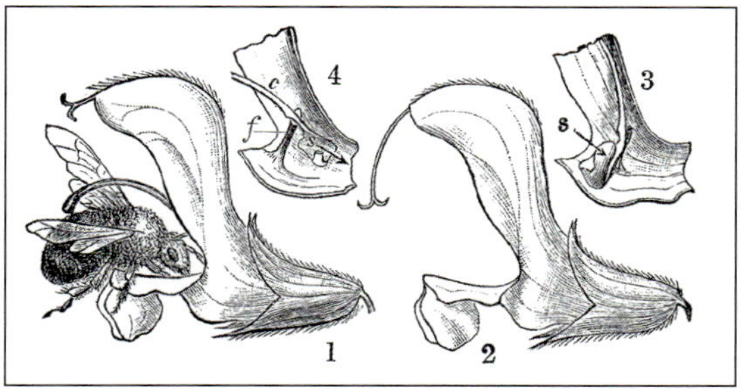

Die Bestäubung der Blüte des Wiesen-Salbeis (Salvia pratensis) wird durch einen speziellen Hebelmechanismus ermöglicht, der in dieser klassischen Darstellung aus dem Botanik-Lehrbuch von Strasburger von 1900 illustriert ist. Dringt ein langrüsseliges Insekt, z. B. eine Hummel, in die Blüte ein, um Nektar zu saugen, so werden die in der Oberlippe der Blüte verborgenen Staubblätter auf den Rücken des Insekts gedrückt (1). Dies geschieht dadurch, dass der untere hintere Teil der Staubblätter im Innern der Blüte (4) durch die eindringende Hummel nach hinten geschoben wird (3) und dadurch gleichzeitig der obere, mit Pollen beladene Teil mittels eines Hebelmechanismus auf den Rücken des Insekts platziert wird (1). Beim nächsten Blütenbesuch werden die anhaftenden Pollenkörner dann auf die bei älteren Blüten weit aus der Oberlippe ragende Narbe der Blüte abgestreift (2): ein erfolgreicher Bestäubungsmechanismus.

Eine Hummel bestäubt einen Wiesen-Salbei *(Salvia pratensis)*. Man sieht, dass sich die dunklen Pollensäcke direkt über dem Rücken der Hummel befinden; bald wird der Pollen im Rückenpelz haften bleiben, dann zur nächsten Blüte transportiert und dort auf der herausragenden zweigeteilten Narbe abgestreift.

Den beschriebenen Hebelmechanismus der Pollensäcke kann man leicht selbst auslösen, indem man einen feinen Grashalm oder anderen dünnen Gegenstand vorsichtig in eine Salbeiblüte einführt.

Pollen- bzw. Staubblatt-Mimikry lockt Bestäuber an (Symbol + +)
Manche Blüten locken Bestäuber dadurch an, dass sie gelbe Teile zur Schau stellen, die Pollen bzw. Staubblätter vortäuschen; es liegt also eine art-interne Mimikry vor.

Das Acker-Vergissmeinnicht *(Myosotis arvensis)* kommt in Magerwiesen vor, die an Äcker grenzen. Die gelben Schlundschuppen täuschen Staubbeutel vor und leiten so die Bestäuber zum Inneren der Blüte. Die Blütenfarbe wechselt im Lauf der Zeit von Rot zu Blau und zeigt dadurch an, ob noch Pollen und Nektar zu finden oder schon «abgeholt» worden sind: Die Effizienz der Bestäubung wird erhöht.

Bei Orchideen kommen ganz verschiedene Methoden der Bestäubung vor (Symbole +*+; + + und +0)

Bei einigen in Magerwiesen und anderen Wiesentypen vorkommenden Orchideen-Arten wie z. B. der Langspornigen Handwurz (Mücken-Händelwurz, *Gymnadenia conopsea*) ist der Pollen in zwei im hinteren, oberen Teil der Blüte gut sichtbaren gelblichen sogenannten *Pollinarien* verpackt. Diese bestehen jeweils aus einem kleinen rundlichen Pollenpaket, dem *Pollinium*, das einen 1–2 mm langen Stiel samt einer Klebscheibe an dessen Fuß hat. Besucht ein Insekt zum Nektarsaugen eine Handwurz-Blüte, so bleibt der Fuß des Pollinariums an seinem Kopf oder auf dem Rüssel haften und zwar lebenslang, wie mit einem Sekundenkleber angeklebt. Innerhalb von 20–50 Sekunden krümmt sich der Stiel des Pollinariums nach vorne, sodass bei der nächsten angeflogenen Blüte das Pollinium genau auf die Narbe passt, wo der Pollen abgestreift wird. Es folgt dann die Befruchtung der Samenanlagen und die Bildung von Samen (zu Blütenmimikry siehe Johnson & Schiestl, 2016).

Einzelblüte der Langspornigen Handwurz (Mücken-Händelwurz, *Gymnadenia conopsea*) mit den beiden Pollinarien. In deren oberem Teil sieht man die keulenförmigen Pollinien mit der gelben Pollenkörnermasse. Darunter befindet sich der helle Stiel, an dem sich zuunterst der hier nicht sichtbare Fuß mit der Haftscheibe anschließt.

Eine Langspornige Handwurz *(Gymnadenia conopsea)* mit einer Erdhummel *(Bombus terrestris)*, die Nektar saugt und an deren Kopf mehrere hellgelbe Pollinarien von vergangenen Blütenbesuchen kleben.

Die Langspornige Handwurz *(Gymnadenia conopsea)* kommt in trockenen bis feuchten Magerwiesen vor.

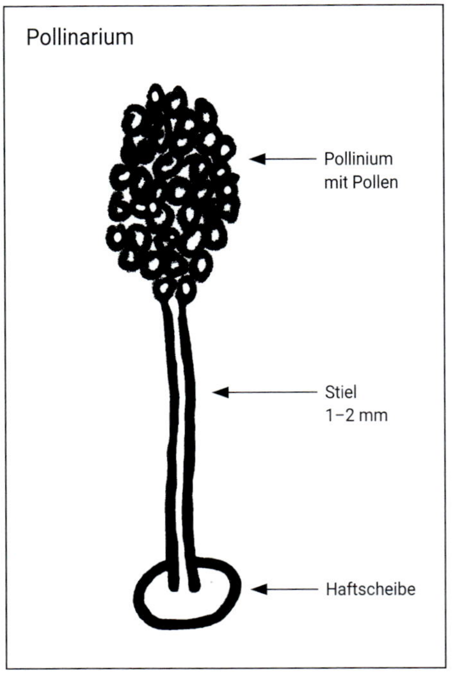

Schema eines Orchideen-Pollinariums

Experiment. Bei Orchideen der Gattungen Knabenkraut *(Orchis)*, Fingerwurz *(Dactylorhiza)*, Stendelwurz *(Epipactis)*, Handwurz *(Gymnadenia)*, Breitkölbchen (Waldhyazinthe, *Platanthera*) und Ragwurz *(Ophrys)* kann das folgende Experiment durchgeführt werden. Man führt vorsichtig einen dünnen Grashalm, eine Nadel oder eine Bleistiftspitze unterhalb der im hinteren Teil der Blüte sichtbaren 1–2 mm kleinen, meist gelben Pollinarien ein. Oft kleben diese dann am eingeführten Objekt fest und können betrachtet werden (Lupe). Manchmal sind die Pollinarien allerdings schon von Insekten aus der Blüte herausgeholt worden. Da praktisch alle Orchideen in Mitteleuropa gesetzlich geschützt sind, darf der beschriebene Versuch nur an einer einzigen Pflanze durchgeführt werden, die in einem großen Bestand der betreffenden Art wächst. Auch sollen dabei natürlich keine benachbarten Orchideen oder andere geschützte Pflanzen zertreten werden! Mit einigem

Glück kann man das beschriebene Experiment auch bei einigen Rassen der bekannten exotischen Zimmer-Orchidee *Phalaenopsis* erfolgreich durchführen.

Bestimmte Orchideen-Arten werden vor allem am späten Abend bestäubt (Symbol + +)

Auch bei den folgenden Arten kann man das oben beschriebene Experiment durchführen.

Beim Eindunkeln fallen die hellen Blütenstände des Weißen und des Grünlichen Breitkölbchens (Waldhyazinthe, *Platanthera bifolia* und *P. chlorantha*) besonders auf. Durch die helle Farbe und den starken Duft werden vor allem Nachtfalter angelockt. Mit ihrem abgerollten Rüssel können sie zum tief im langen Sporn verborgenen Nektar gelangen.

Betrügerische Orchideen-Arten: Nektartäuschblumen (Symbol + 0)

Die Spitzorchis (Pyramiden-Knabenkraut, *Anacamptis pyramidalis = Orchis pyramidalis*) und das Kleine Knabenkraut (*Anacamptis morio = Orchis morio*) locken zwar verschiedene Insekten für die Bestäubung an, liefern ihnen aber keinen Nektar; sie täuschen also etwas vor. Eine erfolgreiche Bestäubung durch Bienen und andere Insekten ist aber trotzdem möglich.

Die Blüten der Spitzorchis (Pyramiden-Knabenkraut, *Anacamptis pyramidalis = Orchis pyramidalis*) werden z. B. von einem Weißgesäumten Würfelfalter *(Pyrgus carthami)* besucht, obwohl sie keinen Nektar enthalten. Der Falter hat schon mehrere Blüten besucht, was man an den Pollenpaketen (Pollinarien) sieht, die an seinem Rüssel kleben.

Hier stellt sich die Frage, wieso so gut an ihre Umwelt angepasste Insekten wie z. B. die Schmetterlinge und die Bienen nicht rasch lernen, nektarlose Blüten zu meiden. Ein Grund hierfür ist, dass in oder neben Beständen der oben erwähnten rot blühenden Arten andere, ebenfalls rot blühende Orchideen-Arten vorkommen, die den Bestäubern Nektar anbieten, z. B. die bereits erwähnte Langspornige Handwurz (Mücken-Händelwurz, *Gymnadenia conopsea*) . Beide, die nektarlosen und die nektarhaltigen Blüten, haben generelle Blütensignale, die Bestäuber anlocken. Ein weiterer Grund für das oben beschriebene Verhalten ist, dass die Bestäuber gewöhnt sind, auch bei an sich nektarhaltigen Blüten immer wieder nektarlose anzutreffen: Sie sind schon von früheren Besuchern leergesaugt worden.

Noch betrügerischere Orchideen-Arten: Sexualtäuschblumen
(Symbole +*0 und +0)

Zu dieser Gruppe gehören in Mitteleuropa die nektarlose Fliegen-Ragwurz *(Ophrys insectifera)* und ihre Verwandten Bienen-Ragwurz *(O. apifera),* Spinnen-Ragwurz *(O. sphegodes)* und Hummel-Ragwurz *(O. holosericea)*. Sie werden jeweils durch mehr oder weniger eng, also obligat auf die betreffende Art spezialisierte, männliche Wildbienen der Gattungen *Andrena, Eucera*, *Anthophora* und Grabwespen der Gattung *Argogorytes* bestäubt (z. T. auch von anderen Insekten). Denn die Blüten dieser

Ragwurz-Arten sehen ähnlich aus und sind fast gleich behaart wie der Hinterleib einer weiblichen Biene, Hummel oder Wespe. Für die Nah-Anlockung haben sie sogar denselben attraktiven Duft! Deshalb versuchen die entsprechenden Männchen, die Blüten bestimmter Ragwurz-Arten zu begatten (Pseudokopulation). Gesamthaft wird dies als **Blütenmimikry**, Lockmimikry oder Sexualmimikry bezeichnet. Sie führt zur Bestäubung und letztlich zur Samenbildung.

Ein Ragwurz-Zikadenwespen-Männchen *(Argogorytes mystaceus)* wurde von Duft, Farbe und Gestalt einer Fliegen-Ragwurz-Blüte *(Ophrys insectifera)* angelockt und versucht, diese zu begatten. Dabei bleibt auf dem Kopf oder einem anderen Körperteil der Zikadenwespe ein gelbes Pollinarium kleben. Beim Besuch der nächsten Ragwurz-Blüte werden dann Pollenkörner auf deren Narbe abgestreift, was schließlich zur Befruchtung und zu Samen führt. Wird eine verwandte Ragwurz-Art bestäubt, so kann ein Hybrid (Kreuzung, Bastard) entstehen.

Blütenöl zur Bestäuber-Anlockung und -Ernährung – und weitere Besonderheiten (Symbol + +)

Das an leicht feuchten Stellen in Magerwiesen vorkommende Pfennigkraut (Pfennig-Weiderich, *Lysimachia nummularia*) und der in Feuchtwiesen vorkommende Gilbweiderich *(Lysimachia vulgaris)* gehören zu den wenigen sogenannten Blütenölpflanzen in unserer Flora. In ihren Blüten wird kein Nektar gebildet, sondern in besonderen Organen, den Elaiophoren, ein Öl. Schenkel- oder Ölbienen, z.B. *Macropis europaea* nehmen das Öl auf und vermischen es mit Blütenpollen (auch von anderen Pflanzenarten) während des Fluges zu einem Breiklümpchen. Dieses haftet an speziellen Borsten und Kämmen am Mittelbein der Wildbiene und wird zunächst von Blüte zu Blüte (Bestäubung) und dann als sogenanntes Larvenbrot zu den Brutzellen der Biene transportiert. Außerdem wird das Blütenöl dazu verwendet, die von der Biene einige Zentimeter tief in den Boden gegrabenen Brutzellen gegen Feuchtigkeit bzw. Austrocknung zu imprägnieren.

Die Blüten des Gilbweiderichs *(Lysimachia vulgaris*) und verwandter Arten liefern keinen Nektar, sondern Öl sowie Pollen und werden von sogenannten Ölbienen (Schenkelbiene, *Macropis fulvipes*) besucht und bestäubt.

Pflanzenvielfalt ist positiv für die Bestäuber – und umgekehrt: Bestäubernetz und Trachtfließband (Symbol + + Δ)

Besucht man eine blühende Magerwiese an einem sonnigen, warmen und windstillen Sommertag, so fallen natürlich sofort die vielen blütenbestäubenden Schmetterlinge, Bienen, Hummeln und Schwebfliegen auf. Die unten stehende Abbildung zeigt einen Ausschnitt eines Bestäubernetzes. Falls in ihm eine Art ausfällt, so kann deren ökologische Funktion von einer anderen Art übernommen werden; dies gilt sowohl für die Pflanzen- wie für die Bestäuberarten. Man bezeichnet dies als Stabilität durch Risikoverteilung, ein Prinzip, das u. a. auch in der Wirtschaft angewandt wird.

Abbildung rechte Seite:
Ausschnitt aus dem Netz wechselseitig positiver Bestäubungsbeziehungen in einer Magerwiese, aufgenommen am sonnigen 4. Juli 2017 bei Schaffhausen. Die Beziehungen finden nicht alle zur gleichen Tageszeit statt. Auch Bienen, Hummeln, Schwebfliegen und andere Insekten bestäuben die verschiedenen Pflanzenarten. Zwischen diesen und wohl auch zwischen den Bestäubern kommt auch Konkurrenz vor, also eine negative Beziehung.

eine ausgefallene Besonderheit, sondern sie kommen weltweit bei über 4000 Pflanzenarten aus 110 Pflanzenfamilien vor, haben also für den Fraßschutz der Pflanzen eine Bedeutung.

Komm und hilf mir, sonst werde ich gefressen! Pflanzen locken mit Duftstoffen die Feinde ihrer Fressfeinde an (Symbol + + Δ)

Ein frappierendes Beispiel dieser Strategie wurde bereits in Kap. 1.4.2 beschrieben: Die Limabohne scheidet, wenn sie von bestimmten Pflanzenfressern angegriffen wird, duftenden Zuckersaft aus, der Ameisen anlockt. Diese vertreiben oder fressen dann die Pflanzenfresser.

Oft spielen bei diesen Beziehungen Parasitoide eine große Rolle, also Organismen, die parasitisch von einem Wirt leben und diesen am Ende töten. Die Anlockung von Parasitoiden durch gasförmige Stoffe, die die von Insekten angefressenen Pflanzen ausscheiden, wurde zuerst an Tabak-, Baumwoll- und Maispflanzen festgestellt. Von den vielen interessanten Einzelheiten zu dieser indirekten wechselseitig positiven Beziehung sei die Tatsache erwähnt, dass die gleiche Pflanzenart für die Anlockung verschiedener Pflanzenfresser den gleichen Duftstoff aussendet, aber in unterschiedlicher Konzentration. Andererseits setzen verschiedene Pflanzenarten für die Anlockung des gleichen Pflanzenfressers offenbar verschiedene Duftstoffe ein.

Solche Feind-meines-Feindes-ist-mein-Freund-Beziehungen kommen auch bei einigen Magerwiesenarten vor. Die Blätter des Spitz-Wegerichs *(Plantago lanceolata)* werden unter anderem von Raupen des Gewöhnlichen Scheckenfalters *(Melitaea cinxia)* gefressen. Oft kommt es aber nicht so weit, was in der unten stehenden Abbildung erläutert wird.

Der Gewöhnliche Scheckenfalter *(Melitaea cinxia)* bestäubt verschiedene Magerwiesenpflanzen

Wegerich-Blätter mit Schmetterlingseiern senden Duftstoffe aus, die Schlupfwespen anlocken

Die Schlupfwespe *(Hyposoter horticola)* legt ihre Eier in die Eier, die der Scheckenfalter auf die Blattunterseite gelegt hat

Die Raupe des Scheckenfalters frisst Blätter des Spitz-Wegerichs *(Plantago lanceolata)*

Die Raupen des Gewöhnlichen Scheckenfalters *(Melitaea cinxia)* fressen u. a. Blätter des Spitz-Wegerichs *(Plantago lanceolata)*. Blätter, auf welche Eier des recht seltenen Schmetterlings gelegt worden sind (oder evtl. die Eier selbst), locken mit Duftstoffen eine Schlupfwespe *(Hyposoter horticola)* an. Diese legt ihre Eier in jene des Falters. Aus den Wespeneiern schlüpfen Larven, welche die Schmetterlingseier von innen auffressen und somit die Pflanze vor Fraß bewahren: eine Feind-meines-Feindes-ist-mein-Freund-Beziehung.

Ein ähnlicher Fall liegt beim 10–35 cm hohen Ährigen Ehrenpreis *(Pseudolysimachion spicatum = Veronica spicata)* vor, der in mageren und relativ trockenen Wiesen und Weiden vorkommt.

Beim Ährigen Ehrenpreis *(Pseudolysimachion spicatum)*, der in manchen Magerwiesen und -weiden vorkommt, ist die Situation ähnlich wie beim Spitz-Wegerich. Schlupfwespen werden angelockt und legen ihre Eier in die Eier des Gewöhnlichen Scheckenfalters *(Melitaea cinxia)*, was dann zur Vernichtung der Letzteren führt. Auch hier schützt der Feind des Feindes die Pflanze (siehe Castelo et al. 2010).

Die Pflanzenfresser und die Parasitoide sind meist koevolutiv aneinander angepasst. Das heißt, die gegenseitigen Anpassungen in dieser Dreierbeziehung sind jeweils im Erbgut der Arten im Laufe von Jahrtausenden bis Jahrmillionen entstanden und festgelegt worden.

Beweidetes (oder gemähtes) Grasland ermöglicht es Vögeln, Nahrung am Boden zu finden (Symbol + +)

In der hohen Vegetation einer längere Zeit nicht beweideten oder ungemähten Magerwiese haben Vögel Mühe, Nahrung zu finden. Kommen wieder Weidetiere auf das Grasland (oder nach der Mahd), wird es den Vögeln möglich, Samen, Insekten oder Spinnen vom Boden aufzupicken oder gar Regenwürmer aus dem Boden zu ziehen. Auf Riedwiesen ist dieses Verhalten besonders auffällig, wie von Gigon und Gigon-Fehér (in Vorb.) beschrieben.

Die niedrige Pflanzendecke in beweidetem (oder gemähtem) Grasland ermöglich es z. B. einer Amsel *(Turdus merula)*, einen Regenwurm *(Lumbricus terrestris)* zu finden und als Nahrung aus dem Boden zu ziehen. Daneben können Amseln und andere Vogelarten auch Samen, Insekten und Spinnen als Nahrung finden, eine wechselseitig positive Wirkung zwischen den Weidetieren und den Vögeln.

«Futterbau» und andere positive Beziehungen bei Feldmäusen (Symbol + +)

In noch nicht abgemähten, wegen des geringen Nährstoffgehaltes des Bodens meist hellgrünen Magerwiesen sieht man manchmal quadratdezimetergroße Stellen mit üppigen dunkelgrünen Gräsern und Kräutern. Schaut man genau hin, so hat es dort Löcher von Feldmäusen *(Microtus arvalis)*. Diese Kleinsäuger haben alle paar Jahre

Die Feldmaus *(Microtus arvalis)* ist ein sauberes Tierchen, denn sie deponiert ihre Exkremente außen neben dem Baueingang. Das üppig wachsende Wiesen-Knaulgras *(Dactylis glomerata)* und andere düngerzeigende Pflanzenarten profitieren von den Nährstoffen in den Exkrementen. Gleichzeitig ist dieses Gras auch eine Hauptnahrungspflanze der Feldmaus: Sie betreibt also Futterbau!

eine Massenvermehrung, ähnlich, aber nicht so regelmäßig und massiv wie die Lemminge in der nordischen Tundra. Die Feldmäuse deponieren ihre Exkremente direkt neben ihre Baueingänge und düngen somit die Pflanzen, worauf diese saftig dunkelgrün aufwachsen. An diesen gedüngten Stellen gedeiht das Wiesen-Knaulgras *(Dactylis glomerata)* besonders üppig, wie die Abbildung auf der nächsten Seite zeigt. Ähnliches trifft für den Wiesen-Schwingel *(Festuca pratensis)* und 17 weitere Arten zu. Das nährstoffliebende Knaulgras gehört zu den Hauptnahrungspflanzen der Feldmäuse. Somit kann man etwas überspitzt sagen, dass die Feldmäuse Futterbau betreiben. Es liegt also eine wechselseitig positive Beziehung zwischen der Maus und den erwähnten Gräsern sowie anderen düngezeigenden Pflanzenarten vor.

Neben der Futterbau-Beziehung gibt es noch zahlreiche andere, von Feldmäusen ausgehende Förderungen von Pflanzen. Mehrjährige Untersuchungen von 114 Magerwiesen-Pflanzenarten im Jura bei Schaffhausen erlauben quantitative Aussagen zu diesen Förderungen. Mindestens 31 Pflanzenarten werden von der

Verteilungsmuster der Feldmaus *(Microtus arvalis)* und von Horsten des Wiesen-Knaulgrases *(Dactylis glomerata)* mit einem Durchmesser ≥ 3 cm in einer Wiese mit experimentell erhöhter Dichte der Feldmaus, bei Schaffhausen (aus Leutert, 1983).

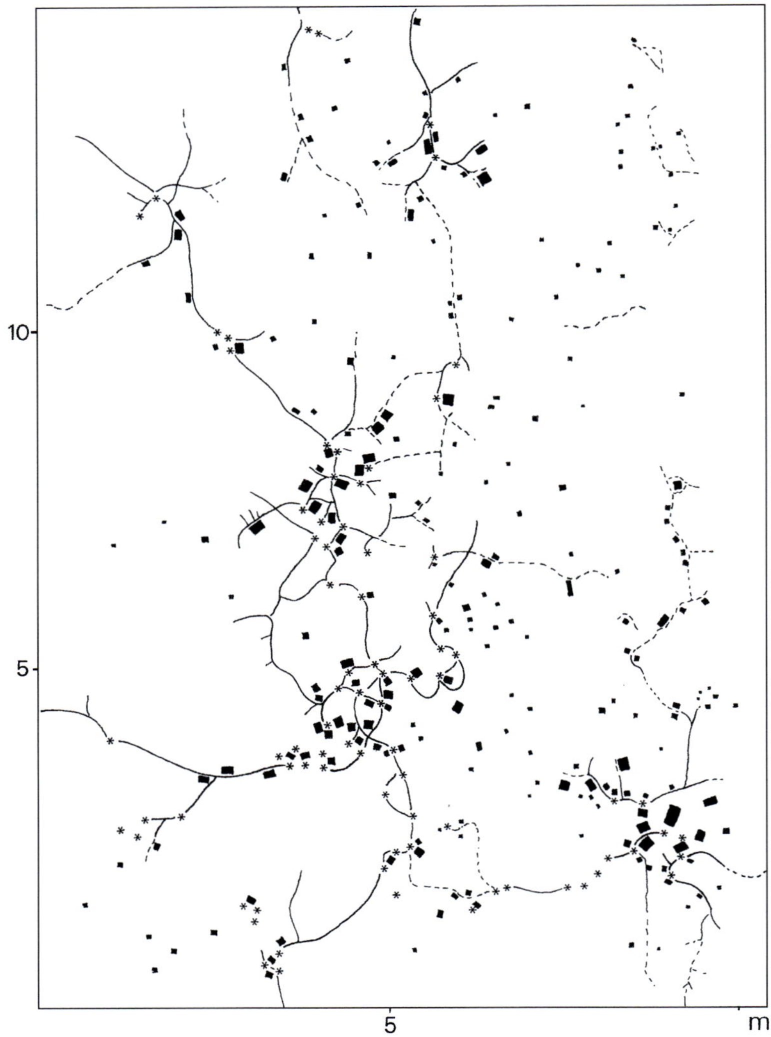

■ Je nach Größe des Rechtecks verschieden große Horste des Knaulgrases.
* Baueingänge,
--- Wechsel zwischen den Baueingängen,
- - - - verlassene Wechsel

Feldmaus nicht verbissen, was diesen Pflanzenarten einen Konkurrenzvorteil gegenüber den verbissenen verschafft, eine positive Beziehung. Spross- und Wurzelteile von 17 Pflanzenarten werden von den Mäusen verbreitet, indem sie diese in ihrem Bau als Nahrungsreserve speichern und dort z. T. vergessen. Zu diesen Arten gehören der Spitz-Wegerich *(Plantago lanceolata),* der Knollige Hahnenfuß *(Ranunculus bulbosus)* und der Rot-Klee *(Trifolium pratense).* Die beschriebenen Förderungen können bei den verschiedenen Arten natürlich gleichzeitig vorkommen, z. B. Schutz vor Verbiss und Förderung durch Exkremente der Mäuse. Insgesamt werden etwa 40 der 114 untersuchten Magerwiesen-Pflanzenarten durch eine oder mehrere direkte oder indirekte positive Wirkungen der Feldmäuse gefördert (siehe Leutert, 1983; Gigon & Leutert 1996 und 2003; Gigon & Ryser 2000).

So sehen die Sprossbasen des Spitz-Wegerichs *(Plantago lanceolata)* aus, die die Feldmaus *(Microtus arvalis)* in speziellen Kammern in ihrem Bau speichert – und z. T. vergisst, wodurch die Pflanze verbreitet wird. Eine einseitig positive Beziehung.

Die große Bedeutung der Feldmaus für die Artenzusammensetzung der untersuchten Magerwiesen zeigt sich auch in der Förderungskonstellation, die in Kap. 2.8 dargestellt ist.

Regenwürmer, Ameisen und andere Bodentiere fördern durch ihre Grabetätigkeit das Pflanzenwachstum in mehrfacher Hinsicht (Symbole + + und + 0)

Die vielen Gänge, die der Regenwurm und andere kleine Bodentiere beim Fressen von lebenden und abgestorbenen Pflanzenteilen und von Bodenpartikeln graben, ermöglichen ein besseres Eindringen von Wasser und Luft in den Boden. Dies fördert das Wachstum der Pflanzenwurzeln, denn diese benötigen dafür bekanntlich Wasser sowie Sauerstoff, also Luft für die Wurzelatmung.

Kothäufchen des Regenwurmes enthalten oft viele Samen sowie Sporen von Moosen und Pilzen, die dadurch verbreitet werden.

Bei feuchtem Wetter kriecht der Gewöhnliche Regenwurm *(Lumbricus terrestris)* auch mal auf der Bodenoberfläche herum.

Vor allem gegen den Herbst und im Winter sind viele Wiesen und Weiden oft mit Wurmhäufchen übersät. Diese können gemäß den Untersuchungen von Bonn & Poschlod (1998) bis mehrere Hundert Samen pro 100 g enthalten, was im Verlauf des Jahres das Aufkommen von bis über 10 000 Keimlingen pro Ar ermöglicht. Zudem sind Wurmhäufchen nährstoffreicher als normale Erde, was für das Aufwachsen von Jungpflanzen günstig ist.

In Magerwiesen ist die Bedeutung der Regenwürmer als Bodendurchwühler wohl relativ gering, denn ihre Bestandsdichte beträgt durchschnittlich nur etwa 30 Individuen pro Quadratmeter. Sie ist also etwa 10- bis 20-mal geringer als in Äckern und Laubwäldern. Die geringe Dichte hängt mit der relativ geringen Produktion von pflanzlicher Substanz in Magerwiesen und mit ihrer sommerlichen Bodentrockenheit und -härte zusammen.

Die große Wirkung von Ameisen auf das Ökosystem Magerwiese ist von Plattner (2006) ausführlich untersucht und beschrieben worden: Sie verändern das gesamte Nahrungsnetz grundlegend, was für einige Tiergruppen positiv, für andere hingegen negativ ist. Insbesondere spielt die spezielle Nahrungsbeziehung zu Pflanzenläusen eine namhafte Rolle (siehe Kap. 2.4 und 3.4).

Weidetiere fördern indirekt bestimmte Pflanzenarten (Symbol + 0Δ)

Bestimmte niedrig wüchsige Wiesen-Pflanzenarten werden indirekt dadurch gefördert, dass die höher wachsenden, sie also beschattenden Nachbarpflanzen von den Weidetieren abgefressen werden. Es liegt somit eine indirekte, wechselseitig positive Wirkung zwischen diesen Tieren und den niedrig wüchsigen Pflanzenarten vor. Beispiele für solche sind das Gänseblümchen *(Bellis perennis),* die Behaarte Gänsekresse *(Arabis hirsuta)* und die Frühlings-Schlüsselblume *(Primula veris)* sowie mehrere Moos-Arten. Diese Arten werden natürlich auch weniger abgefressen, weil ihre Triebe und Blätter für das Vieh schlecht erreichbar oder ungenießbar sind.

Das auch in Magerwiesen und -weiden vorkommende Gänseblümchen *(Bellis perennis)* profitiert von vermehrter Sonnenstrahlung, wenn die höher wachsenden, sie beschattenden Nachbarpflanzen vom Vieh abgefressen werden: eine indirekte positive Wirkung.

Wird das Pflanzenwachstum durch Fraß auch direkt gefördert?

In der wissenschaftlichen Literatur wird mehrfach erwähnt, dass unter bestimmten Bedingungen das Pflanzenwachstum nach dem Fraß durch bestimmte Tierarten stärker ist als bei nicht abgefressenen Pflanzen. Dieses Phänomen wird Überkompensation (engl. *overcompensation*) genannt und kann als eine wechselseitig positive Wirkung zwischen Pflanze und Pflanzenfresser angesehen werden. Als einer der Gründe für die Überkompensation wird angenommen, dass die Tiere den Haupttrieb abfressen. Dieser unterdrückt das Wachstum der Seitentriebe. Fehlt der Haupttrieb, so kann die betreffende Pflanze mit den Nebentrieben mehr Masse produzieren, als mit dem Haupttrieb möglich gewesen wäre. Ein anderer Grund kann sein, dass die Pflanzen infolge des Fraßes ihren Wachstumsrhythmus (Phänologie) ändern und so indirekt vom Fraß profitieren. Einige Forscher vermuten auch eine Förderung des Pflanzenwachstums durch den Speichel der Weidetiere. Die soeben beschriebenen positiven Beziehungen kommen vielleicht bei Pflanzenarten der Magerwiesen und -weiden vor.

2.2.2 Für Pflanzenarten einseitig positive Beziehungen mit Tierarten

Einige dieser Beziehungen, z. B. bestimmte Formen der Bestäubung und Samenausbreitung, wurden bereits im vorhergehenden Kapitel beschrieben, weil sie in den dortigen Kontext besser passen. Dies gilt insbesondere für die Bestäubung nektarloser Blüten und die Sexualmimikry zwischen einigen Ragwurz-Arten *(Ophrys)* und den Männchen bestimmter Wildbienen-Arten.

Allgemeines zur Samenausbreitung (= Samenverbreitung) durch Tiere

Im Folgenden wird, je nachdem, was besser in den Text passt, der Fachausdruck Samenausbreitung verwendet oder der gleichbedeutende landläufige Begriff Samenverbreitung. In der Fachsprache wird unter *Verbreitung* das geografische Verbreitungsgebiet der betreffenden Art verstanden (engl. *distribution*). Die *Ausbreitung* (engl. *dispersal*) durch Tiere wird auch als Zoochorie bezeichnet (*zoon* = Tier, Lebewesen; *chorein* = sich verbreiten), wobei zwischen Epi- und Endochorie unterschieden wird (*epi* = außen, *endo* = innen). Humoristisch wird in diesem Zusammenhang auch der Begriff Samentaxi verwendet.

Die Samenausbreitung ist für die Pflanzen nicht nur darum positiv, weil dabei neue Stellen besiedelt werden. Es spielt auch eine Rolle, dass nach dem Aufwachsen Pflanzenindividuen von verschiedenen Ursprungsstellen aufeinandertreffen können. Dies fördert die genetische Durchmischung innerhalb einer Art (Population), was für ihr langfristiges Überleben wichtig ist.

Bei vielen Pflanzenarten kommen neben oder statt der Ausbreitung durch Tiere bekanntlich auch eine Ausbreitung durch Wind, Wasser oder mittels Schleudermechanismen vor.

Samenausbreitung durch Anhaftung an Tieren (Symbol +0)
Diese Form der Ausbreitung spielt in den beweideten Ökosystemen natürlich eine viel größere Rolle als in den gemähten.
Die Kletthaftung hat wohl jeder Mensch schon einmal an seinen Kleidern festgestellt, wenn er im Sommer oder Herbst eine hohe Wiese durchquert hat – oder er hat sie an Haus- und Nutztieren beobachtet. Die Anhaftung bzw. Ausbreitung geschieht mithilfe von kleinen Haken und ist besonders auffällig bei Kletten-Arten (Gattung *Arctium*), die allerdings in Weiden selten und in Magerwiesen überhaupt nicht vorkommen.

Im unteren Teil des Blütenstandes des Gewöhnlichen Odermennigs *(Agrimonia eupatoria)* sieht man die Klettfrüchte mit den kleinen Haken, die der Anhaftung an Wild oder an Weidetiere dienen und zur Ausbreitung der Samen führen.

Ausbreitung von Pflanzensamen durch Schafe (Symbol + 0)
In ihrem Fell breiten Schafe, wie erwartet, sehr viele Diasporen, also Früchte, Samenstände oder Einzelsamen, aus. Dies wurde in schwach und nur periodisch beweideten Kalkmagerrasen in der Schwäbischen Alb genau untersucht. Dazu wurde das Fell von Schafen durch farbige Markierungen, wie unten abgebildet, in mehrere Zonen eingeteilt, in denen dann im Laufe des Sommers die Diasporen immer wieder gezählt wurden (siehe Tabelle).

Bei der Untersuchung des Fells eines markierten Schafes, das in der Schwäbischen Alb in Kalkmagerrasen weidete, wurden im Verlauf des Sommers 1993 über 8500 Samen gezählt. Zu den von Schafen herumtransportierten Insekten und anderen Kleintieren siehe Kap. 2.4.

Bemerkenswert ist, dass vor allem Samen bzw. Samenstände von Gräsern verbreitet wurden – diese sind in den Magerrasen natürlich dominant. Weiter ist aufschlussreich, dass Samen von Pflanzen ganz verschiedener Pflanzenfamilien und Wuchsformen auf den Schafen herumtransportiert werden. Wenn sie herunterfallen, können neue

Bestände entstehen. Neben der Ausbreitung in Fell werden Samen auch zwischen den Hufen und durch Fraß und dann durch den Kot verbreitet. Dies alles ist für die betreffenden Pflanzenarten natürlich positiv.

Anzahl Samen und Samenstände, die im Fell eines einzigen Schafes in 16 Zählungen zwischen Juli und September 1993 während seiner Wanderungen zwischen verschiedenen Weiden in der Schwäbischen Alb festgestellt wurden. (Vereinfacht aus Fischer et al. 1996.)

Pflanzenart		**Pflanzenfamilie**	**Anzahl Samen und Samenstände**
Wiesen-Knaulgras	*Dactylis glomerata*	Süßgräser	2353
Aufrechte Trespe	*Bromus erectus*	Süßgräser	1650
Gewöhnlicher Odermennig	*Agrimonia eupatoria*	Rosengewächse	1396
Pyramiden-Schillergras	*Koeleria pyramidata*	Süßgräser	607
Gewöhnlicher Klettenkerbel	*Torilis japonica*	Doldenblütler	239
Kletten-Labkraut	*Galium aparine*	Rötegewächse	217
Wilde Möhre, Karotte	*Daucus carota*	Doldenblütler	146
Arznei-Thymian, Feld-Thymian	*Thymus pulegioides*	Lippenblütler	74
Echte Nelkenwurz	*Geum urbanum*	Rosengewächse	46
Acker-Vergissmeinnicht	*Myosotis arvensis*	Raublattgewächse	32
75 weitere Pflanzenarten, worunter viele Gräser			≥ 1740
Total: 85 Arten von Blütenpflanzen aus 20 Familien			≥ 8500

Fruchtstand des Gewöhnlichen Klettenkerbels *(Torilis japonica)*. Er kommt nicht nur in Japan, sondern auch in Europa und Nordafrika vor. Auffallend sind die vielen Häkchen, die der Ausbreitung der Samen dienen.

Samenausbreitung durch Klebhaftung (Symbol +0)

Der Spitz-Wegerich *(Plantago lanceolata)* und einige andere Arten haben Samen, die bei Nässe klebrig werden und dann an Hufen, Schuhen oder gar an Autoreifen haften und so verbreitet werden. Dies kann auch mit klebriger Erde geschehen.

Fruchtstand des Spitz-Wegerichs *(Plantago lanceolata)* mit den bei Nässe klebrig werdenden Samen, was deren Verbreitung fördert.

Tierstreuer-Ausbreitung (Symbol +0)

Diese liegt vor, wenn Tiere beim Vorbeistreifen die Samenstände schütteln (oft, weil sie an diesen einhaken) und dabei die Samen herausschleudern. Beispiele sind Acker-Witwenblume *(Knautia arvensis)*, Wiesen-Margerite *(Leucanthemum vulgare)*, Fliegen-Ragwurz *(Ophrys insectifera)*, Gewöhnliche Akelei *(Aquilegia vulgaris)* sowie einige Glockenblumen-Arten *(Campanula)*. Natürlich werden Samen auch durch starke Windstöße aus den Samenständen herausgeschleudert.

Die Kapseln im Fruchtstand der bis 60 cm hohen Knäuel-Glockenblume *(Campanula glomerata)* haben auf der Unterseite kleine Poren, aus denen die Samen durch das Schütteln durch vorbeistreifende Tiere oder durch Windstöße herausgeschleudert werden.

Ausbreitung von Pflanzen durch Tiere, die Früchte oder Samen fressen und dann ausscheiden (Symbole + + und + 0)

Dieser Ausbreitungstyp ist besonders bei Heckensträuchern und anderen Pflanzen ausgeprägt, die saftige und nährstoffreiche Früchte haben (siehe Kap. 4.2). Auch in Wiesen spielt er eine relativ große Rolle (siehe Anhang C). Manchmal erwischen Weidetiere beim Fressen z. B. die hartschaligen Samen des Wiesen-Sauerampfers *(Rumex acetosa)*, des Wiesen-Knaulgrases *(Dactylis glomerata)* oder von Klee-Arten. Diese werden mit dem Kot verbreitet, sofern sie nicht verdaut worden sind. Der Kot gewährleistet dann natürlich eine gute Nährstoffversorgung der Jungpflanzen.

Durch Weidetiere werden auch Ampfer-Arten (Gattung *Rumex*) gefressen. Deren harte Samen werden nicht verdaut, also mit dem Kot ausgeschieden und so verbreitet.

Auch kleine Tiere wie Mäuse, Schnecken und Regenwürmer breiten mit ihren Ausscheidungen winzige Samen sowie Sporen von Moosen und Pilzen aus.

Pflanzen kommen an offenen Stellen auf, die von Tieren geschaffen worden sind (Symbol + 0)

Durch Wühltätigkeit, Tritt und Fraß schaffen Tiere in Wiesen und Weiden mannigfache Lücken, in denen neue Pflanzen aufwachsen können. Bekannt sind vor allem die Erdhaufen von Mäusen und des Maulwurfes, die Trittstellen von Weidetieren sowie die Wühlspuren von Wildschweinen. Selten rühren vegetationsfreie Stellen auch daher, dass der Rotfuchs *(Vulpes vulpes)* dort eine Maus oder der Wespenbussard *(Pernis apivorus)* ein Wespen- oder Hummelnest ausgegraben hat.

Wildschweine *(Sus scrofa)* richten durch ihre Wühltätigkeit im Kulturland oft große Schäden an (siehe unten).

Von Wildschweinen durchwühlter Boden, wohl um in dieser Magerwiese die von ihnen gerne gefressenen Orchideenknollen auszugraben. Die offenen Stellen bieten bestimmten Pflanzenarten die Möglichkeit, ohne Konkurrenz anderer Pflanzenarten aus Samen aufzuwachsen.

Eigentlich würde man erwarten, dass die Mitte einer vegetationsfreien Stelle der für das Aufwachsen von Pflanzen günstigste Ort ist. Dies trifft jedoch oft nicht zu. Denn dort ist die Sonneneinstrahlung ungebremst, was zur Austrocknung des Oberbodens führt (siehe unten). Für Keimlinge und Jungpflanzen ist dies meist fatal. Außerdem kann es im Winter an wenig durchwurzelten vegetationsfreien Stellen zu Frosthebung kommen, durch welche die Wurzeln von Jungpflanzen zerrissen werden. Gesamthaft gesehen ist in 20–50 cm großen Vegetationslücken der von der umgebenden Vegetation beschattete Rand für das Aufkommen von Jungpflanzen besonders günstig, wie Ryser (1993) in Experimenten mit mehreren Pflanzenarten in Magerwiesen feststellte. Die Randpflanzen können als Ammenpflanzen bezeichnet werden (siehe Kap. 2.3).

Austrocknung der obersten 3 cm Boden in einer 50 cm großen künstlichen Vegetationslücke in einer gemähten Magerwiese zwei Tage nach einem starken Sommerregen. Je dunkler die Schraffur, desto größer ist der Wassergehalt im Boden. Man sieht, dass es in der Mitte und am sonnigen nördlichen Rand der Lücke im Verlauf des Tages (8–18 Uhr) immer trockener wird, sodass die Keimlinge dort vertrocknen. Hingegen steht am südlichen Rand der Lücke dank der dort beschattenden Pflanzen genug Feuchtigkeit zur Verfügung, um zu überleben. Es liegt also zwischen den Keimlingen und den «Südrand-Pflanzen» eine einseitig positive Wirkung vor. (Daten aus Cerletti, 1997.)

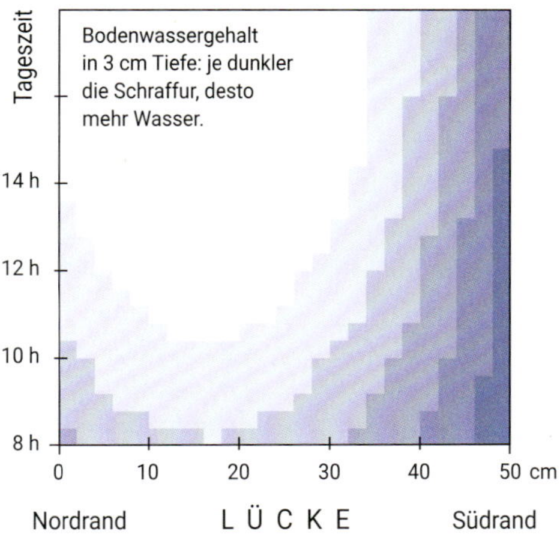

Bei Ameisenhaufen wachsen bestimmte Pflanzenarten üppiger (Symbol +0Δ)

Diese Förderung am Rand und z. T. auch mitten auf Ameisenhaufen ist in vielen Viehweiden und in nicht mehr bewirtschafteten Magerwiesen leicht zu beobachten.

Bestimmte Pflanzenarten werden am Rand von Ameisenhaufen indirekt durch diese Tiere gefördert. In dieser Magerweide handelte es sich um den Rot-Schwingel *(Festuca rubra)*, weitere Grasarten sowie um den in der Abbildung nicht erkennbaren kleinen kriechenden Feld-Thymian (Sand-Thymian, *Thymus serpyllum* aggr.). Die größeren gelben Triebe sind die der Zypressen-Wolfsmilch *(Euphorbia cyparissias)*, deren Samen dank ihrer Ölkörperchen (Elaiosome) durch Ameisen verbreitet werden (siehe Kap. 2.2.1).

Die Förderung bestimmter Pflanzenarten bei Ameisenhaufen hat mehrere Ursachen. Ameisenhaufen sind wegen der in ihnen stattfindenden Abbauprodukte des herangeführten organischen Materials sowie wegen der Ausscheidungen dieser Tierchen nährstoffreicher als die Umgebung. Begünstigt werden vor allem Pflanzen, die durch einen wachsenden Ameisenhaufen hindurch immer weiter aufwärts oder auf seiner Oberfläche wachsen können. Auch ist anzunehmen, dass die Weidetiere die Pflanzen auf und neben den Haufen wegen der Ameisen weniger abfressen als in der übrigen Weide.

Der dunkle Fleck in der Mitte der Blütendolde der Möhre schützt deren Samen vor einer parasitischen Gallmücke (Symbol +0Δ)

Die Blütendolden der Wilden Möhre (Karotte, Rüebli, *Daucus carota*) haben in ihrer Mitte oft einige kleine schwarz-rot gefärbte Blüten, die auch als Scheininsekt bezeichnet werden. Dieses täuscht, wie Forscher vor Kurzem herausfanden, rötliche kleine Gallen der Möhrengallmücke *(Kiefferia pericarpiicola)* vor. Durch diese vermeintlichen Gallen werden Mückenweibchen von der Ablage ihrer Eier abgehalten. Denn in einer bereits besetzten Dolde wäre die Nahrungskonkurrenz für die Mücken-Nachkommen größer als in einer unbesetzten. Es liegt also eine für die Pflanze positive Mimikry vor (siehe Kap. 1.4.3).

Einige dunkle Blüten in der Mitte der Blütendolde der Wilden Möhre *(Daucus carota)* signalisieren der recht seltenen Möhrengallmücke *(Kiefferia pericarpiicola)* fälschlicherweise, dass der Blütenstand schon durch entsprechende ebenfalls schwarz-rote Gallen besetzt ist und es deshalb nicht sinnvoll ist, Mückeneier auf die Dolde zu legen. Durch diese Mimikry wird der Blütenstand also vor der parasitischen Gallmücke geschützt.

Fraßschutz von Pflanzen durch spinnennetzartige Strukturen? (Symbol +0Δ)

Forscher vermuten, dass Pflanzen vor Fressfeinden geschützt werden, wenn sie ein Netz von Baldachinspinnen vortäuschen. Hier läge somit eine Mimikry zwischen Pflanze und Tier vor (siehe auch das folgende Kapitel).

Die Blätter und Stängel der an warmen und trockenen Standorten vorkommenden Gewöhnlichen Eselsdistel *(Onopordum acanthium)* sehen aus wie von einem dichten Spinnennetz umhüllt. Vielleicht werden sie dadurch vor kleinen, blattfressenden Insekten, denen die großen Stacheln der Distel nichts anhaben können, geschützt. Denn die Insekten meiden die für sie gefährlichen Spinnen. Man kann von einer Mimikry sprechen, bei der die Pflanze zu ihrem Schutz ein Tier nachahmt!

Die Ausscheidungen und Kadaver von Tieren sind Dünger für die Pflanzen
(Symbol +0)

Die Düngung durch Exkremente von Tieren ist eine derart bekannte einseitig positive Wirkung, dass sie nicht besonders beschrieben werden muss. In Weiden sieht

Die Stellen in einer Weide mit üppigerem Graswuchs wegen der Ausscheidungen des Viehs und deshalb auch geringerer Beweidung nennt man Geilstellen oder Geilhaufen. Für das Vieh sind die Ausscheidungen zunächst irrelevant, wenn man von deren physiologischer Bedeutung absieht. Für die Pflanzen sind sie wegen der Düngerwirkung hingegen positiv.

man oft Geilstellen, also die Stellen, wo Weide- und andere größere Tiere, z. B. auch Hunde, ihre Exkremente hinterlassen haben. Dort wachsen die Pflanzen wegen der Düngerwirkung und weil sie dort wegen des Kotgeruches von den Weidetieren nicht abgefressen werden, üppiger auf als in der übrigen Weide.
Neben den Blütenpflanzen profitieren auch die Dungmoose von den Ausscheidungen von Rindern und anderen Weidetieren. Das Kugelförmige Schirmmoos *(Splachnum sphaericum)* wächst in Gebirgsweiden vor allem auf sich zersetzendem Rinderdung. Interessant ist, dass Schirmmoos-Arten mit ihren hellen oder roten Kapseln, deren Hälse auch noch einen speziellen Duft abgeben, bestimmte Dungfliegen anlocken. Diese breiten dann die Moossporen von einem Kothaufen zum nächsten aus, eine für das Moos positive Wirkung.

Das Kugelförmige Schirmmoos *(Splachnum sphaericum)* gedeiht vorwiegend auf Dung von Weidetieren.

Tierkadaver sind nicht direkt Dünger für die Pflanzen, sondern müssen zuerst durch Kleintiere, Pilze und Bakterien zu mineralischen Nährstoffen wie Stickstoffverbindungen und Phosphat abgebaut werden, die dann von den Pflanzen aufgenommen werden können.

2.2.3 Für Tierarten einseitig positive Beziehungen mit Pflanzenarten

Tarnung einer Tierart durch optische Verschmelzung mit ihrer pflanzlichen Umgebung (Symbol +0△)

Spaziert man an einem sonnigen Spätsommertag über eine Wiese, so sieht man ab und zu eine große Heuschrecke auffliegen und wieder verschwinden: Das Grüne Heupferd *(Tettagonia viridissima)* ist zwischen den grünen Pflanzen gut getarnt.

Das Grüne Heupferd *(Tettigonia viridissima)* verschwindet im Grün und ist trotz seiner Körperlänge von bis zu 4 cm kaum mehr auffindbar, auch nicht für einen hungrigen Vogel. Für die Pflanzen ist die Beziehung mehr oder weniger bedeutungslos, da das Heupferd sich vor allem von Insekten und deren Larven ernährt; für die Heuschrecke ist es positiv, sich verstecken zu können.

Die Raupe des Aurorafalters *(Anthocharis cardamines)* ist wegen ihrer grünen Farbe vor Vogelfraß einigermaßen geschützt, eine indirekte positive Beziehung mit den Pflanzen.

Viele Insekten und Spinnen sind dadurch getarnt und somit vor Fressfeinden einigermaßen geschützt, dass sie bräunlich gefärbt sind wie dürre Blätter oder Stängel. Auch Säugetiere und Vögel weisen zu ihrem Schutz oft eine Tarnfärbung auf. Andererseits haben auch manche Fressfeinde eine Tarnfarbe, sodass sie von ihren Beutetieren nicht so leicht wahrgenommen werden können.

Der Baumpieper *(Anthus trivialis)* ist durch seine Färbung im dürren Gras, wo er oft sein Nest baut, gut getarnt, was für ihn natürlich positiv ist.

Die Mimikry der Krabbenspinne: Sie ahmt die Farbe der Blüte nach, auf der sie lauert (Symbol + 0, selten + +)

Die Veränderliche Krabbenspinne *(Misumena vatia)* findet man von Mai bis August auf blütenreichen Magerwiesen, besonders in den weißen oder gelben Blütenständen von Doldengewächsen (Apiaceae) und Korbblütlern (Asteraceae). Das Spinnenweibchen kann ihre Färbung an jene der Blüte bzw. des Blütenstandes, in welchem es sitzt, anpassen, was allerdings oft Tage in Anspruch nimmt. Die Spinne ist dann derart gut getarnt, dass ihre Beutetiere, also vor allem Bienen, Schwebfliegen und Tagfalter, sie nicht erkennen und auf der Blüte landen, wo sie von der Spinne ergriffen, getötet und ausgesaugt werden.

Die Beziehung der Krabbenpinne zur Pflanze ist für die Spinne wegen der Tarnung in der Pflanzenblüte positiv: Es liegt eine sogenannte *aggressive Mimikry* vor, die der Spinne hilft, Nahrung zu ergreifen. Manchmal wird das Phänomen auch als Mimese bezeichnet. Für die Blüten ist die Spinne meist ohne Bedeutung.

Die Pflanze dient der Spinne auch zum Aufhängen von Beutepaketen, die mit Spinnfäden eingewickelt werden, sowie zur Befestigung des Kokons mit ihren Eiern – beides ist für die Spinne positiv. Es liegen also zwischen den Krabbenspinnen und den Pflanzen mehrere ganz verschiedene positive Beziehungen vor.

Eine Krabbenspinne *(Misumena vatia)* in weißer Färbung sitzt auf dem Blütenstand eines Doldenblütlers (Apiaceae), eine Spinne in gelber Färbung auf dem komplizierten Blütenstand der Zypressen-Wolfsmilch *(Euphorbia cyparissias)*. Beide Spinnen sind so gut getarnt (eine für sie positive Wirkung), dass sie z. B. von einer Fliege nicht wahrgenommen werden, diese sich setzt und ergriffen wird. In die Beute wird dann Verdauungssaft gespritzt; nach einiger Zeit saugt die Spinne den vorverdauten Nahrungsbrei auf.

Mimikry zwischen Pflanzen- und Tierarten ist selten, zwischen verschiedenen Tierarten hingegen häufig. Beispiele hierzu sind in Kap. 2.4 zusammengestellt.

Mimese: Eine Tierart ahmt einen bestimmten Teil ihrer pflanzlichen Umgebung nach und bleibt erkennbar, wird aber nicht als Tier wahrgenommen und ist deshalb vor Fraß geschützt (Symbol +0Δ)

Mimetisch getarnt sind z. B. die Puppen des Schwalbenschwanzes *(Papilio machaon)* und des Aurorafalters *(Anthocharis cardamines)*: Sie können grün oder bräunlich sein und ahmen so lebende oder verdorrte Blätter und Stängel nach. Sie sind deshalb, obwohl sichtbar, für einen Fressfeind uninteressant.

Die Gürtelpuppen des Schwalbenschwanzes (*Papilio machaon*, links), des Aurorafalters *(Anthocharis cardamines)* und anderer Tagfalter-Arten sehen aus wie ein Ästchen bzw. ein Pflanzenstachel und werden deshalb von einem Fressfeind nicht als Beute erkannt, was für die Puppen positiv ist – eine typische Mimese, die manchmal auch als Mimikry bezeichnet wird.

Schlafstättenblumen (Symbole +0 und ++)

Schauen Sie mal an einem frühen Sommermorgen in die Blüten der Rundblättrigen *(Campanula rotundifolia)*, der Nesselblättrigen *(C. trachelium)* oder der Pfirsichblättrigen Glockenblume *(C. persicifolia)*! Mit etwas Glück entdecken Sie Insekten, die dort in der Nacht Schutz vor Kälte und Nässe gefunden haben. Es sind meist vor allem die Männchen der Glockenblumen- oder anderer Scherenbienen (z. B. *Chelostoma campanularum*) sowie der Glockenblumen-Sägehornbiene *(Melitta haemorrhoidalis)*. Ähnlich dienen die Blüten einiger Hahnenfuß-Arten (*Ranunculus*) den Männchen der Hahnenfuß-Scherenbiene *(Chelostoma florisomne)* als Schlafstätte und Nektarquelle. Manchmal findet auch eine Übertragung von Pollen statt, was dann als Schlafstättenbestäubung bezeichnet wird.

Weil die kleine schwarze Wildbiene die Nacht geschützt in dieser Blüte der Rundblättrigen Glockenblume *(Campanula rotundifolia)* verbracht hat, trifft man sie dort frühmorgens noch an.

Eine Hahnenfuß-Scherenbiene (*Chelostoma florisomne*, Männchen) ruht in einer Hahnenfußblüte *(Ranunculus)*.

Pflanzensprosse als Übernachtungsort für Insekten, insbesondere für Schlafgemeinschaften (Symbole +0 und ++)

Viele Arten von Wildbienen, Schmetterlingen und anderen Insekten nutzen Pflanzensprosse, insbesondere Blüten- und Fruchtstände, als Ort fürs Übernachten, oft in sogenannten Schlafgemeinschaften. Ein Vorteil davon ist sicher, dass die Insekten oben im Pflanzenbestand vor Fressfeinden wie Mäusen und Laufkäfern relativ geschützt sind. Und nachts werden sie auch nicht von Vögeln aufgepickt. Wieso die Tierchen aber in Gemeinschaften schlafen, ist unklar. Manche Forscher sprechen von einem Geselligkeitstrieb, d. h., wenn ein Tier einen Schlafplatz auserkoren hat, so ist er wohl auch für andere Individuen günstig, die sich dann ebenfalls dort einfinden. Bei einigen Arten kommt es am folgenden Tag vielleicht zur Paarung (aber es gibt auch reine Männchen-Schlafgemeinschaften). Und einige Arten dürften in den Blüten, auf denen sie übernachtet haben, Pollen und Nektar, also Nahrung, finden. Zuoberst auf Pflanzensprossen ist es wohl auch besonders günstig, um sich am Morgen durch Sonnenbaden rasch zu erwärmen.

Schlafgemeinschaft von Krainischen Widderchen *(Zygaena carniolica)* auf einer Grasähre, auf der sie sicher nichts zu fressen finden.

Rendezvous-Plätze für Schmetterlingspaare auf herausragenden Frucht- oder Samenständen oder auf Blättern (Symbol +0)

Die Funktion von Blüten und Blütenständen als Rendezvous-Plätze für verschiedene Insekten wurde bereits in Kap. 2.2.1 beschrieben. Vor allem bei Tagfaltern kann man beobachten, dass sie sich auch auf den obersten Frucht- und Samenständen und sogar auf herausragenden Blättern oder Ästchen paaren. Bemerkenswert ist, dass sie an diesen Stellen keine Nahrung finden. Worin die Vorteile des beschriebenen Verhaltens bestehen, ist unklar. Vielleicht fallen den Männchen die dort sitzenden Weibchen besonders auf (oder umgekehrt?). Exponierte Stellen haben sicher den Nachteil, dass die Falter dort von Fressfeinden wie den Vögeln tagsüber leicht erspäht werden.

Besonders bei den Bläulingen (Lycaenidae), also kleinen Tagfaltern, fällt auf, dass sie sich bevorzugt auf Blüten- oder Fruchtständen paaren. Das Bild zeigt den Hauhechelbläuling (*Polyommatus icarus*, oben das Männchen) in Paarung auf dem Samenstand von Lieschgras *(Phleum)*, wo es jedoch nichts zu fressen gibt.

Was machen kleine Häuschen-Schnecken hoch auf Pflanzenstängeln?
(Symbol +0)

Im Hochsommer sieht man in sehr trockenen Magerwiesen manchmal kleine Schnecken, z.B. die Gewöhnliche Heideschecke *(Helicella itala),* die bis 20 cm hoch auf lebende oder abgestorbene Pflanzenstängel hinaufgekrochen sind. Nahrung finden sie dort keine. Aber sie weichen dem extremen Mikroklima auf der Bodenoberfläche aus. Denn hier kann es bei einer Lufttemperatur von 30 °C und starker Sonneneinstrahlung bis über 40 °C heiß werden, besonders, weil es dort auch windstill ist. Manche Schneckenarten durchlaufen angeklebt an Stängeln sogar eine Trockenruhe und verschließen dafür ihr Gehäuse mit einer Membran. Meist sind die Schneckenhäuser auch hell gefärbt, sodass viel Strahlung reflektiert wird.

Schnecken, hier Heideschnecken *(Helicella)*, weichen der Sommerhitze und der damit verbundenen Trockenheit am Boden und in der bodennahen Luftschicht aus, indem sie bis 20 cm hoch auf lebende oder abgestorbene Pflanzenstängel kriechen. Dies ist für die Schnecken offenbar positiv.

Bestimmte Insekten und Spinnen benützen Pflanzenstängel zum Aufhängen ihrer Puppen und Netze oder als Schlaf- oder Nistplätze (Symbol +0)

Viele Insektenarten benützen hohe Pflanzenstängel als Stützen für ihre Nester. Dies gilt beispielsweise für bestimmte Wildbienen und Feldwespen. Spinnen nutzen Pflanzen als Aufhängungsorte für ihre Netze und Kokons. Was sind die Gründe dafür? Einerseits ist in lockeren Pflanzenbeständen das Mikroklima in den oberen Vegetationsschichten weniger extrem als in der bodennahen Luftschicht und am Boden. Auf dünnen Stängeln können Vögel auch nicht landen; und Insekten von Stängeln im Flug abzupicken, ist wohl schwierig. Schließlich werden im Pflanzenbestand befestigte Puppen und Kokons vermutlich weniger leicht von Fressfeinden gefunden als am Boden. Bei alledem spielen vielleicht auch Mimese und Mimikry eine Rolle (siehe Kap. 1.4.3 und oben). Für die Insekten und Spinnen liegen also einseitig positive Wirkungen vor; für die Pflanzen ist das Benutzt-Werden bedeutungslos.

Die mehr oder weniger waagrechten, dreidimensionalen Baldachin- oder Trichternetze der winzigen Baldachinspinnen (Linyphiidae) sind an einem sonnigen Herbstmorgen besonders gut zu sehen. Denn dank kleinster Tautröpfchen schimmern die Netze zwischen den Blättern und Stängeln hervor.

Das Nest bestimmter Feldwespen-Arten wird nach Südost bis Südwest gerichtet in 20–40 cm Höhe an lebende oder abgestorbene Pflanzen geheftet. Das Bild zeigt die vor allem in Riedwiesen vorkommende Zierliche Feldwespe *(Polistes bischoffi)*.

2 Positive Beziehungen in einer Magerwiese bzw. -weide

Eine Gartenblattschneiderbiene *(Megachile centuncularis)* trägt gerade ein von ihr ausgeschnittenes Blattstückchen für den Nestbau in ein Bohrloch, wohl eines Käfers.

Blättern verschlossen. Nach wenigen Tagen schlüpfen die Larven, die sich von der Pollen- und Nektarreserve ernähren, viermal häuten und dann in einen Kokon einspinnen, der überwintert. Im Folgejahr fliegt die Biene aus. Wozu die Blattplättchen genau dienen, ist unklar. Vielleicht verhindern sie die Verpilzung der Nahrung oder eine zu starke Austrocknung der Bieneneier und -larven oder der Nahrung. Die Pflanzen werden durch die wenigen ausgeschnittenen Blattplättchen praktisch nicht beeinträchtigt: Es liegt zwischen Biene und Pflanze also eine positive Beziehung des Typs +0 vor.

Ein ähnliches Verhalten wie soeben beschrieben zeigt auch die sehr seltene Mohn-Mauerbiene *(Osmia papaveris = Hoplitis papaveris)*, die ihre in trockenen Sand selbst gegrabenen Niströhren mit zentimetergroßen Plättchen aus den roten Blütenblättern des Mohns auskleidet.

Bestimmte Insektenarten brauchen ganz spezielles Pflanzenmaterial für ihr Nest (Symbol + 0)

Dazu gibt es viele Beispiele. So benützen mehrere Wildbienen-Arten (z. B. die Große Wollbiene, *Anthidium manicatum*) die Haare und Wolle z. B. von Distelsamen (*Cirsium* und *Carduus*) für den Nestbau. Manchmal wird das Material sogar noch mit pflanzlichen Sekreten imprägniert, die aus Drüsen an den Blütenhüllblättern des Kleinköpfigen Pippaus *(Crepis capillaris)* gewonnen worden sind. Man nimmt an, dass das Sekret gegen Durchfeuchtung der pflanzlichen Haare oder Wolle und gegen Pilzbefall der Larven schützt.

Wieso lassen sich die kleinen schwarz-roten Blutströpfchen-Schmetterlinge so leicht mit der Hand fangen? (Symbol 0 + Δ)

In Magerwiesen fallen an warmen windstillen Sommertagen die 2–3 cm großen Schmetterlinge mit relativ schmalen, rot-schwarzen Flügeln auf. Sie werden Blutströpfchen, Zygänen oder – wegen ihrer leicht gekrümmten Fühler – auch Widderchen genannt. Ihre Raupen ernähren sich vor allem von Schmetterlingsblütlern, u. a. vom Gewöhnlichen Hornklee *(Lotus corniculatus)*, schädigen diese häufige Art jedoch nicht nennenswert. Deren Sprosse enthalten ein Gift (cyanogenes Glykosid), das nach dem Fraß im Körper der Raupen chemisch umgebaut und bei der Metamorphose an die Puppen und dann an die adulten Falter weitergegeben wird. Nimmt ein Vogel eine Zygänen-Raupe oder einen adulten Schmetterling in den Schnabel, so wird ein gelblicher giftiger Tropfen ausgeschieden. Der üble Blausäure-Geruch, der jenem von Bittermandeln ähnlich ist, veranlasst den Vogel, seine Beute loszulassen. Er lernt, diese Beute in Zukunft zu meiden. Ihre Ungenießbarkeit signalisieren die Zygänen auch durch ihre rot-schwarze Warnfärbung.

Blutströpfchen-Schmetterlinge, hier das Sechsfleck-Widderchen *(Zygaena filipendulae)*, lassen sich leicht mit der Hand fangen, weil sie langsam fliegen. Dies können sie sich leisten, weil sie giftig sind und deshalb nicht befürchten müssen, von einem Vogel erhascht zu werden. Sie sind so sicher, dass ihnen nichts passiert, dass sie sogar z. B. auf einer Hand landen und verbleiben, wo sie wahrscheinlich Schweißtröpfchen aufsaugen.

Auch der Jakobskraut-Bär *(Tyria jacobaeae),* ein 2–3 cm großer am Tag fliegender Nachtfalter, fällt durch die im Tierreich typische rot-schwarze Warnfarbe auf. Das Pflanzengift, mit dem er sich vor Fressfeinden schützt, stammt aus Jakobskraut-Arten (*Senecio jacobaea* und *S. erucifolius*), die von den Raupen gefressen werden. Mit ihrer gelb-rot-schwarzen Färbung warnt auch die ausgewachsene Raupe des Wolfsmilchschwärmers *(Hyles euphorbiae)* Vögel und andere Fressfeinde: Achtung, ich bin giftig! Giftig ist der Mageninhalt der Raupe, da sie sich vor allem von der giftigen, häufig an Waldrändern und in Magerweiden vorkommenden Zypressen-Wolfsmilch *(Euphorbia cyparissias)* ernährt. Das Gift wird auch an den adulten Nachtfalter weitergegeben. Zwischen der Wolfsmilchpflanze und dem Schwärmer liegt also eine einseitige Förderung vor. Die jungen Raupen sind übrigens durch ihre gelbgrüne Färbung zwischen den Sprossen der Wolfsmilch gut getarnt.

Die Raupe des recht seltenen Wolfsmilchschwärmers *(Hyles euphorbiae)*, eines großen Nachtfalters, frisst vor allem die giftige Zypressen-Wolfsmilch *(Euphorbia cyparissias)*. Deshalb ist die Raupe auch selber giftig, weswegen sie von Fressfeinden gemieden wird, was für die Raupe natürlich positiv ist.

Man kann sich fragen, ob die erwähnten Pflanzenarten durch den Fraß nicht gefährdet werden, also eigentlich eine negative Beziehung vorliegt. Die gefressene Menge ist jedoch jeweils recht gering, sodass sie für den Bestand der oben genannten, recht häufigen Pflanzenarten unbedeutend ist; es liegen also indirekte +0Δ-Beziehungen zwischen den Schmetterlingen und ihren Raupenfutterpflanzen vor.

2.3 Positive Beziehungen zwischen Pflanzenarten

Ammenpflanzen «helfen» Keimlingen und Jungpflanzen beim Aufwachsen (Symbol +0)

Ammenpflanzen (engl. *nurse plants*) sind Pflanzen, neben denen Jungpflanzen derselben oder anderer Pflanzenarten besser aufkommen als ohne diese Nachbarn. Eine Ammenwirkung haben z. B. Polsterpflanzen und Moosteppiche, denn in ihnen können Samen hängen bleiben, keimen und zu adulten Pflanzen aufwachsen, u. a., weil es in Polstern feuchter ist als auf nacktem Boden.

In diesem Moospolster sind Samen hängen geblieben; hier ist es meist auch relativ feucht, was für die Keimung und die Jungpflanzen positiv ist. Mit dem Höherwachsen der Jungpflanzen wird die Beziehung für das Moos allerdings negativ.

Auch die in Kap. 2.2.2 beschriebene positive Mikroklimawirkung von Pflanzen am Rand von Bestandslücken, die von Tieren geschaffen worden sind, kann als Ammenwirkung angesehen werden. Interessant ist, dass solche Wirkungen auch von abgestorbenen Pflanzen ausgehen können, weil unter ihnen der Boden wegen der Schattenwirkung feuchter, also für das Wachstum von Jungpflanzen günstiger bleibt als ohne Streu.

Die Wirkung von Ammenpflanzen ist vor allem bei extremen Bedingungen entscheidend, z. B. in Trockengebieten und unter kühlen Klimabedingungen, also in Halbwüsten, Polarregionen und in den Gebirgen. In den Kap. 4.3 und 4.4 werden hierzu einige Beispiele präsentiert.

«Chemische» Förderung der Entwicklung von Jungpflanzen benachbart wachsender anderer Arten durch die Rispen-Flockenblume (Symbol + 0)

Durch raffinierte Experimente in Blumentöpfen im Gewächshaus konnten Gfeller et al. (2019) nachweisen, dass die in Trockenrasen und trockenem Ödland vorkommende Rispen-Flockenblume (Gefleckte Flockenblume, *Centaurea stoebe*) die Keimung und die Jungpflanzen-Entwicklung anderer an solchen Standorten vorkommender Pflanzenarten fördert. Zu diesen Arten gehören Färberkamille *(Anthemis tinctoria = Cota tinctoria)*, Gewöhnliche Wegwarte *(Cichorium intybus)*, Wilde Möhre (Wilde Rübe, *Daucus carota*), Gewöhnlicher Natternkopf *(Echium vulgare)* und Knolliger Hahnenfuß *(Ranunculus bulbosus)*. Die fördernde Wirkung beruht auf flüchtigen organischen Stoffen (VOC, *volatile organic compounds*), die von den Flockenblumen-Wurzeln abgegeben werden. Diese Stoffe fördern entweder direkt die Keimung bzw. das Wurzelwachstum benachbarter Jungpflanzen

Die Rispen-Flockenblume (Gefleckte Flockenblume, *Centaurea stoebe*) gibt, wie in Topfexperimenten nachgewiesen wurde, aus ihren Wurzeln gasförmige Stoffe ab, die direkt oder indirekt die Keimung und die Jungpflanzenentwicklung benachbart wachsender Pflanzen anderer Arten fördern.

Der Gewöhnliche Natternkopf *(Echium vulgare)* ist eine der Pflanzenarten, bei denen Topfexperimente zeigten, dass sie durch flüchtige organische Stoffe, die von den Wurzeln der Rispen-Flockenblume *(Centaurea stoebe)* ausgeschieden werden, direkt oder indirekt gefördert werden.

anderer Arten oder sie wirken indirekt über die Förderung bestimmter Bakterien oder Pilze im Boden. Man kann dies als Ammenpflanzen-Wirkung bezeichnen. Bemerkenswert ist, dass die entsprechenden Organismen offenbar Geruchsrezeptoren haben, die die VOC im Boden feststellen können. Wie dies geschieht, ist jedoch, wie z. B. Erb (2018) festhält, weitgehend unklar. Auch muss noch geprüft werden, ob die in Experimenten in Blumentöpfen festgestellten Förderungen auch in der Natur vorkommen.

Eine interessante Frage ist, ob die Rispen-Flockenblume langfristig nicht durch die von ihr geförderten benachbart wachsenden anderen Arten beeinträchtigt wird. Diese Arten werden im Allgemeinen jedoch weniger hoch oder sie sind kurzlebiger als die 1,5 m (bis 2 m) große und langlebige Flockenblume. Somit kann diese Art zumindest oberirdisch durch die Nachbarpflanzen kaum konkurrenziert werden.

Fraßschutz durch giftige oder stachlige Nachbarpflanzen (Symbol + 0∆)

Forscher berichten, dass bestimmte Wiesenpflanzen vom Vieh weniger verbissen werden, wenn sie giftige Nachbarpflanzen wie z. B. den Knolligen Hahnenfuß *(Ranunculus bulbosus)* haben. Beim Zerkauen dieser Pflanzenart wird das Glykosid Ranunculin freigesetzt, das auf der Lippe und der Zunge zu Verbrennungen führt. Die Weidetiere lernen, solche Pflanzen zu meiden, was für diese und ihre unmittelbaren Nachbarn natürlich positiv ist. Auch dichte Bestände der Großen Brennnessel *(Urtica dioica)* schützen zwischen ihnen wachsende andere Pflanzenarten vor Verbiss durch das Vieh.

Nachbarpflanzen des Knolligen Hahnenfuß *(Ranunculus bulbosus)* und anderer Vertreter der Gattung Hahnenfuß profitieren davon, dass diese Pflanzen Stoffe enthalten, die für das Vieh giftig sind und somit vor Fraß schützen.

In subalpinen und alpinen Magerweiden kann man leicht beobachten, dass unmittelbar neben der Alpen-Kratzdistel *(Cirsium spinosissimum)* die Individuen bestimmter anderer Arten besser wachsen als an Stellen ohne die Distel (Abbildung hierzu siehe Kap. 4.3). Ähnliche positive indirekte Wirkungen auf Nachbarpflanzen kommen vielleicht auch bei mehreren in Magerwiesen vorkommenden stachligen Pflanzen vor, z. B. bei der Silberdistel *(Carlina acaulis)* und bei der Stängellosen Kratzdistel *(Cirsium acaule = C. acaulon).*

Warnung vor Fressfeinden durch Stoffe, die angefressene Pflanzen abgeben und die benachbarten anderen Pflanzenarten zugutekommen (Symbole +0, + + und +0Δ)
Es sind mehrere Beispiele bekannt, wo Pflanzen nach Schädigung durch Pflanzenfresser bestimmte Stoffe produzieren, die bei benachbarten Individuen der gleichen

Pflanzenart Schutzmechanismen auslösen. So wurde in Gewächshaus-Experimenten festgestellt, dass angeknabberte Tomaten-, Erbsen- oder Limabohnen-Pflanzen (*Phaseolus lunatus,* siehe Kap. 1.4.2) flüchtige organische Stoffe abgeben, die bei benachbarten intakten Individuen der gleichen Art die Synthese von Abwehrstoffen gegen Pflanzenfresser hervorrufen. Manche Pflanzenarten «erinnern» sich offenbar sogar an frühere Warnungen und beginnen beim Eintreffen von entsprechenden warnenden flüchtigen organischen Verbindungen sofort mit der Produktion von Abwehrstoffen!

Gibt es solche Warnungen und Reaktionen auch zwischen Individuen verschiedener Arten in der Natur, also positive Beziehungen zwischen ihnen? Bei Pflanzenarten von Magerwiesen sind meines Wissens keine derartigen Phänomene bekannt. Deshalb wird im Folgenden das klassische Beispiel von zwei Halbwüsten-Arten des Great Basin in den westlichen USA beschrieben (siehe Karban et al. 2003). Dort wachsen bis 1,5 m hohe Tabakpflanzen *(Nicotiana attenuata)* unmittelbar neben

Das klassische Beispiel der Warnung einer Pflanzenart (vor Fraß) durch eine andere Pflanzenart. Werden Blätter des im Great Basin (USA) vorkommenden Wüsten-Beifußes (*Artemisia tridentata,* linkes Bild) abgeschnitten oder von Heuschreckennymphen bzw. Blattkäferlarven angefressen, so gibt der Strauch flüchtige Stoffe ab. Auf diese reagieren benachbarte Pflanzen des Wilden Tabaks *(Nicotiana attenuata)* mit der Produktion von Abwehrstoffen gegen Insektenfraß, worauf die Pflanzen weniger abgefressen werden. Eine indirekte, für die Tabakpflanze positive Beziehung.

Wüsten-Beifuß-Sträuchern *(Artemisia tridentata)*. Werden nun Blätter dieses durchschnittlich 1,2 m hohen Strauches abgeschnitten oder von Heuschrecken-Nymphen bzw. Blattkäferlarven (Chrysomelidae) angefressen, so wird offenbar ein bestimmter flüchtiger Stoff abgegeben. Dieser ruft bei den unmittelbar benachbarten Tabakpflanzen eine vermehrte Produktion von Polyphenoloxidase hervor. Dieses Enzym ist bei Nachtschattengewächsen, zu denen auch der Tabak gehört, ein Anzeiger von Abwehrreaktionen. Und tatsächlich werden die Tabakpflanzen weniger stark abgefressen.
Eine interessante Frage ist, wieso Pflanzen eine Warnung vor Fressfeinden und, wie andere Untersuchungen zeigen, sogar vor Trockenheit und anderen Stressfaktoren aussenden. Denn dies verbessert die (Über-)Lebenschancen der Nachbarpflanzen, wodurch diese zu stärkeren Konkurrenten der warnenden Pflanzen werden. Es gibt mehrere Hypothesen, die sich mit diesem Dilemma befassen. Eine davon ist, dass die *innerartliche* Kommunikation, welche die Überlebenschancen der eigenen Art erhöht, einfach von der *anderen* Art abgehört wird und zu Verteidigungsstrategien führt, die auch deren Überlebenschance erhöhen. Im Englischen wird dieses Abhören *eavesdropping* genannt. Es kommt auch bei Tierarten vor (siehe Kap. 3.4.2). Eine andere Hypothese besagt, dass aufgrund der Warnungen eventuell auch die gewarnte fremde Pflanzenart bestimmte Stoffe produziert, welche Fressfeinde eindämmt. Und dies kommt natürlich auch den Senderpflanzen der Warnung zugute.
Auch im Gartenbau wird manchmal davon ausgegangen, dass bestimmte Arten von Gemüsepflanzen einander fördern und dass von benachbarten Wildkräutern positive Wirkungen ausgehen. Falls dies zutrifft, liegt eine direkte oder indirekte zwischenartliche Kommunikation vor. Manchmal halten spezielle Pflanzenarten die Fressfeinde bestimmter Gemüsearten wohl dadurch fern, dass sie für die Schadinsekten unangenehme Stoffe in die Luft oder in den Boden abgeben.
Neuere, z. T. umstrittene Untersuchungen postulieren, dass Kommunikation im Boden auch über Schallwellen oder elektrische Impulse von Pflanze zu Pflanze stattfindet (siehe dazu z. B. Mancuso & Viola 2015).

Pflanzliche Barrieren gegen Pflanzenkrankheiten (Symbole + + Δ oder + 0Δ)
Große Pflanzenartenvielfalt kann die Ausbreitung von Pilz- und anderen Krankheiten in Wiesen hemmen. Dies geschieht z. B. dadurch, dass krankheitsresistente Arten lebende Barrieren zwischen den krankheitsanfälligen bilden. So wurde beim Rot-Klee *(Trifolium pratense)* experimentell festgestellt, dass sich die vom Pilz *Sclerotinia trifoliorum* verursachte Krebskrankheit in Mischbeständen mit anderen Pflanzenarten weniger stark und weniger rasch ausbreitet als in einem Rot-Klee-Reinbestand (Besson 1971).

Der Kleekrebs-Pilz *(Sclerotinia trifoliorum)* befällt im Spätwinter und Frühfrühling die Stängelbasis des Rot-Klees *(Trifolium pratense)*, verfärbt sie schwarz und bringt die Pflanzen zum Absterben. Wächst der Klee in Mischung mit anderen Pflanzenarten, so sind diese eine Barriere gegen die Ausbreitung des Kleekrebs-Pilzes, was für den Klee natürlich positiv ist.

Erosionsvermeidung durch Tiefwurzler (Symbol +0)
Eine bekannte positive Wirkung tief wurzelnder Pflanzenarten ist, dass sie an Steilhängen den Boden zusammenhalten und «verankern» und so vor dem Abrutschen bewahren. Dies kommt dem gesamten Ökosystem zugute.

2.4 Positive Beziehungen zwischen Tierarten

«Tiertaxi» für Insekten und Spinnen, ja sogar Eidechsen (Symbol +0)
Ein solcher Transport ist bei vielen Tierarten dokumentiert, am besten bei Schafen. Fischer et al. (1996) untersuchten einen ganzen Sommer lang das Fell mehrerer Schafe, die in Kalkmagerrasen grasten, und erhielten dabei die folgenden Ergebnisse. (Zum Transport von Pflanzensamen siehe Kap. 2.2.2.)

Anzahl Kleintiere, die insgesamt während eines Sommers im Fell mehrerer Schafe festgestellt wurden. Die Schafe grasten in Magerweiden in der Schwäbischen Alb. Daten aus Fischer et al. 1996.

Arten		**Anzahl von Schafen transportierte Tiere**
1	Zauneidechse *(Lacerta agilis)*	3
4	Schneckenarten	4
2	Spinnenarten	8
3	Spinnen nicht bestimmbar	3
2	Wanzenarten	2
1	Käferart	1
13	Heuschreckenarten	331
26	Total	352

Vom Heidegrashüpfer *(Stenobothrus lineatus)* wurden während eines Sommers 108 Individuen auf und im Fell weidender Schafe festgestellt und von diesen z. T. zu neuen Weiden getragen, was für die Heuschrecken als positiv zu werten ist.

Sogar Zauneidechsen *(Lacerta agilis)* gelangen im Fell von Schafen an neue Standorte!

Positiv für die 352 herumtransportierten Kleintiere aus mindestens 23 Arten ist, dass neue Nahrungsgebiete besiedelt werden können. Außerdem kann eine genetische Durchmischung zwischen artgleichen Individuen, die aus verschiedenen Gebieten stammen, stattfinden, was für das langfristige Überleben der betreffenden Art wichtig ist. Für die Schafe ist die Beziehung zu den Kleintieren bedeutungslos, sofern es keine Parasiten sind.
Auch bei anderen Tierarten kommt ein Transport artfremder Tiere vor; dieser ist aber nur dann eine positive Beziehung, wenn keine Beeinträchtigung etwa durch Fraß oder Parasitismus vorliegt.

Putzsymbiose: Was machen Star und Elster auf den Rücken von Weidetieren?
(Symbole + + und + 0)

Star *(Sturnus vulgaris),* Elster *(Pica pica)* und andere Vogelarten suchen und fressen manchmal auf dem Rücken von Weidetieren und auch von Hirschen verschiedene Insekten. Manchmal handelt es sich bei den Letzteren um Parasiten. Dann liegt eine wechselseitig positive Beziehung vor, die aber keine Symbiose im engeren Sinn ist, da das Zusammenleben nicht eng und dauerhaft ist. Oft fressen die Vögel auch Früchte und Samen, die sich im Fell verfangen haben.

Das beschriebene Verhalten kann auch beim Kuhreiher *(Bubulcus ibis)*, der sich in den letzten Jahrzehnten bis nach Belgien und in die Niederlande ausgebreitet hat, beobachtet werden. Bekannt sind die *Madenhacker*, die in afrikanischen Savannen Parasiten aus der Haut von Büffeln, Giraffen, Nashörnern, Zebras und Hausrindern picken und fressen. Manchmal geht diese positive Beziehung in einen Parasitismus über, indem Wunden aufgerissen und Fleischstückchen herausgepickt werden.
Vom Rücken eines großen Tieres entdecken die Vögel natürlich auch Insekten, die auf dem Boden herumkriechen oder -hüpfen, besonders leicht, fliegen hin und fressen sie.
Eine andere Methode, mit welcher Vögel zu Nahrung kommen, ist, weidenden Tieren zu folgen und auffliegende Insekten zu fangen und zu fressen. So macht es z. B. die Schafstelze *(Motacilla flava)*, wie dies der Name schon andeutet. Man kann also sagen, dass große Weidetiere den Vögeln helfen, Nahrung zu finden – eine indirekte positive Beziehung.

Der in Südwesteuropa vorkommende Einfarbstar *(Sturnus unicolor)* auf einem Schaf, wo er Insekten aufpickt und von dessen Rücken aus er Bodeninsekten als Nahrung erspähen kann, was beides für ihn positiv ist.

Eine Schafstelze *(Motacilla flava)* sucht hier von der Kuh aufgescheuchte Insekten als Nahrung.

Ameisengäste (Symbole +0 aber auch + –)

Ameisengäste sind Tiere, die in Ameisennestern leben und dort geduldet werden. Bestimmte Arten fressen dort nur Abfälle, Ausscheidungen und tote Ameisen (Symbol +0). Zu diesen Tierarten gehören winzige Silberfischchen (Zygentoma) und Springschwänze (Collembola), aber auch Käfer. Daneben gibt es aber auch mehrere Insekten- und Spinnenarten, die sich im Nest von Eiern, Larven, Puppen oder adulten Ameisen ernähren, eine negative Beziehung.

Der nur 7–11 mm große Ameisensackkäfer (Ameisen-Blattkäfer, *Clytra laeviuscula*) ernährt sich von Blättern von Weißdorn, Esche und Weiden. Die Eier dieser Käferart werden von Ameisen in ihr Nest getragen, wo die Larven dann Abfälle fressen: eine einseitig positive Beziehung. Manchmal fressen sie aber auch die Ameisennahrung und die Ameisenbrut.

Die Zweifarbige Schneckenhaus-Mauerbiene erscheint früh im Jahr und ernährt sich von Nektar und Pollen, z. B. von Busch-Windröschen *(Anemone nemorosa)*, Hunds-Veilchen *(Viola canina)*, Gundelrebe (Gundermann, *Glechoma hederacea*), Gänseblümchen *(Bellis perennis)*, Schmetterlingsblütlern (Fabaceae) und Weiden *(Salix)*. Die dabei stattfindende Bestäubung ist Teil eines ganzen Netzes von positiven Beziehungen: vom Schneckenhäuschen über eine Wildbiene bis zum Gänseblümchen! Für weitere Einzelheiten zu diesen Wildbienen-Arten siehe z. B. Amiet & Krebs (2019).
Leere Schneckenhäuschen dienen auch mehreren weiteren Arten von Insekten sowie Spinnen und Tausendfüßlern als Schlaf- und Überwinterungsplätze; gemäß unserer Definition liegen hier ebenfalls einseitig positive Beziehungen vor.

Mimese zwischen Tierarten (Symbole + *0 und + 0)
Mimese wurde in Kap. 1.4.3 als eine Form von Tarnung oder Täuschung definiert, bei der eine Art die Gestalt oder Haltung eines Teils des Lebensraumes annimmt und, *obwohl sichtbar*, von einer anderen Art nicht als solche erkannt wird. Meist handelt es sich um den Schutz vor einem potenziellen Fressfeind. Mimese ist in der Natur weit verbreitet. In manchen Publikationen wird die Mimese als Mimikry

Wenn dieser Breitmaulrüssler *(Platystomos albinus)* auf einem Zweig ruht, ist er von Vogelkot kaum zu unterscheiden, was für den Käfer natürlich positiv ist.

bezeichnet, nicht zuletzt, weil es zwischen diesen Phänomenen und sogar zur gewöhnlichen Tarnung fließende Übergänge gibt.
Ein bekanntes Beispiel ist die Vogelkot-Mimese. Sie ist u. a. bei Eiern, Raupen und Puppen verschiedener Insekten-Arten zu beobachten.
Auch die Raupen vieler Schmetterlingsarten sehen aus wie schwärzlicher Vogelkot (oder dunkle Erdkörnchen). Man kann also sagen, dass zwischen den Räupchen und den betreffenden Vögeln bzw. ihrem Kot eine für die Ersteren einseitig positive Beziehung besteht. Weitere Beispiele für Mimese wurden bereits in Kap. 2.2.1–2.2.3 präsentiert.

Die makabre mimetische Tarnung mit Kadavern schützt die Konusspinne vor Fressfeinden (Symbol +0Δ)

Magerwiesen sind einer der Lebensräume der Konusspinne *(Cyclosa conica)*. Das nur 6–7 mm große Weibchen spinnt zwischen Pflanzenstängeln ein 10–20 cm großes Radnetz, in welches es oberhalb und unterhalb des Zentrums ein Stabiliment einwebt, also einen bis 10 cm langen weißlichen Strang aus vielen Fäden. Auf diesen klebt die Spinne die Kadaver von ausgesaugten Beuteinsekten. Hält sich die Spinne auf dem Stabiliment auf, so ist sie gut von Fressfeinden, z. B. Vögeln, geschützt, weil sie selbst aussieht wie ein Kadaver; eine makabre Mimese.

Im oberen Drittel der Abbildung sieht man den Rücken einer Konusspinne *(Cyclosa conica)*, oberhalb und unterhalb von ihr die Reste ausgesaugter Beute-Insekten. In Färbung und Position gleicht die Spinne einem Kadaver, wird also von Vögeln nicht wahrgenommen; dies ist für die Spinne positiv, für die Kadaver natürlich irrelevant, also eine +0-Beziehung.

Mimikry: *Raffiniert ahmt eine Art zu ihrem Vorteil eine andere Art nach (und bleibt dabei erkennbar)* (Symbole +0Δ und ++Δ)

Mimikry liegt vor, wenn eine Art wie eine andere Art aussieht und dadurch Vorteile hat, beispielsweise Schutz vor Fraß. Die bevorteilte Art bleibt dabei als solche erkennbar und die Vorteile können auch wechselseitig sein (siehe Kap. 1.4.3). Mimikry nützen in Magerwiesen u.a. bestimmte wehrlose Schwebfliegen (Gattung *Eristalis*) aus, indem sie ähnlich aussehen wie wehrhafte Bienen und Wespen, also einen schwarz und gelb geringelten Hinterleib haben und deshalb nicht angegriffen werden. Von bestimmten Schwebfliegen-Arten wird berichtet, dass sie sogar ähnliche Fluggeräusche verursachen wie Wespen, und zwar mit 147 Flügelschlägen pro Sekunde im Vergleich zu den 150 bei den Wespen. Die Bienen bzw. Wespen selbst profitieren von dieser *Bates'sche Mimikry* genannten Beziehung nicht (Symbol +0Δ).

Die stachellose Mist«biene» (*Eristalis tenax*, links) mit ihren kurzen Fühlern und nur zwei Flügeln ist keine Biene, sondern eine Schwebfliege. Sie sieht ähnlich aus wie eine wehrhafte Honigbiene (*Apis mellifera*, mit langen Fühlern und vier Flügeln) und ist deshalb vor Vogelfraß weitgehend geschützt, was für sie natürlich positiv ist.

Ein bekanntes Beispiel von Mimikry kann man beim Tagpfauenauge *(Inachis io)* beobachten. Wenn es plötzlich seine vier Flügel aufklappt, kommen die Augen auf den Flügeloberseiten zum Vorschein; sie sehen aus wie die vier Augen eines viel größeren Tieres und erschrecken einen möglichen Angreifer: Schutzmimikry. Bei geschlossenen Flügeln ist das Tagpfauenauge dadurch geschützt, dass es aussieht wie ein dunkles verdorrtes Blatt – ein Beispiel von Mimese.

Bei der sogenannten *Müller'schen Mimikry* besteht ein Schutz vor Fressfeinden dadurch, dass mehrere wehrhafte Arten aus verschiedenen Gattungen oder Familien einander ähnlich sind. Dies ist bei der schwarz-gelben Färbung der Fall, wie sie viele wehrhafte Wespen, Bienen, Hummeln und sogar Käfer haben (Symbol + + Δ).
In der Welt der Insekten gibt es viele weitere Beispiele von Mimikry. So gibt es Heuschrecken-, Fliegen-, Käfer- und Spinnen-Arten, die ähnlich wie die wehrhaften Ameisen aussehen: *Ameisen-Mimikry.*

Die in vielen verschiedenen Habitaten vorkommende Ameisenspringspinne *(Myrmarachne formicaria)* sieht aus wie eine Ameise. Sie hat natürlich nicht sechs, sondern acht Beine, von denen die vorderen beiden eine entfernte Ähnlichkeit mit den Antennen der Ameisen haben. Durch diese Mimikry werden die Überlebenschancen der Ameisenspringspinne offenbar vergrößert. Gründe dafür können sein, dass Fressfeinde die (nicht vorhandene) Gefahr einer Besprühung mit Ameisensäure befürchten oder dass die Ameisenspinnen ähnlich riechen wie die Ameisen.

Akustische Mimikry gibt es, außer bei den oben erwähnten Schwebfliegen, auch bei den für Fledermäuse schmackhaften Bärenspinnen-Nachtfaltern (Arctiinae). Bestimmte Arten dieser Gruppe ahmen im Ultraschallbereich die Laute von schlechtschmeckenden Artgenossen nach und entgehen so dem Fraß durch Fledermäuse. Die Forscher, die in Nordamerika diesen Typ von Mimikry entdeckt haben, nehmen an, dass er auch bei anderen Insekten vorkommt.
Akustische Mimikry liegt ebenfalls vor, wenn eine Vogelart den Gesang einer anderen Vogelart nachahmt und daraus wohl Vorteile zieht (siehe Kap. 3.4.2).

Eine Ameisengarde beschützt bestimmte Bläulingsraupen (Symbol + +)

Zwischen vielen auch in Magerwiesen vorkommenden Bläulingsarten und Ameisen gibt es verschiedene positive Beziehungen (aber auch Fraß und Parasitismus). So leben die Raupen des Hauhechel-Bläulings *(Polyommatus icarus)*, des Silbergrünen Bläulings *(P. coridon = Lysandra coridon)* und des Zwergbläulings *(Cupido minimus)* in einer fakultativen Symbiose mit verschiedenen Ameisen-Arten. Diese lecken ein von den Raupen dieser kleinen Tagfalter produziertes Sekret, also eine Art Honigtau, auf und schützen die Raupen dabei als sogenannte Ameisengarde vor Fressfeinden, z. B. parasitischen Wespen. Man kann dies auch als *Polizistenfutter*-Beziehung bezeichnen.
Die oft beschriebene enge Beziehung zwischen den u. a. auch in Magerwiesen vorkommenden Bläulingen (Gattung *Maculinea*) und bestimmten Ameisen-Arten ist vorwiegend ein Parasitismus, denn die Raupen dieser Bläulinge ernähren sich von den Eiern und Larven der Ameisen.

Ein Männchen des in vielen Wiesentypen vorkommenden Silbergrünen Bläulings *(Polyommatus coridon = Lysandra coridon).*

Die Raupe des Silbergrünen Bläulings *(Polyommatus coridon)* mit Wegameisen (Gattung *Lasius*), die ein zuckerhaltiges Sekret aus einer Drüse am Hinterleib der Raupe aufsaugen. Es wird angenommen, dass die Ameisen die Raupe dafür vor Fressfeinden schützen: Ameisengarde.

Bei den Blattläusen: Polizistenfutter für Ameisen sowie Endosymbiose mit Darmbakterien (Symbole + + Δ bzw. +*+*)

Pflanzensaugende Blattläuse scheiden bekanntlich den sogenannten Honigtau aus, der von Ameisen und anderen Insekten als Nahrung aufgesaugt wird. Als Gegenleistung halten die Ameisen verschiedene Fressfeinde, z.B. Marienkäfer- und Florfliegenlarven sowie parasitische Wespen, von den Blattläusen fern. Deswegen wird diese wechselseitig positive Beziehung auch als Polizistenfutter-Beziehung bezeichnet. Sie ist im Wald weiter verbreitet und bedeutender als in Wiesen, weswegen sie erst in Kap. 3.4 näher beschrieben wird.

Interessant ist, dass die auf Schmetterlingsblütlern lebende Erbsenlaus *(Acyrthosiphon pisum)* und auch andere Blattläuse in Zellen ihres Verdauungstraktes spezielle Bakterien *(Buchnera aphidicola)* haben. Diese synthetisieren bestimmte für die Blattlaus lebensnotwendigen (essenziellen) Aminosäuren und erhalten von dieser als Gegenleistung dafür Kohlenhydrate und stickstoffhaltige Verbindungen: eine wechselseitig obligate Mikrobiom-Symbiose.

Die Erbsenlaus *(Acyrthosiphon pisum)* saugt an verschiedenen Schmetterlingsblütlern und scheidet überschüssigen Zucker als Honigtau aus. Dieser wird von Ameisen gefressen, die dafür Fressfeinde wie die Marienkäfer von der Blattlaus fernhalten. In Darmzellen hat die Erbsenblattlaus, wie wohl auch andere Blattläuse, symbiotische Bakterien, die bei der Verdauung eine wichtige Rolle spielen. Beide Phänomene sind als positive Beziehung zu klassieren.

Bestimmte Tierarten fressen Exkremente und Kadaver und schaffen dabei z. T. auch anderen Arten Zugang zu dieser Nahrung (Symbol + Δ)

Es gibt viele Tierarten, darunter Käfer, Fliegen (z. B. *Scathophaga stercoraria*) und sogar Schmetterlinge, die sich ganz oder teilweise von flüssigen oder festen Exkrementen ernähren. Dabei handelt es sich immer um eine +0-Beziehung, denn die Nahrung ist für die eine Art natürlich positiv; die Ausscheidung bzw. der Kadaver ist für die betreffende Art hingegen wertlos.

Der Große Eisvogel *(Limenitis populi)* saugt an Kot, eine für den Tagfalter einseitig positive Beziehung.

Eine ganz ausgeklügelte, für den Käfer obligate, einseitig positive Beziehung besteht zwischen dem Pillendreher *(Sisyphus schaefferi)* und Rindern bzw. Schafen. Diese liefern das Material für die Kotkugel, in welche der Käfer seine Eier legt (Einzelheiten dazu siehe Kap. 5.3).

Auf Weiden sieht man oft Kuhfladen, die durchlöchert sind, und zwar meist von Mist- oder Dungkäfern (z. B. *Aphodius fimetarius*), die dort gefressen haben. Diese Löcher ermöglichen anderen Insekten, Pilzen und Bakterien den Zugang zum feuchten Inneren des Kuhfladens. Die eindringenden Arten profitieren also von den Löchern, was als eine positive Wirkung angesehen werden kann. Weitere Beispiele solcher «Türöffner» werden in Kap. 3.4 beschrieben.

In diesen Kuhfladen haben wahrscheinlich Käfer Löcher gebohrt, durch welche andere Insekten, Pilzsporen und Bakterien ins feuchte Innere des Fladens gelangen und dort Nahrung finden können – eine für die genannten Organismen einseitig positive Wirkung.

2.5 Positive Beziehungen zwischen Pflanzenarten und Pilz- bzw. Bakterienarten

Mykorrhizen: unerlässliche Symbiosen zwischen Pflanzen und Pilzen
(Symbole + +, +*+, +*+*)

Bei fast allen Pflanzenarten der Magerwiesen und -weiden sind die Feinwurzeln von einem Geflecht von Pilzfäden (Hyphen) umgeben, die 2–100 µm dick sind und bis ins Innere der Wurzelzellen reichen. Dort bilden sie bei den krautigen Pflanzenarten meist bäumchenförmige Strukturen; daher die Bezeichnung arbuskuläre Mykorrhizen (lat. *arbor* = Baum). Weil die Pilzfäden in die Wurzelzellen eindringen, spricht man auch von Endomykorrhizen (*endo* = innen; *mykor* = Pilz; *rhiza* = Wurzel). Dieser Typ von Mykorrhizen bildet keine oberirdischen Fruchtkörper, also keine Speisepilze für den Sammler. Das erwähnte Pilzgeflecht leitet Nährstoffe, vor allem Phosphat und Stickstoffverbindungen, aus dem Boden zu den Pflanzenwurzeln. Die Zufuhr erfolgt aus einem 10- bis 1000-fach größeren Bodenvolumen als bei einer

Situation ohne Mykorrhizen. Die zusätzliche Nährstoffversorgung ist für die Pflanzen natürlich positiv. Von den Pflanzen erhalten die Pilze als Gegenleistung Kohlenhydrate, also Zuckerverbindungen, die die Pflanzen bei der Fotosynthese produziert haben. In einer Magerwiese kommen etwa 20 Arten arbuskulärer Mykorrhizen vor (Oehl et al. 2011).
In Kap. 3.5 über den Wald werden weitere Strukturen und Funktionen der Mykorrhizen ausführlich beschrieben.

Auf dem Bild sieht man einige dunkle pflanzliche Feinwurzeln, die von einem ganzen Gewebe von weißlichen Pilzfäden (Hyphen) umsponnen sind. Diese Mykorrhizen transportieren Phosphat und Stickstoffverbindungen aus dem Boden zu den Pflanzenwurzeln und werden von den Pflanzen mit Kohlenhydraten (Zuckerverbindungen) ernährt, eine wechselseitig positive Beziehung.

Neben arbuskulären Mykorrhizen (Endomykorrhizen) kommen in Magerwiesen auch wenige Ektomykorrhizen vor, also solche, deren Pilzfäden zwischen die Zellen der Pflanzenwurzeln wachsen (*ekto* = außen; gemeint ist außerhalb der Zellen). In dieser Symbiose findet derselbe Nährstoffaustausch statt wie oben beschrieben. Dieser Mykorrhizen-Typ bildet oberirdische Pilzkörper, in denen Sporen gebildet werden, die der Ausbreitung und der Vermehrung dienen. Beispiele sind die in Magerwiesen und anderen Ökosystemen vorkommenden Risspilze *(Inocybe)* und die Fälblinge *(Hebeloma)*. Es wird angenommen, dass sie in diesem Ökosystem in Symbiose mit dem Gewöhnlichen Sonnenröschen *(Helianthemum nummularium)* oder anderen verholzten Zwergsträuchern leben.

Der Bittersüße Risspilz *(Inocybe dulcamara)* kommt u. a. in Magerwiesen vor, wo er wohl in Mykorrhizen-Symbiose mit dem Gewöhnlichen Sonnenröschen *(Helianthemum nummularium)* lebt.

Kleine Zwergsträucher wie das Sonnenröschen leben symbiotisch mit Ektomykorrhizen zusammen, die oberirdische Pilzkörper ausbilden.

Magerwiesenarten ohne Mykorrhizen sind nach Wang & Qiu (2006) u. a. Kreuzblütler (Brassicaceae) wie das Wiesen-Schaumkraut *(Cardamine pratensis)* und die Behaarte Gänsekresse *(Arabis hirsuta)*, außerdem der Wiesen-Sauerampfer *(Rumex acetosa)* und die Schlaffe Segge (Blaugrüne Segge, *Carex flacca*) sowie die Frühlings-Segge *(Carex caryophyllea)*.

In Magerwiesen und -weiden kann man oft weitere Pilze mit oberirdischen Fruchtkörpern finden. Einige davon bilden Mykorrhizen, aber nicht mit den Magerwiesenpflanzen, sondern mit Bäumen und Sträuchern, die viele Meter entfernt am Waldrand oder in Hecken und Feldgehölzen stehen. Daneben kommen auch Pilze vor, die als Saprobionten leben (siehe unten).

Die Mykorrhizen wirken je nach den Umwelt-, insbesondere den Nährstoffbedingungen ganz verschieden

Die folgende Tabelle verdeutlicht anhand der Ergebnisse von Versuchen mit dem Schaf-Schwingel *(Festuca ovina),* einem Magerwiesengras, wie die positive Wirkung der Mykorrhizen durch die Nährstoffbedingungen beeinflusst wird.

Wachstumsrate von 4 Wochen alten Schaf-Schwingel-Pflanzen *(Festuca ovina)* in Blumentöpfen mit Erde mit oder ohne Mykorrhizen bei unterschiedlicher Stickstoff- und Phosphatdüngung. Durchschnittliche tägliche relative Wachstumsrate während (weiteren) 4 Monaten, angegeben in mg/g. Außer bei der größten Nährstoffkonzentration sind alle Unterschiede zwischen Pflanzen mit oder ohne Mykorrhizen statistisch gesichert. Daten aus Koucheki & Read (1976).

Düngung mit Stickstoff (N) und Phosphor (P) alle drei Tage während 4 Monaten. ppm bedeutet parts per million, also mg pro Liter Nährlösung	0	7 ppm N und 4 ppm P	14 ppm N und 8 ppm P	28 ppm N und 16 ppm P
Wachstumsrate mit Mykorrhizen, mg/g und Tag	1,24	2,27	2,73	2,94
Wachstumsrate ohne Mykorrhizen, mg/g und Tag	0,76	1,16	2,56	2,87

Ohne Düngung fördern die Mykorrhizen das Wachstum im Vergleich zur Situation ohne diese Wurzelpilze stark. Bei steigenden Düngergaben nimmt die Förderung kontinuierlich ab, bis sie bei starker Düngung praktisch nicht mehr vorhanden ist; dann benötigen die Pflanzen die Mykorrhizen nicht mehr für die Nährstoffaufnahme.

Der Schaf-Schwingel *(Festuca ovina)* ist ein häufiges Gras trockener und nährstoffarmer Wiesen und Weiden. Das Bild zeigt die sehr ähnliche *Festuca ametystina.*

Ein einzelner Orchideensame wiegt etwa 0,00001 g und kann sich deswegen nur dank spezieller Mykorrhizen entwickeln (Symbol +*0)

Einen speziellen Typ von Wurzelpilzen haben die Orchideen. Im Gegensatz zu den meisten anderen Pflanzen, bei denen es für die Keimung keine Mykorrhizen braucht, sind die Orchideen in dieser Lebensphase obligat auf spezielle Orchideen-Mykorrhizen angewiesen. Denn ihre Samen enthalten so gut wie keine Nährstoffe: Etwa 100 000 Samen wiegen nur 1 Gramm! Durch die aufgequollene Samenhaut dringen die Pilzfäden (Hyphen) spezieller Mykorrhiza-Pilze in den Embryo und später in die Wurzeln des Keimlings ein und versorgen diesen mit den lebenswichtigen Nährstoffen. Dies sind Eiweiße, Vitamine und Hormone sowie, im Gegensatz zu dem, was bei anderen Pflanzen der Fall ist, sogar Kohlenhydrate. Auch die Wasserversorgung des Keimlings wird durch die Wurzelpilze verbessert. Es ist unklar, ob die Mykorrhizen während des ganzen Lebens der Orchidee in den Wurzeln erhalten

Die Langspornige Handwurz (Mücken-Händelwurz, *Gymnadenia conopsea*), eine für Magerwiesen typische Orchidee, wird von Mykorrhiza-Pilzen mit Phosphat und Stickstoffverbindungen versorgt und erhält dafür von der Pflanze Kohlenhydrate. Wahrscheinlich sind alle diese Handwurz-Pflanzen über das Netzwerk der Orchideen-Mykorrhizen miteinander verbunden.

bleiben. Typische Magerwiesen-Orchideen sind die Spitzorchis (Pyramiden-Knabenkraut, *Anacamptis pyramidalis = Orchis pyramidalis*), das Kleine Knabenkraut *(Anacamptis morio = Orchis morio)*, die Langspornige Handwurz (Mücken-Händelwurz, *Gymnadenia conopsea*) und verschiedene Ragwurz-Arten (Gattung *Ophrys*). Eine praktische Konsequenz davon, dass viele Orchideen obligat auf Mykorrhizen angewiesen sind, ist, dass Verpflanzungen kaum je gelingen. Denn am neuen Standort fehlen die speziellen Mykorrhizen meistens oder sie können sich nicht entwickeln.

Graben Sie einen Schmetterlingsblütler aus, also z. B. eine Klee- oder eine Bohnenpflanze; Sie sehen dann die wichtigen Wurzelknöllchen (Symbole + +)

Die meist hellen, etwa 1–3 mm großen Wurzelknöllchen kann man sehen, wenn man in einer Magerwiese einen Schmetterlingsblütler (Fabaceae, früher Leguminosen genannt) vorsichtig ausgräbt, also eine der vielen Arten von Klee *(Trifolium)*, Platterbsen *(Lathyrus)*, Wicken *(Vicia)* oder Esparsetten *(Onobrychis)* oder auch eine Hornklee- *(Lotus corniculatus)* oder Hopfenklee-Pflanze *(Medicago lupulina)* (siehe Anhang C). Viel einfacher ist es, im Garten Bohnen oder Erbsen auszugraben und an deren Wurzeln die weißlichen oder bräunlichen Knöllchen zu beobachten.

Diese bilden sich, nachdem Bodenbakterien der Gattung *Rhizobium* in die Wurzel eingedrungen sind. In den Knöllchen binden (fixieren) die Rhizobien das in der Bodenluft enthaltene elementare Stickstoffgas und stellen in sehr komplizierten Prozessen Stickstoffverbindungen her. Diese unerlässlichen Nährstoffe gelangen dann in die Wurzel und somit in die ganze Pflanze, deren Wachstum dadurch dann gefördert wird. Die Energie für die Stickstofffixierung liefert die Pflanze den Rhizobien in Form verschiedener Kohlenstoffverbindungen. Das Ganze ist eine enge und meist dauerhafte wechselseitig positive Beziehung, also eine Symbiose. Fast jede Fabaceen-Gattung hat ihre eigene Rhizobien-Art oder -Rasse.

Wurzeln des Wundklees *(Anthyllis vulneraria)* mit den etwa 1 mm großen Knöllchen mit den Knöllchenbakterien *(Rhizobium)*. Diese fixieren in einer komplizierten Symbiose Stickstoff der Bodenluft und liefern die dabei entstandenen Stickstoffverbindungen der Pflanze. Als Gegenleistung erhalten die Bakterien von der Pflanze Kohlenhydrate.

Die rosa blühende Saat- oder Futter-Esparsette *(Onobrychis viciifolia)* und der gelb blühende Gewöhnliche Hornklee *(Lotus corniculatus)* erhalten mithilfe ihrer symbiotischen Wurzelknöllchen-Bakterien (Rhizobien) namhafte Mengen Stickstoffverbindungen als Nahrung und liefern diesen Bakterien dafür energiereiche Kohlenstoffverbindungen.

Die Nachbarpflanzen profitieren von den stickstofffixierenden Pflanzenarten
(Symbol +0)

Abgestorbene Wurzeln, Knöllchen und oberirdische Teile von Schmetterlingsblütlern werden u.a. durch Bodenpilze und -bakterien abgebaut (zersetzt). Dabei entstehen u.a. Stickstoffverbindungen, die auch benachbarten Nicht-Schmetterlingsblütlern zugutekommen. In Wiesen und Weiden gedeihen deshalb die Nachbarpflanzen von Schmetterlingsblütlern besonders gut, wie die unten stehende Abbildung zeigt. Positive Werte bedeuten Förderung. Zunächst profitiert der Klee davon, dass er in der Mischkultur mit dem Knaulgras nicht so stark vom Kleekrebs-Pilz befallen wird wie in der Reinkultur, die als Vergleichsbasis dient (siehe Kap. 2.3). Später profitiert das Knaulgras von den nach dem ersten Versuchsjahr aus den Wurzelknöllchen des Klees freigesetzten Stickstoffverbindungen.
Auch in angesäten futterbaulichen Klee-Gras-Mischungen macht man sich diese positiven Wirkungen auf das Pflanzenwachstum zunutze, denn dieses ist in vielen Böden wegen Mangel an Stickstoff-Nährstoff begrenzt (Minimumfaktor).

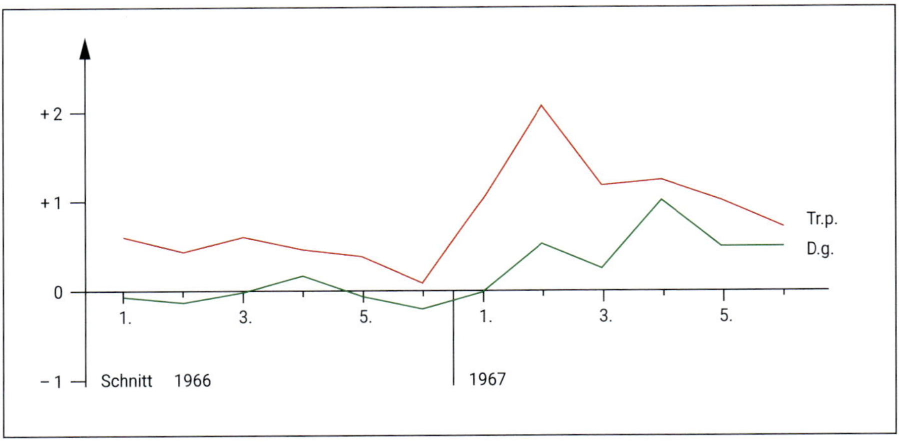

Der zeitliche Verlauf der gegenseitigen Förderung (positive Werte im Vergleich zu entsprechenden Reinkulturen) zwischen Rot-Klee *(Trifolium pratense)* und Gewöhnlichem Knaulgras *(Dactylis glomerata)* in einem zweijährigen Freilandexperiment mit sechs Schnitten pro Jahr. Daten aus Besson (1971).

Stickstoffversorgung durch nicht symbiotische Bodenbakterien (Symbole +0 und + +)
Einige frei im Boden lebende Bakterien (z. B. Vertreter der Gattungen *Azotobacter* und *Clostridium*) können Luftstickstoff fixieren. Als Energiequelle dafür benützen sie u. a. Kohlenhydrate aus toter organischer Substanz sowie Stoffe, die von Pflanzenwurzeln ausgeschieden werden. Sterben die Bakterien, so werden die fixierten Stickstoffverbindungen von den Pflanzen als Nahrung aufgenommen.

Bedeutung der stickstofffixierenden Pflanzenarten für das Magerwiesen-Ökosystem
In vielen Magerwiesen sind 10–20 % der Bodenfläche durch Schmetterlingsblütler (Fabaceae) bedeckt. Die Tatsache, dass so viele Arten dieser Familie vorkommen, ist verständlich, denn sie können sich mithilfe der Knöllchenbakterien den lebenswichtigen und nur in geringer Menge im Boden vorhandenen Stickstoff selber aus der Luft holen (fixieren). Somit haben die Schmetterlingsblütler auf den nährstoffarmen Böden der Magerwiesen einen Konkurrenzvorteil gegenüber den anderen Pflanzenarten. Das unten stehende Schema zeigt, dass die Fixierung von Stickstoff ein wichtiger Import dieses unerlässlichen Pflanzennährstoffs ist. Ohne ihn wären das Pflanzenwachstum und somit auch der Heuertrag wesentlich geringer. Dies würde sich natürlich auch auf die Tiere und die Pilze auswirken.

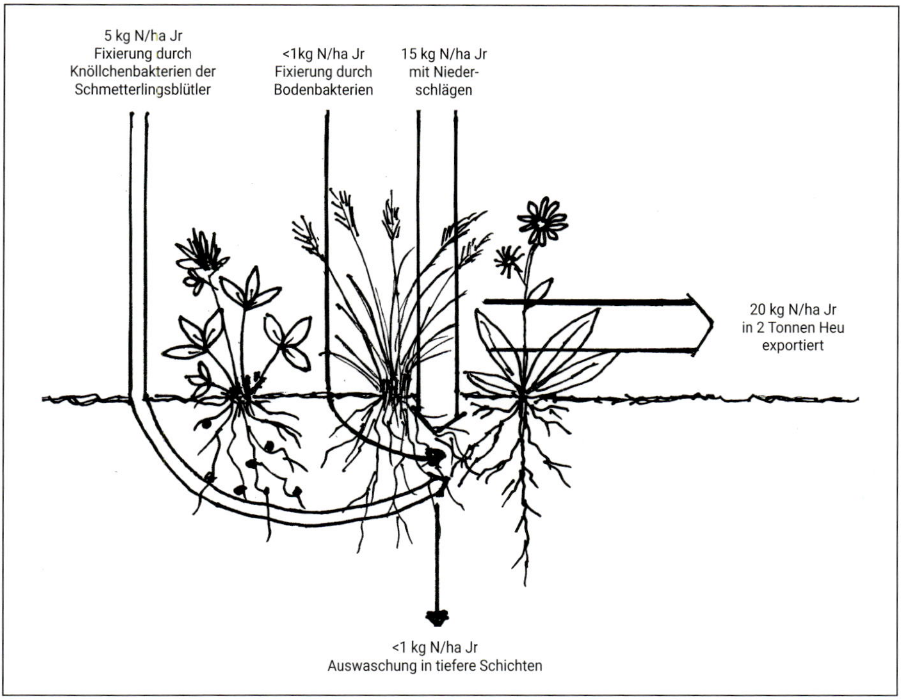

Schema der Bilanz des wichtigen Pflanzennährstoffs Stickstoff in kg N/ha Jahr in einer gemähten Magerwiese in der Nordschweiz. Man sieht, dass die Stichstofffixierung durch die Knöllchenbakterien etwa ein Viertel der Stickstoffimporte in diese Wiese ausmachen. Die Angaben sind Größenordnungen. Zusammenstellung aus Ellenberg & Leuschner (2010), BUWAL (2005) und weiteren Quellen.

Pilze fördern Pflanzen indirekt, indem sie pflanzenschädigende Fadenwürmer fressen
(Symbol + + Δ)

Besonders merkwürdig sind bestimmte Pilzarten, welche pflanzenfressende Fadenwürmer (Nematoden), Springschwänze (Collembolen) und einzellige Wechseltierchen (Amöben) regelrecht fressen. In ihrem unterirdischen Netz von Fäden (Hyphen) fangen diese Pilze u. a. die winzigen Fadenwürmer mit Schling- oder Klebefallen und verdauen sie anschließend. Bisher wurden etwa 200 solcher karnivoren Pilzarten beschrieben (lat. *carnis* = des Fleisches; *vorare* = gierig fressen).

Fadenwürmer sind meist nur 0,1–2 mm große Parasiten in Tieren und Pflanzen.

Der Schopf-Tintling *(Coprinus comatus)* ist einer der Pilze, die im Boden Fadenwürmer (Nematoden) fressen. Dabei werden diese zunächst mit einem Gift betäubt. Dann umschlingt und besiedelt der Pilz mit seinen Fäden (Hyphen) den Fadenwurm, dringt in ihn ein und verdaut ihn innerhalb weniger Tage. Dies kommt Pflanzen, die sonst von den Nematoden geschädigt würden, zugute: eine indirekte wechselseitig positive Beziehung.

Viele Pilze ernähren sich von abgestorbenem Material, sind also Saprobionten (Symbol +0)

Gemäß der Definition in Kap. 1.1.3 liegt eine einseitig positive Beziehung vor, wenn sich Pilze von abgestorbenen Wurzeln, Sprossen, Früchten, Samen oder auch von Exkrementen, Kadavern und anderem totem Material ernähren. Solche Pilze werden als Saprobionten bezeichnet (*sapros* = faul, verfault; *bio* = Lebewesen; eine frühere Bezeichnung war Saprophyt, was aber unzutreffend ist, da Pilze keine Pflanzen sind; *phyton* = Pflanze). Bei diesen Pilzen handelt es sich einerseits um solche mit oberirdischen Fruchtkörpern, aber auch um Schimmel- und Rostpilze sowie andere Pilztypen.

Der Wiesen-Champignon (Feld-Champignon, Wiesen-Egerling, *Agaricus campestris*) lebt wie viele andere Pilzarten von abgestorbenem, meist pflanzlichem Material. Er bildet essbare oberirdische Fruchtkörper.

Der Riesenbovist *(Calvatia gigantea)* kommt in Wiesen und Weiden vor. Er ernährt sich von abgestorbenem, meist pflanzlichem Material, profitiert also von diesem und ist somit ein Saprobiont (Symbol +0). Solange das Fleisch dieses Bovists noch weiß ist, ist er essbar.

Die Beziehung zwischen dem Pilz und der abgestorbenen Pflanze ist nicht etwa rein zufällig, sondern der Pilz muss an die betreffende Nahrung, also u.a. an deren Konsistenz, Porosität, Wassergehalt und Chemismus, angepasst sein. So gibt es Pilzarten, die sich nur auf Stängeln und Blättern ganz bestimmter Pflanzenarten entwickeln können. Ein Beispiel hierfür ist der zu den Schlauchpilzen (Ascomycota) gehörende Brennnessel-Kugelpilz *(Leptosphaeria acuta)*.

Der Brennnessel-Kugelpilz *(Leptosphaeria acuta)* lebt ausschließlich auf abgestorbenen Stängeln der Großen Brennnessel *(Urtica dioica)*. Dort bildet er winzige, 1–3 mm große schwarze Kügelchen, in denen Fortpflanzungssporen gebildet werden. Auf dem Bild ist auch das Orangefarbene Brennnesselbecherchen *(Calloria neglecta)* zu sehen. Beide Pilzarten haben zur Brennnessel eine einseitig positive Beziehung.

Der Abbau von abgestorbener organischer Substanz ist ein Teil des Nährstoffkreislaufes, der in Kap. 5.2 näher beschrieben wird.

Sind die weißlich-orangen Beläge auf Grashalmen schädlich? (Symbol + + Δ)
Manchmal sieht man auf 2–10 cm Länge rund um einen Grashalm, z.T. auch auf Blättern, weißlich-orange Beläge: Es sind Lager von Pilzfäden (Hyphen) des Gras-Kernpilzes *(Epichloë)*. Dieser versorgt sich im Innern der Pflanze mit Nährstoffen und Wasser. Im Gegenzug werden die infizierten Pflanzen von Insekten und vom Vieh gemieden, was als Verteidigungssymbiose bezeichnet wird. Grund für den Fraßschutz sind vom Pilz produzierte giftige Alkaloide. In Magerwiesen kommen solche endophytischen Pilze u.a. beim Gewöhnlichen Knaulgras *(Dactylis glomerata)*, bei Schaf- und Rot-Schwingel (*Festuca ovina* und *F. rubra*) und bei der Aufrechten Trespe *(Bromus erectus)* vor. Das Wort endophytisch kommt von *endo* = innen und *phytisch* = pflanzlich. Die Übertragung der Pilzsporen erfolgt u.a. durch Fliegen (siehe Kap. 2.6).

Der orangerote bis weißliche *Epichloë*-Pilz lebt von der Graspflanze; durch giftige Substanzen schützt er sie vor dem Fraß durch das Vieh. Es liegt also eine indirekte wechselseitig positive Beziehung vor.

Auch bei Pflanzen spielen Mikrobiom-Symbiosen eine große Rolle (Symbol +*+*)

Untersuchungen in den letzten Jahrzehnten haben gezeigt, dass nicht nur auf und in Tieren und Menschen ein Mikrobiom (früher z. T. als Darmflora bezeichnet) lebt, sondern auch auf und in Pflanzen. Mit diesem Begriff sind nicht primär die bereits oben beschriebenen Mykorrhizen, die stickstofffixierenden Bakterien oder die endophytischen Pilze gemeint. Das pflanzliche Mikrobiom umfasst Hunderte von anderen Mikroorganismenarten und wird derzeit intensiv erforscht. Insbesondere auf und in den Wurzeln, aber auch auf und in den Blättern und anderen Organen kommen verschiedenste Bakterienarten, spezielle Pilzarten und sogenannte Scheinpilze vor (Peronosporomycetes, auch Oomycetes = Eipilze).

Ausscheidungen (Exsudate) der Pflanzenwurzeln spielen bei der Anlockung bestimmter Mikroorganismen eine große Rolle, sodass sich verschiedene Pflanzenarten in ihrem Mikrobiom unterscheiden. Dieses trägt u. a. dazu bei, Krankheiten zu unterdrücken, das Wachstum zu stimulieren, die Stressresistenz zu verstärken sowie Bodennährstoffe für die Wurzeln verfügbar zu machen und zu transportieren. Wie beim tierischen Mikrobiom bestehen zwischen den verschiedenen Arten des pflanzlichen Mikrobioms mannigfache positive sowie auch negative Beziehungen. Forscher hoffen, durch Manipulationen dieses Mikrobioms die Erträge der Landwirtschaft zu erhöhen. Für Einzelheiten sei auf die Publikationen von Bulgarelli (2018) und Compant et al. (2019) verwiesen.

Flechten: Doppel-Lebewesen aus Pilz und Grünalgen bzw. Cyanobakterien (Symbol +*+*)

In Flechten leben Pilze und Grünalgen bzw. Cyanobakterien in einer Symbiose, also in einer engen, dauerhaften und wechselseitig positiven Beziehung. Da in Magerwiesen die Flechten recht selten sind, werden ihr Aufbau und ihre spezielle Lebensweise erst im Kapitel über den Wald beschrieben, wo sie viel häufiger vorkommen (Kap. 3.5).

Die Falsche Rentierflechte *(Cladonia rangiformis)* kommt an offenen Stellen in sehr trockenen Magerwiesen vor. Wie alle Flechten ist sie ein symbiotisches Doppel-Lebewesen aus Pilz und Grünalgen bzw. Cyanobakterien.

2.6 Positive Beziehungen zwischen Tierarten und Pilz- bzw. Bakterienarten

Mikrobiom-Symbiose zwischen Tier und unzähligen Mikroorganismen im Verdauungstrakt sowie in und auf anderen Organen (Symbole +*+*, +*+ und + +)
Als tierisches Mikrobiom wird die Gesamtheit von Hunderten bis Tausenden verschiedenster Mikroorganismen-Arten bezeichnet, die den Körper eines Tieres (und auch des Menschen) außen und innen besiedeln; Letzteres bezeichnet man z.T. auch als Darmflora. Bei diesen Mikroorganismen handelt es sich vor allem um verschiedene Bakterien und spezielle Pilze (Hefepilze) sowie Protozoen (einzellige Urtierchen).
Im Zusammenhang mit den Magerwiesen und -weiden ist die Mikrobiom-Symbiose vor allem bei der Verdauung von Gräsern und Kräutern bzw. des entsprechenden Heus durch Wiederkäuer wichtig. Zu diesen gehören u.a. Hausrind, Schaf und Ziege sowie auch Reh und Hirsch. Nur dank eines artenreichen Mikrobioms im Verdauungstrakt können die Tiere die für sie sonst unverdaulichen Bestandteile von Pflanzen, insbesondere die Zellulose, in Stoffe spalten, die im Darm aufgenommen werden können, u.a. zuckerartige Substanzen. Außerdem produziert das Mikrobiom im Verdauungstrakt unerlässliche Vitamine und Aminosäuren, die von den betreffenden Tierarten nicht synthetisiert werden können. Schließlich kann das Mikrobiom schädliche Stoffe entgiften. Auch bei vielen anderen Tiergruppen spielt das Mikrobiom bei der Verdauung eine entscheidende Rolle.

Die Rinder und andere Wiederkäuer können pflanzliche Stoffe nur mithilfe des Mikrobioms (früher als Darmflora bezeichnet), also einer riesigen Zahl von verschiedenen Bakterien, speziellen Pilzen und Urtierchen, verdauen. Allgemein bekannt ist, dass der Verdauungstrakt von Rindern u.a. aus vier verschiedenen Mägen besteht.

Die Tiere breiten mit ihrem Kot Pilzsporen und Bakterien aus (Symbole + + und + 0)

Wie aufgrund der Beschreibung des Mikrobioms zu erwarten ist, breiten die Tiere mit ihrem Kot unzählige Arten von Bakterien und Sporen von Pilzen sowie auch Protozoen aus. Dies kann als positiv für die betreffenden Arten angesehen werden. Denn diese Mikroorganismen gelangen wohl oft durch den Fraß von Pflanzen in den Verdauungstrakt der Jungtiere, was für diese lebensnotwendig, also positiv ist (siehe oben).

Dungpilze und -bakterien leben von Exkrementen und Kadavern von Tieren (Symbole + *0 und + 0)

Zu den in Magerweiden auf Viehkot vorkommenden coprophilen Pilzen (*copros* = Dung; *phil* = liebend) zählen der Ring-Düngerling *(Panaeolus semiovatus)*, der Halbkugelige Träuschling *(Stropharia semiglobata)* sowie einige Tintlinge *(Coprinus)*. Diese meist nicht obligate Beziehung ist für den Pilz positiv und für das Tier, das den Kot produziert hat, natürlich bedeutungslos. Analoges gilt auch für Pilze und Bakterien, die von Kadavern leben.

Der Beringte Düngerling *(Panaeolus semiovatus)* lebt auf dem Dung von Rindern

Bestimmte Fliegen breiten Sporen des Gras-Kernpilzes aus (Symbol + +)

In Kap. 2.5 wurde beschrieben, dass bestimmte Pilze verschiedene Gras-Arten infizieren und in ihnen Gifte produzieren, die das Vieh vom Fraß der betreffenden Grassprosse abhalten. Interessant ist nun, dass Fliegen der Gattung *Botanophila*, die zur Familie der Blumenfliegen gehört, die Sporen (genauer Spermatien) von Pilzen der Gattung *Epichloë* ausbreiten. Die Fliegen werden durch Duftstoffe, die der Pilz produziert, angelockt, fressen Pilzgewebe (Myzel) samt den Sporen und scheiden diese auf dem nächsten besuchten Grasspross wieder aus. Der Pilz wird durch den Fraß wohl kaum beeinträchtigt.

Fliegen der Gattung *Botanophila* fressen Pilzgewebe des Gras-Kernpilzes *(Epichloë)* samt dessen Sporen und verbreiten sie dann von Pflanze zu Pflanze. Es liegt also eine positive Beziehung zwischen dem Pilz und der Fliege vor.

Die sehr ausgefallene Symbiose zwischen dem Bienenwolf und bestimmten Bakterien (Symbol +*+*)

Der Bienenwolf *(Philanthus triangulum)* ist eine Grabwespen-Art, die in trockenen und warmen Gebieten Europas in vegetationsarmen Magerwiesen vorkommt und dort ihr Nest bis 1 m tief in sandigen Boden gräbt. Die Art heißt so, weil die Weibchen Honigbienen, seltener auch Wildbienen als Nahrung für ihre Nachkommen erbeuten. Die Bienen werden mit einem Stich gelähmt und dann im Flug zum Nest transportiert. In die Nestgänge werden bis zu sechs gelähmte Bienen hineinbugsiert, in die das Weibchen dann die Eier legt. Aus diesen schlüpfen Maden, die die gelähmten Bienen von innen auffressen. Während und nach der Eiablage kommt eine sehr merkwürdige Schutzsymbiose zwischen fädigen Bakterien der Gattung *Streptomyces* (einem sogenannten Strahlenpilz) und dem Bienenwolf-Weibchen zum Zug. In speziellen Drüsen an der Basis der Fühler kultiviert das Bienenwolf-Weibchen diese Bakterien und schmiert sie an die Decke der Bruthöhle. Von dort werden sie von den aus den Eiern geschlüpften Bienenwolf-Larven aufgenommen und auch in die Seide ihrer Überwinterungskokons eingesponnen und so von der Mutter auf die Nachkommen übertragen. Die Bakterien produzieren Antibiotika, die die Kokons und somit die Nachkommen des Bienenwolfes vor verschiedenen Pilz- und Bakterienkrankheiten schützen. Die adulten Bienenwölfe ernähren sich übrigens vom Blütennektar verschiedener Pflanzenarten.

Der Bienenwolf *(Philanthus triangulum)*, eine Grabwespen-Art, schützt seinen Nachwuchs durch spezielle, von symbiotischen Bakterien produzierte Antibiotika vor Pilz- und Bakterienkrankheiten. Die Antibiotika werden von *Streptomyces*-Bakterien produziert, die in speziellen Drüsen an der Fühlerbasis des Bienenwolf-Weibchens leben. Diese schmieren die Bakterien in die unterirdischen Brutzellen der Larven, die sie von dort zu ihrem Schutz aufnehmen (siehe auch Text). Auf diese Weise werden die Bakterien von Generation zu Generation weitergegeben.

Der Ameisenlöwe betäubt seine Beute mit Gift aus einer Endosymbiose mit bestimmten Bakterien (Symbol + * + *)

Der Ameisenlöwe, die Larve der libellenähnlichen Ameisenjungfer *(Myrmeleon formicarius)*, kommt in Mitteleuropa vereinzelt an warmen, trockenen, regengeschützten, feinsandigen Stellen vor. Dort fängt er seine Beute mithilfe eines selbstgebauten Fangtrichters (siehe Foto). Ameisen und andere kleine Insekten fallen in den Trichter und werden vom zuunterst versteckten Ameisenlöwen mit Sand beworfen und so am Herauskrabbeln gehindert. Schließlich kann er die Beute durch giftige Bisse mit seinen Kieferzangen betäuben und aussaugen. Wie japanische Forscher beim Dünen-Ameisenlöwen (*Myrmeleon bore*, nah verwandt mit *M. formicarius*) herausfanden, leben in dessen Speicheldrüsen symbiotische Bakterien (*Klebsiella aerogenes = Enterobacter aerogenes)*, die das Gift produzieren. Es ist nicht bekannt, wie der Ameisenlöwe vermeidet, selbst vergiftet zu werden, wenn er die Beute aussaugt.

Der Ameisenlöwe *(Myrmeleon formicarius)* baut in trockenen feinen Sand Trichter, in die kleine Insekten hineinrutschen. Durch Bewerfen mit Sand verhindert er, dass sie herauskrabbeln. Schließlich lähmt der Ameisenlöwe die Beute durch giftige Bisse mit seinen Kieferzangen und saugt sie aus. Das Gift wird durch etwa 1 µm große Bakterien *(Klebsiella aerogenes)* produziert, die symbiotisch in den Speicheldrüsen des Ameisenlöwen leben. Die Giftproduktion wurde erst vor Kurzem bei *M. bore* festgestellt.

2.7 Positive Beziehungen zwischen Pilz- und Bakterienarten

Abgestorbene Pilze sind Nahrung für andere Pilze und Bakterien (Symbol + 0)

Eine gemäß Kap. 1.1.3 einseitig positive Beziehung liegt vor, wenn abgestorbene Pilze von anderen Pilzarten zersetzt werden. Dabei spielen oft auch Bakterien eine Rolle. Die Zwitterlinge (Gattung *Nyctalis* = *Asterophora*) und der Sklerotienrübling *(Collybia tuberosa)* sind Pilze, die auf abgestorbenen Pilzen anderer Gattungen leben; sie leben aber auch parasitisch.

Ein Stäubender Zwitterling *(Asterophora lycoperdioides)* lebt auf einem abgestorbenen anderen Pilz, eine für den Ersteren einseitig positive Beziehung.

Bakterien, die von abgestorbenen anderen Bakterien oder deren Ausscheidungen leben (Symbol + 0)

Diese recht häufige Beziehung wird anhand des Stickstoffkreislaufes in Kap. 5.2 besprochen.

2.8 Förderungskonstellationen und -netze

2.8.1 Förderungskonstellationen

In einer Magerwiese von 10–20 Ar kommen, wie gesagt, über 1000 einzelne positive Beziehungen vor, die sich zu etwa 40 Typen zusammenfassen lassen. Viele wurden in den vorangegangenen Kapiteln bereits beschrieben, einige werden erst in den Kap. 3–5 präsentiert. Nun geht es darum, sich einen Überblick über alle diese Beziehungen zu verschaffen. Dazu dient das neuartige, bereits in Kap. 1.7 vorgestellte Konzept der Förderungskonstellation, also die bildliche Darstellung von positiven Beziehungen, die um eine einzelne sogenannte Zentralart oder -artengruppe bestehen. Die Förderungskonstellation ist ein Mittel, um die Bedeutung der betreffenden Zentralart zu erkennen und auch um abzuschätzen, was geschehen kann, wenn diese ausfällt.

Die dargestellten Beziehungen sind natürlich nicht alle gleichzeitig vorhanden und sie können sich im Lauf der Zeit ändern. Um die Zentralarten gibt es meist noch weitere, nicht dargestellte positive und natürlich auch viele negative Beziehungen (Fraß, Konkurrenz, Parasitismus usw.). Und alle Arten einer Konstellation haben noch Beziehungen zu weiteren Arten, wie das Förderungsnetz in Kap. 2.8.2 zeigt.

Die folgende Abbildung zeigt die Förderungskonstellation der in trockenen Magerwiesen meist dominanten Aufrechten Trespe *(Bromus erectus)*. Bemerkenswert ist, dass nur relativ wenige Arten positive Einwirkungen auf diese Grasart haben. Als bestandsprägende Art ist sie selbst aber für viele andere Pflanzen-, Tier- und Pilzarten sehr wichtig.

Rechte Seite:
Förderungskonstellation um die Aufrechte Trespe *(Bromus erectus)*, d. h. die Gruppierung von positiven Beziehungen, die diese in Magerwiesen dominante Grasart – als Zentralart – zu anderen Arten oder Artengruppen hat. Die nach außen zeigenden Linien sollen verdeutlichen, dass die betreffenden Arten zu weiteren, nicht eingezeichneten Arten Beziehungen haben. Die Symbole + bzw. +* sind jeweils bei demjenigen Partner platziert, für den die Beziehung positiv ist. Wo kein Symbol eingezeichnet ist, geht vom jeweiligen Partner keine Wirkung aus (Nullwirkung).

Die Aufrechte Trespe bildet die Hauptmasse in trockenen Magerwiesen und prägt somit das Bestandesklima und den Lebensraum für viele andere Pflanzen- sowie Tier- und Pilzarten.
Aufrechte Trespe, *Bromus erectus*
Der orange-weiße Graskern-Pilz, Epichloe, der auf und in der Pflanze (endophytisch) lebt, bildet Gifte, die diese vor Fraß schützen.
Das Große Heupferd und andere grüne Insekten bzw. Raupen sind durch Tarnung gut vor Fressfeinden geschützt.
Winzige Abbau-Organismen, also Kleintiere (hier Springschwänze), Pilze und Bakterien nutzen abgestorbene Pflanzen(teile) als Nahrung. Bestimmte Pilze leben mit Pflanzenwurzeln in Symbiose (Mykorrhizen).
Keimlinge und Jungpflanzen von Schlüsselblume, Gänsekresse und anderen Arten wachsen in Lücken am Rand von Trespenhorsten besonders gut auf: Trespe als Ammenpflanze.
Samen bzw. Samenstände werden (selten) durch Tiere verbreitet (Anhaftung).
+
+
+
+
+*
+
+
+
+
+

In der folgenden Abbildung ist die Förderungskonstellation um die in Magerwiesen recht häufige Wilde Möhre (Wilde Karotte oder Rübe, *Daucus carota*) dargestellt. Auffallend ist ihre große Bedeutung für verschiedene Insektenarten. Ähnlich wie diese Konstellationen dürften auch jene um andere in Magerwiesen vorkommende Doldenblütler wie die Kleine Bibernelle *(Pimpinella saxifraga)* und die Gewöhnliche Hirschwurz *(Peucedanum cervaria = Cervaria rivini)* sein.

Rechte Seite:
Förderungskonstellation um die Wilde Möhre (Karotte, Wilde Rübe, *Daucus carota*) in einer Magerwiese. Die nach außen zeigenden Linien sollen verdeutlichen, dass die betreffenden Arten zu weiteren, nicht eingezeichneten Arten Beziehungen haben. Die Symbole + bzw. +* sind jeweils bei demjenigen Partner platziert, für den die Beziehung positiv ist. Wo kein Symbol eingezeichnet ist, geht vom jeweiligen Partner keine Wirkung aus (Nullwirkung).

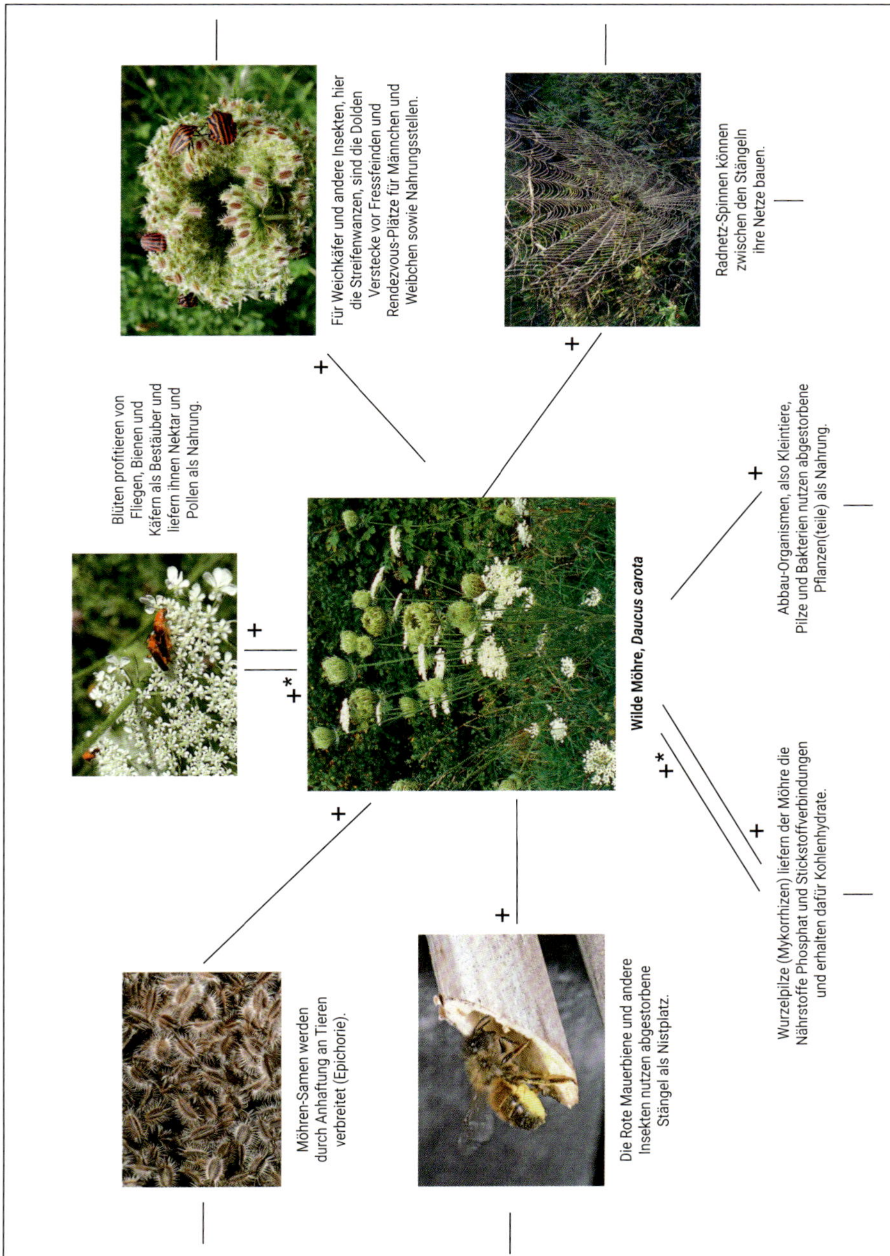
Möhren-Samen werden durch Anhaftung an Tieren verbreitet (Epichorie).
Die Rote Mauerbiene und andere Insekten nutzen abgestorbene Stängel als Nistplatz.
Blüten profitieren von Fliegen, Bienen und Käfern als Bestäuber und liefern ihnen Nektar und Pollen als Nahrung.
Für Weichkäfer und andere Insekten, hier die Streifenwanzen, sind die Dolden Verstecke vor Fressfeinden und Rendezvous-Plätze für Männchen und Weibchen sowie Nahrungsstellen.
Radnetz-Spinnen können zwischen den Stängeln ihre Netze bauen.
Wilde Möhre, *Daucus carota*
Wurzelpilze (Mykorrhizen) liefern der Möhre die Nährstoffe Phosphat und Stickstoffverbindungen und erhalten dafür Kohlenhydrate.
Abbau-Organismen, also Kleintiere, Pilze und Bakterien nutzen abgestorbene Pflanzen(teile) als Nahrung.
+
+*
−

Die Förderungskonstellation um die Feldmaus *(Microtus arvalis)* ist in der unten stehenden Abbildung dargestellt. Alle die verschiedenen positiven Beziehungen wurden bereits in Kap. 2.2.1 ausführlich beschrieben.
Die Abbildung zeigt eindrücklich, welch große Bedeutung die nur alle paar Jahre in großer Anzahl auftretende Feldmaus für das Ökosystem Magerwiese hat.
Hier kann man ergänzen, dass auch die in Kap. 3.8 über den Laubwald zusammengestellten Förderungskonstellationen mit dem Reh als Beispiel eines Weidetieres sowie mit den Ameisen als zentrale Artengruppe auch in Magerwiesen und -weiden eine große Rolle spielen.

Vergleich der vier Förderungskonstellationen

Die vier vorgestellten Förderungskonstellationen unterschieden sich massiv voneinander. Die positiven Beziehungen um die Zentralart reichen von Insekten als Bestäuber über Kleinsäuger als Samenausbreiter, die Förderung von Pflanzenarten durch andere Pflanzen bzw. Tiere bis zu den Mykorrhizen. Die einzige positive Beziehung, die allen Konstellationen gemeinsam ist, ist jene zu den Abbau-Organismen: Alle abgestorbenen Pflanzen und die Tierkadaver sind letztlich die Nahrung einer großen Zahl verschiedener Kleintiere, Pilze und Bakterien (siehe Kap. 5.2).
Die dargestellten Förderungskonstellationen sind nicht auf Magerwiesen beschränkt. Es gibt sie auch in anderen, ähnlich aufgebauten Ökosystemen wie Feuchtwiesen, Düngewiesen und alpinen Rasen (siehe Kap. 4.3).

Rechte Seite:
Förderungskonstellation um die Feldmaus *(Microtus arvalis)* in einer Magerwiese. Die nach außen zeigenden Linien sollen verdeutlichen, dass die betreffenden Arten zu weiteren, nicht eingezeichneten Arten Beziehungen haben. Die Symbole + bzw. +* sind jeweils bei demjenigen Partner platziert, für den die Beziehung positiv ist. Wo kein Symbol eingezeichnet ist, geht vom jeweiligen Partner keine Wirkung aus (Nullwirkung).

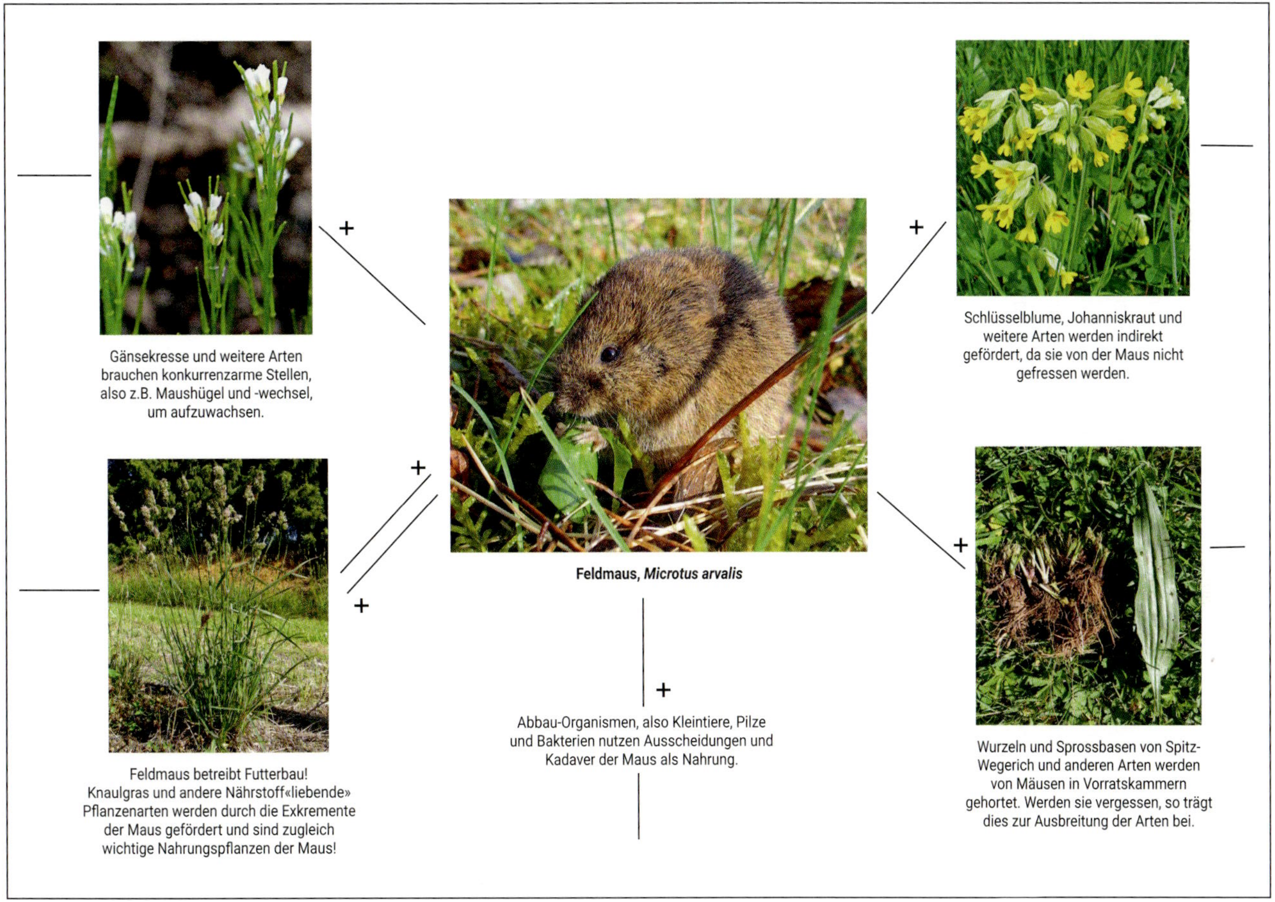
Gänsekresse und weitere Arten brauchen konkurrenzarme Stellen, also z.B. Maushügel und -wechsel, um aufzuwachsen.
+
Feldmaus betreibt Futterbau! Knaulgras und andere Nährstoff«liebende» Pflanzenarten werden durch die Exkremente der Maus gefördert und sind zugleich wichtige Nahrungspflanzen der Maus!
+
+
Feldmaus, *Microtus arvalis*
+
Abbau-Organismen, also Kleintiere, Pilze und Bakterien nutzen Ausscheidungen und Kadaver der Maus als Nahrung.
+
Schlüsselblume, Johanniskraut und weitere Arten werden indirekt gefördert, da sie von der Maus nicht gefressen werden.
+
Wurzeln und Sprossbasen von Spitz-Wegerich und anderen Arten werden von Mäusen in Vorratskammern gehortet. Werden sie vergessen, so trägt dies zur Ausbreitung der Arten bei.

2.8.2 Ausschnitt aus dem Förderungsnetz in einer Magerwiese – oder: Wie Wurzelpilze ein Rendezvous von Schmetterlingen ermöglichen

Ein Förderungsnetz ist die bildliche Darstellung der mannigfachen positiven Beziehungen zwischen mehreren Arten in einem Ökosystem. Wie bei den Förderungskonstellationen sind kaum je alle dargestellten Beziehungen gleichzeitig vorhanden. Im Lauf der Zeit oder wenn sich die Umweltbedingungen ändern, können auch ganz andere Beziehungen und somit Förderungsnetze entstehen. Außerdem gibt es zwischen den dargestellten Arten untereinander und zu unzähligen anderen Arten mannigfache weitere positive und natürlich auch negative Beziehungen.
Die folgende Abbildung zeigt einen Ausschnitt aus dem Förderungsnetz in einer Magerwiese; es besteht unter anderem aus Teilen der in Kap. 2.8.1 dargestellten Förderungskonstellationen. Sofort fällt die große Komplexität auf, und dies, obwohl das Schema nur 20 Arten bzw. Artengruppen umfasst und nicht die insgesamt etwa 1300 verschiedenen Pflanzen-, Tier- und Pilzarten, die in einer etwa 10–20 Ar großen homogenen Magerwiese zusammenleben (siehe die Tabelle in Kap. 2.1). Die Komplexität des gesamten realen Förderungsnetzes ist unermesslich, also nicht darstellbar.
Einige quantitative Angaben zu häufigen positiven Beziehungen sind im Anhang C zusammengestellt. Es zeigt sich, dass von den dort erwähnten 68 typischen Magerwiesen-Pflanzenarten 60 (= 88 %) in Symbiose mit Wurzelpilzen (Mykorrhizen) leben. 14 (= 21 %) Pflanzenarten haben Wurzelknöllchen mit symbiotischen Rhizobium-Bakterien. Nicht weniger als 51 (= 75 %) Pflanzenarten werden von Bienen, Schwebfliegen, Tagfaltern oder anderen Insekten bestäubt, wobei die Artenzahl der Bestäuber sicher wesentlich größer ist als jene der bestäubten Pflanzenarten. Bei 59 (= 87 %) Pflanzenarten spielen Tiere bei der Samenausbreitung eine Hauptrolle oder sind, neben dem Wind und dem selbsttätigen Ausschleudern, der zweitwichtigste Faktor. Ein Fünftel der 68 Pflanzenarten des Anhangs C wird durch Ameisen verbreitet. Wie in Kap. 2.2.2 beschrieben, transportieren Schafe in Weiden der

Rechte Seite:
Ausschnitt aus dem Förderungsnetz einer Magerwiese, bestehend aus positiven Beziehungen, die in den vorangegangenen Kapiteln beschrieben wurden. Es sind 20 der etwa 1300 Arten eingezeichnet, die in einer 10–20 Ar großen Magerwiese vorkommen. Die Symbole + bzw. +* sind jeweils bei demjenigen Partner platziert, für den die Beziehung positiv bzw. positiv und obligat ist. Wo kein Symbol eingezeichnet ist, hat die Beziehung für den betreffenden Partner keine Bedeutung (Nullwirkung).

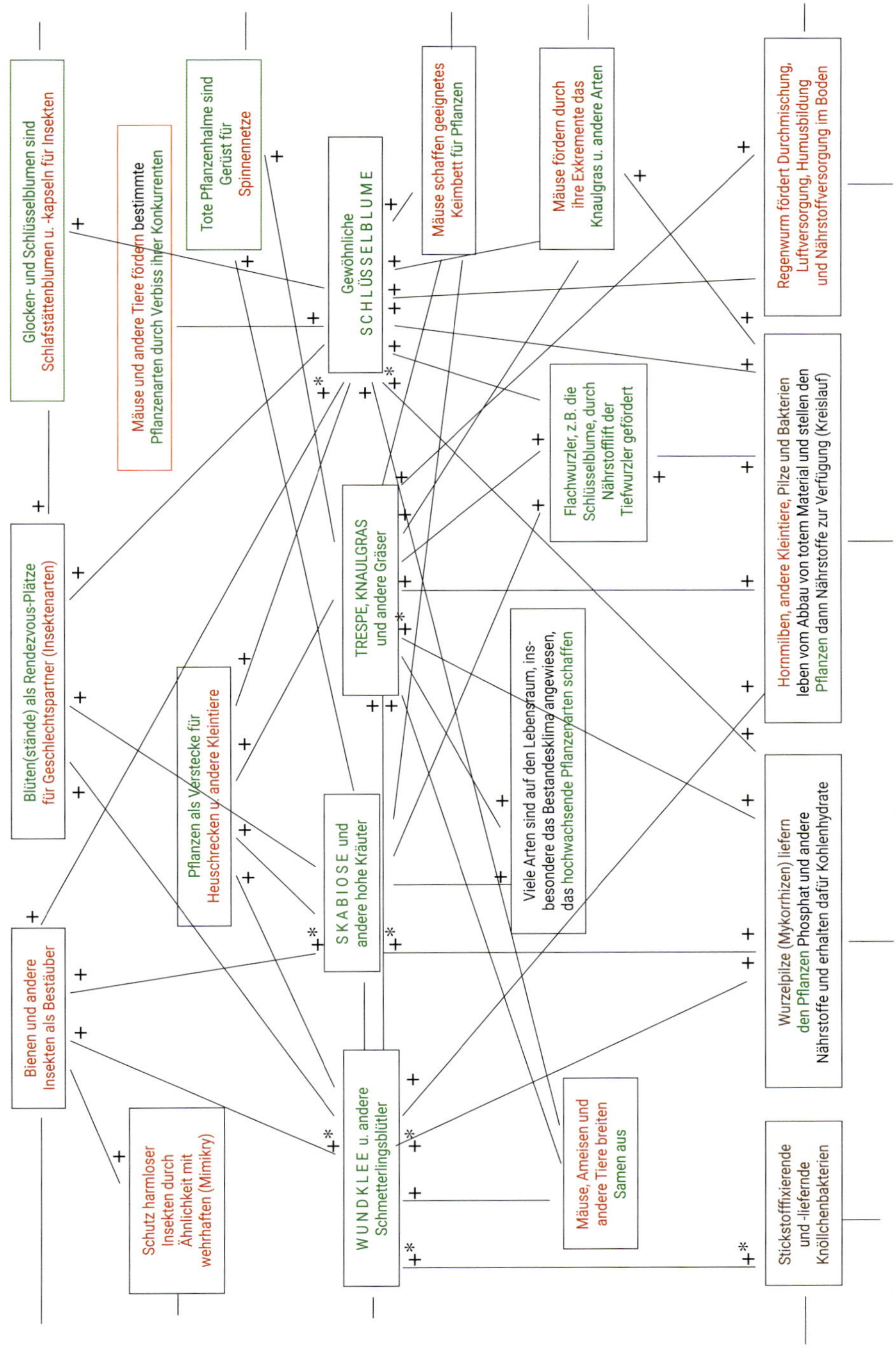
Glocken- und Schlüsselblumen sind Schlafstättenblumen u. -kapseln für Insekten
Mäuse und andere Tiere fördern bestimmte Pflanzenarten durch Verbiss ihrer Konkurrenten
Tote Pflanzenhalme sind Gerüst für Spinnennetze
Gewöhnliche SCHLÜSSELBLUME
Mäuse schaffen geeignetes Keimbett für Pflanzen
Mäuse fördern durch ihre Exkremente das Knaulgras u. andere Arten
Regenwurm fördert Durchmischung, Luftversorgung, Humusbildung und Nährstoffversorgung im Boden
Blüten(stände) als Rendezvous-Plätze für Geschlechtspartner (Insektenarten)
Pflanzen als Verstecke für Heuschrecken u. andere Kleintiere
TRESPE, KNAULGRAS und andere Gräser
Flachwurzler, z.B. die Schlüsselblume, durch Nährstofflift der Tiefwurzler gefördert
Hornmilben, andere Kleintiere, Pilze und Bakterien leben vom Abbau von totem Material und stellen den Pflanzen dann Nährstoffe zur Verfügung (Kreislauf)
Viele Arten sind auf den Lebensraum, insbesondere das Bestandesklima angewiesen, das hochwachsende Pflanzenarten schaffen
SKABIOSE und andere hohe Kräuter
Bienen und andere Insekten als Bestäuber
Schutz harmloser Insekten durch Ähnlichkeit mit wehrhaften (Mimikry)
WUNDKLEE u. andere Schmetterlingsblütler
Mäuse, Ameisen und andere Tiere breiten Samen aus
Wurzelpilze (Mykorrhizen) liefern den Pflanzen Phosphat und andere Nährstoffe und erhalten dafür Kohlenhydrate
Stickstofffixierende und -liefernde Knöllchenbakterien

Schwäbischen Alb Samen bzw. Früchte von 85 Pflanzenarten sowie Kleintiere aus 23 Arten, vor allem Heuschrecken, herum. Gemäß Kap. 2.2.1 werden etwa 40 der 114 diesbezüglich untersuchten Magerwiesen-Pflanzenarten durch direkte und indirekte Wirkungen von Feldmäusen gefördert.

Eigenschaften von Förderungskonstellationen

In Förderungsnetzen kann man interessante Ketten von positiven Beziehungen – man kann sie auch als Förderungsketten bezeichnen – erkennen; beispielsweise die Beziehungen, die von den Feldmäusen zu den Spinnen führen. Wie in Kap. 2.2 beschrieben, fördern Mäuse durch ihre Exkremente das Knaulgras, dessen hohe Halme u. a. auch Spinnen für ihre Netze nutzen. Sucht man weiter, so kann man auch eine Beziehungskette zwischen den stickstofffixierenden Knöllchenbakterien und den Schwebfliegen finden. Die Bakterien versorgen unter anderem den Wundklee mit lebenswichtiger Stickstoffnahrung; die Blütenköpfchen dieses Klees werden vor allem von Bienen bestäubt, die sich vom Nektar und Pollen ernähren. Schließlich kann man noch die wehrlosen Schwebfliegen erwähnen, die vor Fressfeinden geschützt sind, weil sie ähnlich gelb-schwarz gefärbt sind wie wehrhafte Bienen und Wespen (Mimikry). Das Herausarbeiten solcher Förderungsketten ist nicht nur eine Spielerei, sondern es zeigt auch, wie bestimmte Arten miteinander oft auf komplizierte Weise vernetzt sind.

Es sind jedoch nicht alle Arten für das Funktionieren des betreffenden Ökosystems gleich wichtig. Als wichtig können Arten oder Artengruppen angesehen werden, deren Ausfallen zu namhaften Veränderungen im ganzen Ökosystem führt. Ein Beispiel hierfür wäre das (eher unwahrscheinliche) Absterben aller Schmetterlingsblütler (Leguminosen, Fabaceae). Denn nur *sie* können mithilfe von *Rhizobium*-Bakterien in ihren Wurzelknöllchen aus Luftstickstoff pflanzenaufnehmbare Stickstoffverbindungen herstellen, die den Schmetterlingsblütlern selbst, aber auch benachbarten anderen Pflanzenarten zugutekommen. Ohne Schmetterlingsblütler wäre das Wachstum der Magerwiese (noch) geringer. Dies hätte natürlich Auswirkungen auf die Pflanzenfresser und letztlich auch auf die Fleischfresser. Außerdem sind die Schmetterlingsblütler wichtige Futterpflanzen für die Raupen vieler Schmetterlingsarten.

Rechte Seite:
Ausschnitt aus dem Förderungsnetz in einer Magerwiese. Die 15 eingezeichneten positiven Beziehungen sind in den Kap. 2 und 5 beschrieben.

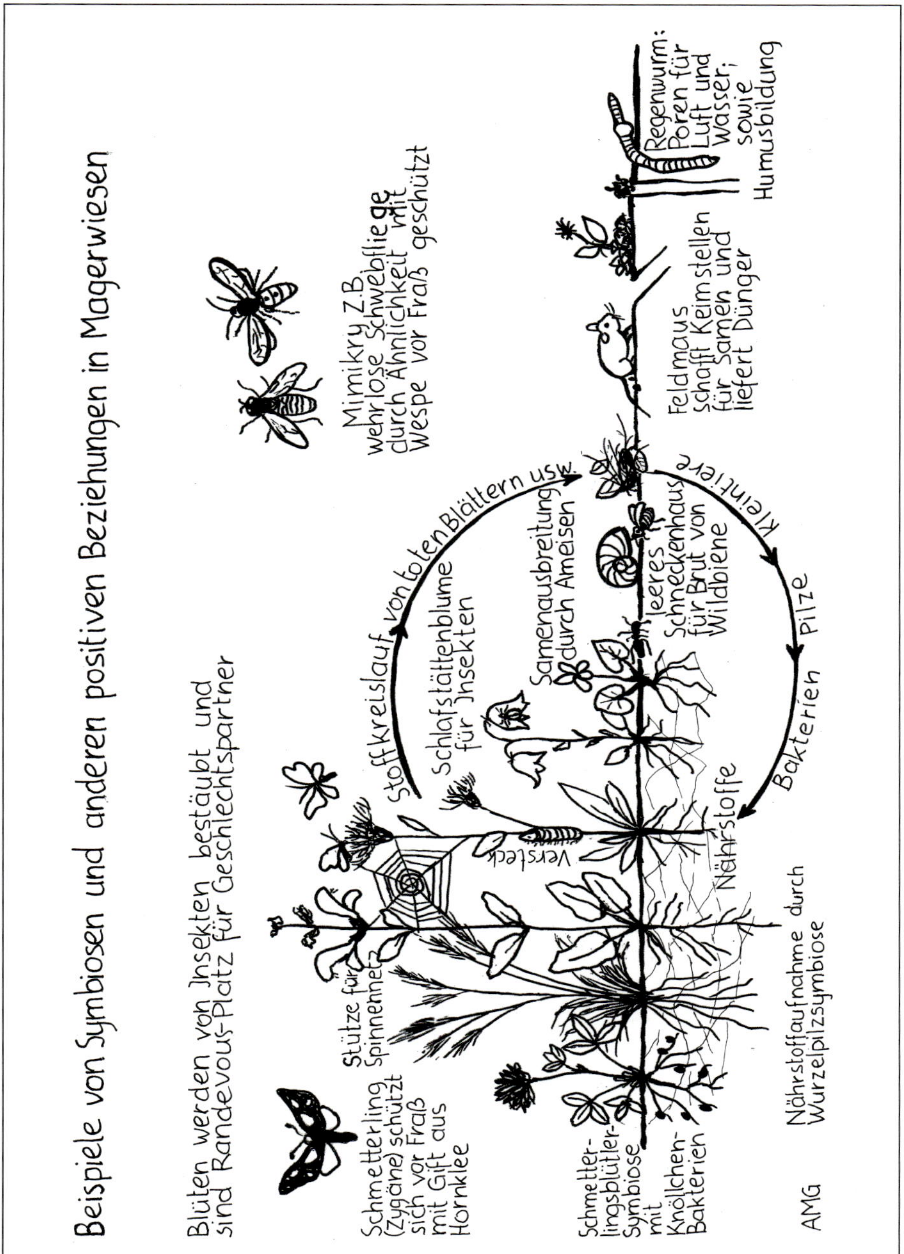
Beispiele von Symbiosen und anderen positiven Beziehungen in Magerwiesen
Blüten werden von Jnsekten bestäubt und sind Randevous-Platz für Geschlechtspartner
Schmetterling (Zygäne) schützt sich vor Fraß mit Gift aus Hornklee
Stütze für Spinnennetz
Mimikry z.B. wehrlose Schwebfliege durch Ähnlichkeit mit Wespe vor Fraß geschützt
Stoffkreislauf von toten Blättern usw.
Schlafstättenblume für Jnsekten
Samenausbreitung durch Ameisen
leeres Schneckenhaus für Brut von Wildbiene
Feldmaus schafft Keimstellen für Samen und liefert Dünger
Regenwurm: Poren für Luft und Wasser; sowie Humusbildung
Kleintiere
Pilze
Bakterien
Nährstoffe
Versteck
Schmetterlingsblütler-Symbiose mit Knöllchen-Bakterien
Nährstoffaufnahme durch Wurzelpilzsymbiose
AMG

Bei anderen Arten sind die Folgen eines Ausfalls gering. Fällt z. B. eine Wildbienenart wegen schlechter Entwicklungsbedingungen aus, so kann meist eine andere Art ihre Bestäuberfunktion übernehmen, ähnlich wie es das Bestäubernetz in der Abbildung in Kap. 2.2.1 zeigt.
Die Vielfalt an positiven Beziehungen in einem Förderungsnetz gewährleistet eine gewisse Stabilität des ganzen Ökosystems gegenüber äußeren Einflüssen. Dieses Phänomen entspricht dem Prinzip von Stabilität durch Risikoverteilung, das in vielen ökologischen (und ökonomischen) Zusammenhängen realisiert ist. Andererseits können Störeinflüsse in einem Netz auch weitergeleitet werden, was zu dauerhaften Veränderungen bis zu einem Zusammenbruch führen kann (Dominoeffekt). Aufschlussreiche weitergehende Analysen von Förderungsnetzen *(mutualistic networks)* geben z. B. Bascompte & Jordano (2014).
Eine anschauliche Ergänzung zum oben dargestellten eher abstrakten Förderungsnetz ist die Zeichnung auf der vorangehenden Seite.
In vielen Ökosystemen mit einer ähnlichen Struktur und Bewirtschaftung wie Magerwiesen und -weiden, also in bestimmten Flachmoor-Ökosystemen (z. B. Pfeifengrasriedern), alpinen Rasen (Kap. 4.3) und Düngewiesen, gibt es Förderungsnetze, die ähnlich sind wie jenes in der Magerwiese. Die Artenzahl in den erwähnten Ökosystemen ist jedoch außer in den Pfeifengrasriedern viel geringer.

3

Positive Beziehungen in einem naturnahen Laubwald

Vorangehende Seite:
Naturnaher Laubwald mit relativ viel Unterwuchs an Sträuchern und Kräutern. Das Totholz, das für viele Tiere, Pflanzen und Pilze sehr wichtig ist, ist im Sommer unter der Strauch- und Krautschicht kaum zu sehen.

3.1 Beschreibung, Bewirtschaftung, Vorkommen und Artenvielfalt

Beschreibung und Bewirtschaftung

In diesem Kapitel geht es um die positiven Beziehungen zwischen den Arten in einem schwach bewirtschafteten naturnahen Laubwald. Dieser ist in der Artenzusammensetzung und der Struktur ähnlich wie bestimmte unberührte Naturwälder, d.h. Urwälder (siehe unten). Vielerorts dominiert auf mäßig trockenem und neutralem Boden in der Hügelstufe Mitteleuropas in solchen Wäldern die Buche *(Fagus sylvatica)*, begleitet von einzelnen Eichen *(Quercus)* und anderen Baumarten sowie Strauch-, Kraut- und Moosarten (siehe die Liste der Pflanzenarten in Anhang D).
Dieser Waldtyp wurde aus den folgenden Gründen als eines der Hauptthemen dieses Buches gewählt: Buchenwälder waren in weiten Teilen Mitteleuropas die dominierende Pflanzendecke, bevor der Mensch begann, Wälder mit ganz anderen Arten zu begründen oder sie zu roden und in Landwirtschaftsflächen umzuwandeln. Naturnahe Laubwälder sind relativ artenreich, weswegen in ihnen viele positive Beziehungen zwischen Pflanzen, Tieren und Pilzen zu erwarten sind.
Damit klar wird, um welchen Waldtyp es in diesem Buch geht, muss kurz auf die Dynamik von Urwäldern eingegangen werden. Diese sind, wenn man größere Flächen, also Quadratkilometer, sowie längere Zeiträume, also Jahrhunderte, betrachtet, in ihrer Artenzusammensetzung und ihrem Naturhaushalt nicht so konstant, wie man das vielleicht erwartet. Sie verändern sich im Laufe der Zeit, was mit dem Mosaik-Zyklus-Konzept beschrieben werden kann. Gemäß diesem durchläuft ein Urwald zyklisch verschiedene Phasen, die mosaikartig im betreffenden Waldgebiet verteilt sind, wobei die einzelnen Mosaikflächen meist nur wenige Hundert Quadratmeter groß sind. Die zyklisch aufeinanderfolgenden Phasen, die die Mosaiksteine durchlaufen, können vereinfacht wie folgt bezeichnet werden: Wachstum, Optimalphase, Zerfall, Regeneration und wieder Wachstum (siehe z.B. Remmert 1991). Ein bewirtschafteter naturnaher Wald wird durch die Holzernte mehr oder weniger in der Optimalphase gehalten. Diese ist gekennzeichnet durch starkes Wachstum der Bäume, sodass bei der Ernte, die bei naturnaher Bewirtschaftung nur kleinflächig erfolgt, viel Holz anfällt. Die Summe der Arten in den vier erwähnten Phasen ist sehr viel größer als die Artenzahl in der Optimalphase, denn vor allem in der Regenerationsphase kommen zahlreiche Strauch-, Kraut- und Grasarten vor.
Die Entstehung (Sukzession), die Stoffkreisläufe und damit indirekt auch die Energieflüsse in einem naturnahen Laubwald werden kurz in Kap. 5 beschrieben.

Im Vergleich zu den Artenzahlen, die in anderen Publikationen über Laubwälder angegeben werden, sind jene in der obigen Tabelle relativ klein. Der Grund hierfür wurde oben bereits dargelegt.
Auffallend ist, dass, wie bei der Magerwiese (Kap. 2.1), die Biomasse der Pflanzen viel größer ist als jene der Tiere, Pilze und Bakterien. Bei den Artenzahlen verhält es sich gerade umgekehrt.
Eine Liste mit 38 Arten von Blüten- und Farnpflanzen, die typisch für Buchenwälder in der nördlichen Schweiz sind, findet sich in Anhang D. Dort ist auch vermerkt, ob die Arten in Symbiose mit Wurzelpilzen leben, und es wird festgehalten, ob die Blüten der Pflanzen von Insekten bestäubt und die Samen von Tieren verbreitet werden. Wie bei den Magerwiesen liegt ein bemerkenswerter Befund vor: Alle untersuchten Pflanzenarten haben mit mindestens *einer* der erwähnten Gruppen von Tieren und Pilzen eine positive Beziehung.
Auf die *Anzahl Lebewesen* in den verschiedenen Artengruppen wurde bereits in Kap. 2.1 kurz eingegangen. Die dort angegebenen z. T. riesigen Zahlen von Bodenorganismen gelten wohl im Wesentlichen auch für den Waldboden. Angaben zur Individuenzahl einzelner Arten in einer Waldfläche sind nur bei den Baumarten und größeren Tieren möglich; auf entsprechende Schätzungen wird hier aber verzichtet.
Die nun folgenden Ausführungen über einen von der Rot-Buche *(Fagus sylvatica)* dominierten Laubwald treffen großenteils auch auf Eichenwälder, Ahorn-Eschen- und andere mitteleuropäische Laubwälder zu. Viele im Nadelwald, insbesondere im inneralpinen Lärchen-Arvenwald (Lärchen-Zirbenwald) vorkommende positive Beziehungen sind in Kap. 5.1 über die ökologische Sukzession zusammengestellt.

3.2 Positive Beziehungen zwischen Pflanzen- und Tierarten

Hier sei darauf hingewiesen, dass im Kapitel über die Hecke und den Waldrand (Kap. 4.2) sowie in jenen über die ökologische Sukzession und die Stoffkreisläufe (Kap. 5.1–5.2) zahlreiche im vorliegenden Kapitel nicht behandelte positive Beziehungen zwischen Waldpflanzen und -tierarten beschrieben werden.
Als Grundlage für das Verstehen der Rolle der grünen Pflanzen in Wäldern und vielen anderen Ökosystemen wird zunächst auf einige wichtige ökologische Strukturen und Prozesse eingegangen, die man als ein Profitieren bzw. als ein System von positiven Beziehungen auffassen kann.

Die Baumschicht prägt das für viele andere Lebewesen des Waldes entscheidende Mikroklima

Es leuchtet sofort ein, dass in Wäldern die Baumschicht die Lichtverhältnisse, die Temperatur, die Luftfeuchtigkeit, die Windgeschwindigkeit und viele weitere Faktoren entscheidend prägt. Dies ermöglicht vielen Strauch-, Kraut-, Moos- und Flechtenarten sowie zahlreichen Tier- und Pilzarten, im Wald zu leben. Es liegt also zwischen den dominanten Baumarten und vielen anderen Wald-Arten eine Förderung vor, die aber meist keine eigentliche Art-zu-Art-Beziehung ist, sondern eher ein Profitieren (siehe Kap. 1.1).

Zwischen den Pflanzen auf der einen und den Tieren, Pilzen und Bakterien auf der anderen Seite bestehen über die Fotosynthese und die Atmung wechselseitige Förderungen

Die grünen Pflanzen stellen bekanntlich aus Kohlendioxid der Luft und Wasser aus dem Boden in der Fotosynthese Kohlenhydrate her. Aus diesen und Nährstoffen aus dem Boden bauen die Pflanzen dann weitere organische Verbindungen auf. Alle diese Stoffe sind Nahrung für die Pflanze selbst sowie für die Tiere, Pilze und Bakterien. In der Atmung und anderen Prozessen, die die Lebensenergie für alle Arten liefern, werden die organischen Stoffe wieder zu Kohlendioxid und Wasser und weiteren Substanzen abgebaut. Gesamthaft gesehen liegen also wechselseitige Förderungen vor; diese sind aber nicht artspezifisch, weswegen nicht von eigentlichen positiven Beziehungen gesprochen werden kann. Das Ganze bildet den *Kohlenstoffkreislauf,* der zusammen mit weiteren Stoffkreisläufen in Kap. 5.2 näher beschrieben wird.

Einstimmung zu den Beziehungen zwischen den Pflanzen und den Tieren

Diesem Ziel soll die unten stehende Abbildung eines *Methusalem-Baumes* mit all seinen meist positiven Beziehungen zu unzähligen Tier-, Pflanzen-, Pilz- und Flechtenarten dienen. Als Methusalem werden uralte, sogenannte *Biotopbäume* bezeichnet, also meist große, alte Eichen oder Buchen mit abgestorbenen Ästen, Rissen und Höhlen. Diese sind Lebensräume (Biotope) für viele z. T. sehr spezielle Arten. Die unten stehende Abbildung kann im Sinn von Kap. 1.7 als Förderungskonstellation um eine Stiel-Eiche *(Quercus robur)* angesehen werden. Die angegebenen Arten und Artengruppen kommen natürlich nicht alle gemeinsam auf einem einzigen Biotopbaum vor.

Efeu klettert ans Licht hinauf und ist Lebensort für verschiedene Kleintierarten sowie Nektar-, Pollen- und Beerenlieferant für verschiedenste Tierarten.

Der Mäusebussard und andere Greifvögel nisten auf großen alten Bäumen.

Morsches Holz ist Lebensort für viele Pilzarten, z. B. den Zunderschwamm.

Rindenpilze sind Lebensort und Nahrung für viele Insektenarten.

Moose, Flechten und Algen leben auf Ästen und Stämmen, besonders an Stammabfluss-Stellen.

Ein Methusalem-Baum,
eine uralte Eiche *(Quercus robur)*

Verlassene Spechthöhlen sind Nistorte für viele weitere Arten (siehe Kap. 3.4).

Unter abblätternder Rinde nisten z. B. Baumläufer.

Fledermäuse, Käuze, Spechte, Baummarder usw. leben in großen Baumhöhlen.

In mürbem Holz leben Larven vieler Arten von Käfern sowie andere Insekten; diese sind Nahrung für Vögel und andere Tiere.

Im Wasser, das sich in kleinen Höhlen am Stammfuß ansammelt, leben Urtierchen, Algen und spezielle Insektenarten.

Vom Saftfluss am z. T. morschen Stammfuß ernähren sich der Hirschkäfer und andere Insekten.

Ein Methusalem-Baum, also ein besonders alter, großer und z. T. morscher Biotopbaum, bietet unzähligen anderen Arten Lebensorte (Biotope) und z. T. Nahrung. Viele dieser Arten haben eine nur einseitig positive Beziehung zum Biotopbaum, denn für diesen sind die Beziehungen großenteils ohne Bedeutung. Diese Eiche ist frei stehend; ein Methusalem in einem Waldbestand dürfte aber ähnliche Beziehungen haben.

3.2.1 Für Pflanzen- und Tierarten wechselseitig positive Beziehungen

Bestäubung bzw. Transport von Pollen von Pflanzen durch Tiere, vor allem Insekten (Symbole +*+, +*+*, +*0, +0 und + +)

Die Blütenbestäubung durch Insekten, eine der bekanntesten und häufigsten, meist wechselseitig positiven Beziehungen, wurde bereits im Kapitel über die Magerwiesen ausführlich beschrieben (Kap. 2.2). Deswegen wird hier nicht mehr im Detail darauf eingegangen.

Im Frühling sticht der wilde Kirschbaum (Süßkirsche, Vogel-Kirsche, *Prunus avium*) mit seiner weißen Blütenpracht aus dem Braun und Grün des Waldes heraus. Die Blüten dieser Baumart werden wie jene des Berg-Ahorns *(Acer pseudoplatanus)*, mehrerer Straucharten, z. B. der Roten Heckenkirsche *(Lonicera xylosteum),* und natürlich vieler Krautarten von Insekten bestäubt. Zu diesen Kräutern gehören Busch-Windröschen *(Anemone nemorosa)*, Waldmeister *(Galium odoratum)* und Vielblütiges Salomonssiegel (Vielblütige Weißwurz, *Polygonatum multiflorum*).

Ein blühender Kirschbaum (Vogel-Kirsche, *Prunus avium*) wird von vielen verschiedenen Insektenarten bestäubt.

Die Rote Heckenkirsche *(Lonicera xylosteum)* wird meist von Wildbienen bestäubt; daneben kommt auch Selbstbestäubung vor.

Die Bestäubung eines Busch-Windröschens *(Anemone nemorosa)*.

Im Folgenden werden drei spezielle, besonders interessante Bestäubungsstrategien von Waldpflanzen vorgestellt.

Der Aronstab hat eine sehr ausgefallene Bestäubungsstrategie (Symbol +0)

Die Blüte des Gefleckten Aronstabes *(Arum maculatum)* wird als Kessel-Gleitfallenblüte bezeichnet. Sie lockt mit Fäkaliengeruch vorwiegend sogenannte Abortfliegen, also Schmetterlingsmücken der Gattung *Psychoda,* an. Es liegt somit eine **Lockmimikry** vor, d. h. eine spezielle Form von Täuschung (siehe Kap. 1.4.3). Das Innere der Aronstab-Blüte kann bis 40 °C warm werden, also viel wärmer als die Umgebungsluft im Frühlingswald; dies trägt dazu bei, dass die «Gestankmoleküle» besonders effizient an die Umgebungsluft abgegeben werden. Der weitere Verlauf der Bestäubung wird anhand der unten stehenden Abbildung kurz beschrieben.

Eine aufgeschnittene Blüte des Gefleckten Aronstabes *(Arum maculatum)*. Sie lockt mit Fäkaliengeruch kleine sogenannte Abortfliegen (Gattung *Psychoda;* Familie Schmetterlingsmücken) an. Setzen sich diese auf den inneren Rand des Hochblattes, das den violetten Kolben der Blüte umgibt, so rutschen sie ab und gelangen durch einen gelblichen reusenartigen Ring in den Blütenkessel. Aus diesem können die Fliegen wegen der Reuse zunächst nicht entkommen. Im untersten Teil der Blüte bleiben an den Fliegen dann klebrige Tropfen haften, die von den gelblichen weiblichen Blütenteilen angegeben werden. Während der Nacht platzen die weiter oben in der Blüte gelegenen bräunlichen Staubbeutel und ihr Pollen fällt auf die herumkrabbelnden klebrigen Fliegen hinab, wo er haften bleibt. Am folgenden Morgen erschlaffen die Haare der Reuse: Die Fliegen können entweichen. Sie fliegen dann zu weiteren stinkenden Aronstabblüten, rutschen in diese hinein und bestäuben sie mit dem an ihnen anhaftenden Pollen.

Eine Abortfliege (Gattung *Psychoda*). Solche nur etwa 2 mm große Schmetterlingsmücken gehören zu den häufigsten Bestäubern der Blüten des Aronstabs.

Rotblinde Scherenbienen bestäuben Glockenblumen-Arten und das Rote Waldvögelein: Nektartäusch-Mimikry (Symbol +0)

Für Menschen sind die Blüten der meisten Glockenblumen (Gattung *Campanula*) blau, jene des Roten Waldvögeleins *(Cephalanthera rubra)*, einer schönen großblütigen Orchidee, dunkelrosa bis lila. Nicht so für die Scherenbienen (Gattung *Chelostoma* bzw. *Osmia*). Diese sind wie viele andere Insekten rotblind, weswegen die Orchidee für sie bläulich erscheint. Sie ahmt farblich die Glockenblumen nach.

Die Blüten des Roten Waldvögelein *(Cephalanthera rubra)* sehen, zumindest für die rotblinden Bienen, ähnlich aus wie jene der Nesselblättrigen Glockenblume *(Campanula trachelium)*! Da die Waldvögelein-Blüte keinen Nektar enthält, liegt für die Bestäuber, die sie für eine Glockenblumen-Blüte halten, eine Nektartäusch-Mimikry vor.

Männchen und Weibchen einer Scherenbiene (wohl *Osmia rapunculi* = *Chelostoma rapunculi*) in der Blüte einer Nesselblättrigen Glockenblume *(Campanula trachelium)*.

Die Männchen von Scherenbienen werden vom Blau der nektarhaltigen Glockenblumen angezogen, aber auch von den für sie ebenfalls bläulichen Blüten des Waldvögeleins, obwohl diese gar keinen Nektar enthalten. Dies wird als *Nektartäusch-Mimikry* bezeichnet. Die Männchen fliegen dann von Orchidee zu Orchidee bzw.

von Glockenblume zu Glockenblume, sodass es zu Bestäubung kommt, eine positive Beziehung. Das Waldvögelein ist auf die männlichen Scherenbienen und indirekt auf die Glockenblumen angewiesen, denn die Weibchen bestäuben nur Glockenblumen. (Das Waldvögelein wird aber auch von anderen Wildbienen-Arten bestäubt.)
Beobachtungen zeigen, dass das Rote Waldvögelein und viele Glockenblumen-Arten verschiedenen Bienen- und Fliegenarten auch als sogenannte *Schlafstättenblumen* dienen, d.h. als Übernachtungsort – eine weitere positive Beziehung zwischen Pflanze und Insekt.

Die Stinkende Nieswurz lockt mit Gärungswärme die Bestäuber an (Symbol + +)
Die Stinkende Nieswurz *(Helleborus foetidus)* blüht im frühen Frühling, also wenn die Temperaturen noch kühl sind. Die Bestäubung erfolgt vor allem durch die dann bereits aktiven Hummeln sowie durch Bienen.

Die Stinkende Nieswurz *(Helleborus foetidus)* produziert sehr viel Nektar. Dieser vergärt teilweise, wodurch das Blüteninnere bis 6 °C wärmer werden kann als die Umgebung. Dadurch und durch den rötlichen Blütenrand sowie wohl auch durch den für Menschen unangenehm riechenden Blütenduft werden Hummeln und Bienen als Bestäuber angelockt. Die großen hängenden Blüten dienen wahrscheinlich auch als warme Schlafstätte für verschiedene Insektenarten. Die Samen werden durch Ameisen verbreitet. Die Nieswurz hat also drei verschiedene positive Beziehungen mit Insekten.

Rendezvous und evtl. Paarung von Insekten auf bestimmten Blüten und an anderen Orten (Symbole + + und + 0)

Zwerg-Holunder *(Sambucus ebulus)*, Arznei-Baldrian *(Valeriana officinalis)* und verschiedene Disteln *(Cirsium)* sind Pflanzen, die an Waldwegen und -rändern häufig sind. Auf ihren weißlichen, hellrosa oder roten Blütenständen sieht man oft viele Käfer, Bienen, Fliegen und Schmetterlinge, die Nektar auflecken bzw. -saugen und die Blüten bestäuben. Da auf diesen Blütenständen oft Männchen und Weibchen der gleichen Insektenart zusammentreffen und dann oft für Nachwuchs sorgen, spricht man auch von *Rendezvous-Plätzen.*

Der Blütenstand des Zwerg-Holunders *(Sambucus ebulus)* als Rendezvous-Platz für Geschlechtspartner des Rosenkäfers *(Cetonia aurata)* und des Weißfleck-Widderchens *(Amata phegea)*. Außerdem ist ein Scheckenfalter zu sehen. Rendezvous-Funktion und Bestäubung sind beides positive Beziehungen.

Mehrere weitere Typen von Rendezvous-Plätzen im Wald werden in Kap. 3.4 beschrieben.

Pflanzen profitieren von der Samenausbreitung durch Tiere (Zoochorie) (Symbole + + und + 0)

Diese wechselseitig positive Beziehung zwischen Pflanze und Tier wurde bereits in Kap. 2.2 am Beispiel der Magerwiesen behandelt; dort wurden auch die Fachausdrücke erklärt. Viele weitere Fälle von Samenausbreitung werden in Kap. 4.2 über die Hecken beschrieben.

Ausbreitung durch Anhaftung (Epichorie) und durch Tierstreuer (Symbol + 0)
Anhaftung an Tieren (und Kleidern) mittels kleiner Haken gibt es u. a. beim Gewöhnlichen oder Wald-Hexenkraut *(Circaea lutetiana)*, beim Waldmeister *(Galium odoratum)* und bei der an Waldwegen oft vorkommenden Echten Nelkenwurz *(Geum urbanum)*.

Die Früchte des Waldmeisters *(Galium odoratum)* haben kleine Widerhaken, welche die Anhaftung an Tierfell und somit die Ausbreitung ermöglichen, eine für die Pflanze positive Beziehung.

Wie in den Wiesen und Weiden kommt auch im Wald die Ausbreitung von Samen durch das Schütteln von Samenständen und Früchten durch vorbeistreifende Tiere vor: Tierstreuer-Ausbreitung. Beispiele hierzu sind der Gewöhnliche Rainkohl *(Lapsana communis)* und vor allem das Große Springkraut (Rühr-mich-nicht-an, *Impatiens noli-tangere*) und das Kleinblütige Springkraut *(Impatiens parviflora)*. Diese beiden Arten sind sogenannte Saftdruckstreuer: Die länglichen Früchte platzen bei kleinster Berührung auf, da sie unter Druck stehen.

Die reifen, herabhängenden länglichen Früchte des Großen Springkrautes (Rühr-mich-nicht-an, *Impatiens noli-tangere*) explodieren bei der kleinsten Erschütterung durch ein vorbeistreifendes Tier oder durch den Wind und schleudern die Samen bis 3 m weit.

Kotwürstchen des Fuchses und andere Fälle von Verdauungsausbreitung, Endochorie (Symbol + +)

Ab und zu sieht man im Wald an exponierten Stellen die einige Zentimeter langen Kotwürstchen, mit denen der Fuchs *(Vulpes vulpes)* sein Revier markiert. Dieser Kot enthält neben Knöchelchen oft auch Kirschensteine. In Gebieten mit Heidelbeeren (Blaubeeren, *Vaccinium myrtillus*) ist er violett gefärbt und enthält die kleinen Samen dieser Pflanze.

Viele weitere Tier-, besonders Vogelarten fressen Beeren und andere Früchte und scheiden die Samen unversehrt aus (siehe insbesondere Kap. 5.3.2). Dies ist der Fall bei Süß-Kirsche (Kirschbaum, Vogel-Kirsche, *Prunus avium*), Tollkirsche *(Atropa bella-donna)*, Efeu *(Hedera helix)*, Maiglöckchen *(Convallaria majalis)*, Geflecktem Aronstab *(Arum maculatum)*, Wald-Erdbeere *(Fragaria vesca)* und mehreren Straucharten, die in Kap. 4.2 über die Hecke erwähnt werden. Oft ist nach der Darmpassage die Keimfähigkeit erhöht und die Jungpflanzen profitieren von den Nährstoffen des Kots.

Der Fuchs *(Vulpes vulpes)* verschmäht als Allesfresser auch Beeren nicht, deren Samen er dann ausscheidet und dadurch verbreitet.

Die bläuliche Farbe des Fuchskotes rührt wohl von gefressenen Heidelbeeren (Blaubeeren, *Vaccinium myrtillus*) her, deren Samen dadurch verbreitet werden.

Die Früchte der giftigen Tollkirsche *(Atropa bella-donna)* werden von Vögeln und anderen Tieren gefressen, wodurch die Samen verbreitet werden. Schnecken raspeln Fruchtfleisch von auf den Boden gefallenen Beeren ab, fressen dabei auch die Samen und breiten diese dann aus.

Quantitative Angaben zum Fraß von Beeren von vier Straucharten durch drei Vogelarten (Symbol + +)

Die unten stehende Abbildung zeigt einen Ausschnitt aus dem Netz wechselseitig positiver Beziehungen zwischen drei Vogelarten und vier Straucharten, deren Beeren oder beerenartige Früchte von den Vögeln gefressen und mit ihrem Kot verbreitet werden. Da alle dargestellten Beziehungen positiv sind, kann man auch von einem Förderungsnetz sprechen (siehe Kap. 1.7 und 3.8).

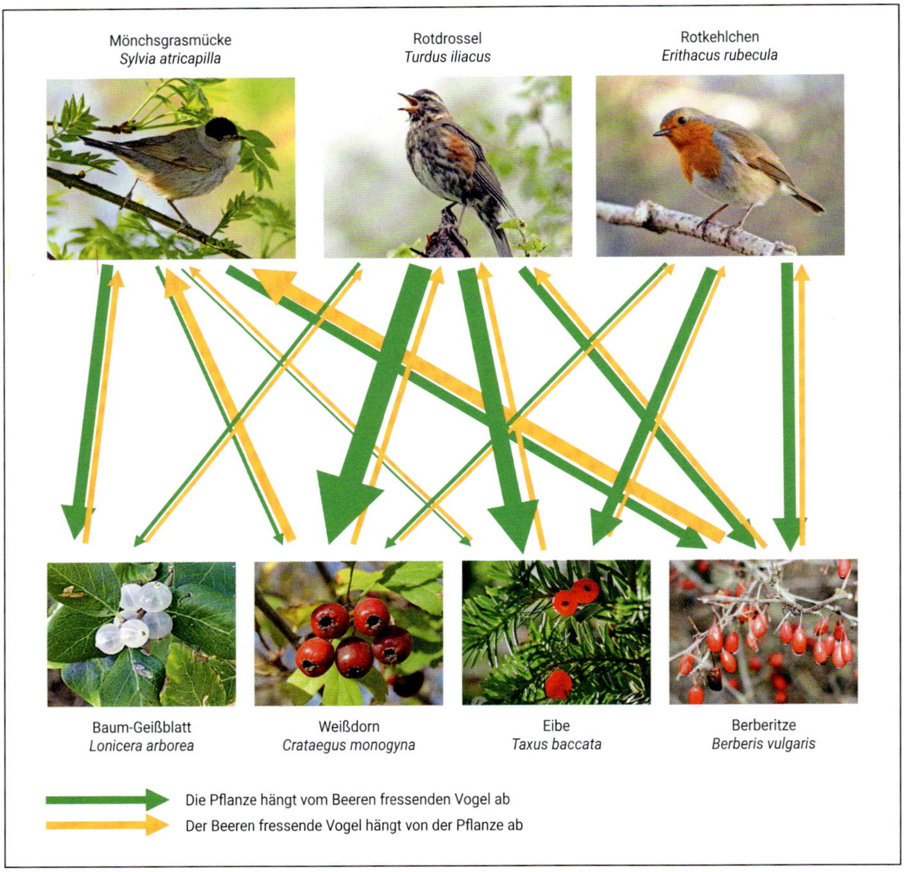

Darstellung der quantitativen Beziehungen zwischen vier Straucharten und drei Vogelarten, die die Beeren oder beerenartigen Früchte dieser Sträucher fressen und dadurch verbreiten. Die Dicke der Pfeile symbolisiert die relative Häufigkeit der eingezeichneten Beziehung. Daten für die Situation im Winter in einem lockeren Wald im südöstlichen Spanien (umgezeichnet aus Thompson 2006).

Die Abbildung zeigt, dass die positiven Beziehungen zwischen den Vogelarten und den Straucharten ganz verschieden intensiv und asymmetrisch sind. Der Eingriffelige Weißdorn *(Crataegus monogyna)* hängt offenbar relativ stark von der Verbreitung durch die Rotdrossel *(Turdus iliacus)* ab, wogegen Letztere nur schwach vom Weißdorn abhängig ist. (Das Baum-Geißblatt kommt in Mitteleuropa nicht vor.)

Die Ausbreitung der Mistel durch Vögel ist ein spezieller Fall von Endochorie (Symbol + +)

Die Mistel *(Viscum album)* lebt auf Bäumen und Sträuchern. Sie senkt eine Art Wurzel in die Wachstumszone (das Kambium) der Äste und nimmt von dort Nährstoffe auf, wodurch die Wirtspflanze geschwächt wird. Die Mistel betreibt mit ihren immergrünen Sprossen auch selber Fotosynthese, weswegen sie als Halbparasit bezeichnet wird.

Die weißen Beeren werden von der Misteldrossel *(Turdus viscivorus)* und der Mönchsgrasmücke *(Sylvia atricapilla)* gefressen und der Kot dann auf andere Äste desselben oder eines anderen Baumes deponiert. Für die Drossel bzw. die Mönchsgrasmücke ist diese Beziehung positiv, aber nicht obligat, da diese Vögel auch andere Beeren sowie Insekten und Regenwürmer fressen.

Die erst im Dezember reifen Beeren der Mistel *(Viscum album)* sind eine beliebte Nahrung vor allem der Misteldrossel *(Turdus viscivorus)*, die diesen Halbparasiten dadurch verbreitet. Es liegt also eine wechselseitig positive Beziehung vor. Aufgerissene Beeren oder deren Reste im Vogelkot sind sehr klebrig, sodass sie auf Ästen gut haften. Die Samen keinem dort und wachsen dann, falls die Baumart stimmt, zu halbparasitischen Pflanzen heran. Die große Klebrigkeit besonders des Teils unmittelbar um die Samen kann man übrigens leicht selbst feststellen, wenn man versucht, angefasste Samen von den Fingern abzustreifen.

Eine Erzwespe *(Oomyzus gallerucae)* auf Eiern des Ulmenblattkäfers *(Xanthogaleruca luteola)*. Die Wespe wurde vom speziellen Duft von Ulmenblättern angezogen, die vom Käfer angefressen worden waren. Die Wespe legt ihre Eier in jene des Käfers. Die geschlüpften Wespenlarven fressen dann die Brut des Käfers von innen auf. Für die Ulme ergibt sich eine Feind-meines-Feindes-ist-mein-Freund-Beziehung.

Hilker (2016) fand in experimentellen Untersuchungen eine ähnliche Beziehung auch zwischen der Wald-Kiefer (Wald-Föhre, *Pinus sylvestris*) und den sie schädigenden Larven der Gewöhnlichen Kiefernbuschhornblattwespe *(Diprion pini)*. Nachdem adulte dieser Wespenart die Nadeln angeritzt und in den Spalt ihre Eier gelegt haben, werden diese mit einem Sekret festgeklebt. Dessen Geruch lockt winzige Erzwespen *(Closterocerus ruforum)* an, die ihre Eier in die Eier der Kiefernbuschhornblattwespe legen; diese werden dann von den ausschlüpfenden Erzwespen-Larven von innen her aufgefressen. Damit ist die Kiefer vor dem Pflanzenfresser geschützt, und zwar schon, *bevor* dieser überhaupt mit dem Fressen begonnen hat. Vielleicht können auch Vögel durch den Geruch von Nadeln, die von den erwähnten Wespen angefressen worden sind, angelockt werden (siehe unten). Auch hier sind weitere Untersuchungen nötig, um abzuklären, ob der beschriebene Schutz auch im Wald eine Rolle spielt.

Bestimmte Baumarten locken evtl. sogar Vögel an, um fressende Raupen loszuwerden (Symbol + + Δ)

Mehrere neuere Untersuchungen legen den Schluss nahe, dass bestimmte Vogelarten bei Bäumen flüchtige Stoffe riechen, die von Blättern oder Nadeln abgeben werden, wenn Raupen bzw. Larven sie anfressen. Dies wurde unter experimentellen Bedingungen z. B. bei der Hänge-Birke *(Betula pendula)*, der Grau-Weide *(Salix cinerea)* und von Mäntylä et al. (2017) auch bei der Wald-Kiefer (Wald-Föhre, *Pinus sylvestris*) nachgewiesen. Es ist nicht klar, inwieweit eine solche Anlockung von Vögeln auch in der Natur vorkommt bzw. von Bedeutung ist.

Nadeln der Wald-Kiefer (Wald-Föhre, *Pinus sylvestris*), die von Larven der Kiefernbuschhornblattwespe *(Diprion pini)* angefressen werden, senden Duftstoffe aus, die u. a. von Kohlmeisen *(Parus major)* gerochen werden können. Die Vögel werden dadurch zur befallenen Kiefer gelockt und fressen die Larven, was für den Baum natürlich positiv ist. Dieses Phänomen wurde bisher nur unter experimentellen Bedingungen festgestellt, könnte aber auch in der Natur eine Rolle spielen.

Milbenhäuschen-Beziehung (Symbol + +)
Auf der Blattunterseite der Winter-Linde *(Tilia cordata)* sind in den Winkeln der Nerven kleine Büschel von rostroten Haaren leicht zu beobachten. Sie werden als Milbenhäuschen (Acarodomatien) bezeichnet, da sie Milben (Acari) Unterschlupf bieten; diese halten «dafür» die Blattunterseite von Sporen wahrscheinlich schädlicher Pilze frei. Es liegt also eine wechselseitig positive Beziehung vor. Weniger ausgeprägt kommen solche Milbenhäuschen auch auf den Blättern anderer Laubbäume vor.

Die Haarbüschel auf der Blattunterseite der Winter-Linde *(Tilia cordata)* dienen Milben (Acari) als Unterschlupf; diese halten «dafür» die Blattunterseite von Sporen wahrscheinlich schädlicher Pilze frei.

3.2.2 Für Pflanzenarten einseitig positive Beziehungen mit Tierarten

Einige dieser Beziehungen, z. B. bestimmte Formen der Bestäubung sowie die Klett- und Klebausbreitung von Samen, wurden bereits in Kap. 3.2.1 beschrieben, da sie besser in den dortigen Kontext passen.

Die Ausscheidungen von Tieren fördern das Pflanzenwachstum (Symbol + 0)
Bekanntlich enthalten die Exkremente von Reh, Kleinsäugern, aber auch des Regenwurmes, von Insekten und anderer Kleintiere Nährstoffe, die das Pflanzenwachstum fördern.

Tiere schaffen Kahlstellen, auf denen Pflanzen aufkommen können (Symbol + 0)
Solche positiven Beziehungen zwischen Tieren, insbesondere Mäusen, und vielen Pflanzenarten wurden bereits bei der Magerwiese besprochen (Kap. 2.2). Auch im Wald werden durch die Wühltätigkeit von Mäusen und anderen Kleinsäugern sowie

des Wildschweins *(Sus scrofa)* kahle Stellen geschaffen, auf denen Gräser und Kräuter sowie Waldbäume und -sträucher zunächst fast ohne pflanzliche Konkurrenten aufwachsen können; ein positiver Effekt. Allerdings werden von den Wildschweinen beim Wühlen auch immer wieder Pflanzen geschädigt, sodass die Beziehung nicht durchwegs positiv ist.

3.2.3 Für Tierarten einseitig positive Beziehungen mit Pflanzenarten

Wie bereits oben erwähnt, sind insbesondere die Bäume des Waldes in mannigfacher Weise für das Leben vieler Tierarten unerlässlich. Etliche dieser positiven Beziehungen sind so bekannt, dass sie hier nicht beschrieben werden müssen, z. B. Schutz vor ungünstigen Witterungsbedingungen, Verstecke vor Fressfeinden sowie Singwarten. Einige dieser Beziehungen werden auch in den Kapiteln über die Magerwiesen (Kap. 2) und über die Hecken beschrieben (Kap. 4.2). Im Folgenden geht es um einige wenig bekannte oder besonders interessante Fälle, wo Tiere von Pflanzen profitieren.

Die Wipfelbalz von Schmetterlingen um hohe Bäume (Symbol +0)
Einige Schmetterlingsarten, z. B. der Große Eisvogel *(Limenitis populi)* und der Große Schillerfalter *(Apatura iris)*, fliegen bei ihrer Balz um sogenannte Überhälter, also um Bäume (oft Eichen, *Quercus*), die das Walddach überragen. Solche hohen Bäume ermöglichen also das Paarverhalten der genannten Schmetterlingsarten: Man kann dies als Förderung auffassen (aber natürlich nicht als eine positive Art-zu-Art-Beziehung, siehe Kap. 1.1.1). Ein ähnliches Verhalten wurde übrigens auch bei bestimmten Fliegenarten beobachtet.

Der Große Schillerfalter *(Apatura iris)* umfliegt bei der Balz die Kronen von Eichen oder anderen hohen Bäumen. Ohne sie wäre dies nicht möglich; also kann man sagen, dass der Falter von den betreffenden Bäumen profitiert.

Bestimmte Arten brauchen spezielles Nistmaterial (Symbol + 0)

Als Erstes kommen einem hier natürlich die Vogelnester in den Sinn; sie sind so bekannt, dass nicht näher auf sie eingegangen werden muss. Interessant ist jedoch, dass es Vogelarten gibt, die Nistmaterial nur von bestimmten Gruppen von Organismen verwenden. So benötigt der Zaunkönig vor allem Moose und die Schwanzmeise verwendet gerne Flechten und Spinnweben. Die betreffenden Arten liefern also das Nistmaterial, was für die Vögel positiv ist. Der Materialbedarf für den Nestbau ist meist so gering, dass die betreffenden Arten nicht geschädigt werden.

Das Nest des Zaunkönigs *(Troglodytes troglodytes)* besteht, wie das Bild zeigt, großenteils aus Moos. Im Schnabel hält er den Kotballen eines Jungvogels.

Der Ameisenhaufen, also der oberirdische Teil des Ameisennestes, besteht aus einer riesigen Menge vor allem von dürren Nadeln und Ästchen von Koniferen. Verschiedene pflanzliche Stoffe nutzen auch die Bienen, Wespen und Hornissen für den Bau ihrer Nester. Meist ist das pflanzliche Material abgestorben, sodass eine + 0-Beziehung vorliegt.

Im Vergleich zu den soeben erwähnten Nestern sind die als Nester dienenden Blattwickel der Blattroller-Käfer winzig. Der 6–8 mm große Haselblattroller *(Apoderus coryli)* fertigt aus einem Haselnuss-Blatt in vielen Schritten durch Querrollung einen Blattwickel an, der am Zweig hängen bleibt. In den Wickel kommen 1–4 Eier. Nur eine einzige der geschlüpften Larven überlebt und ernährt sich von ihrem Blatt. Der Schaden an diesem und auch jener, den die adulten Käfer verursachen, ist für den rasch wachsenden Haselstrauch *(Corylus avellana)* mengenmäßig völlig bedeutungslos, sodass von einer +0-Beziehung gesprochen werden kann. Ein ähnliches Verhalten zeigen auch andere Insekten, z. B. der glänzend rotbraune Eichenblattroller *(Attelabus nitens)*.

Der Haselblattroller *(Apoderus coryli)* hat diesen 3–4 cm langen Blattwickel hergestellt, in welchem sich entweder die Eier oder schon eine Larve befindet. Der Käfer ist auf die Blätter der Hasel *(Corylus avellana)* angewiesen; der Strauch wird praktisch nicht beeinträchtigt: Man kann also von einer +0-Beziehung sprechen.

So sieht der nur 6–8 mm große Haselblattroller aus der Nähe aus!

Spezielle Bewohner von Moos- und anderen Polstern (Symbol +0)

Einige nur wenige Millimeter große Tiere, z. B. bestimmte Arten von Fadenwürmern (Nematoda), Rädertierchen (Rotifera) und Hornmilben (Oribatida) sowie winzige Insekten, leben gerne im feuchten Milieu von Moosrasen und Falllaub – eine für die Tierchen positive Beziehung, auch wegen des Schutzes vor Fressfeinden. Bärtierchen (Tardigrada) leben ebenfalls in Polstern von Moosen und anderen Arten, sofern zwischen deren Sprossen ein Wasserfilm vorhanden ist. Die Tierarten der erwähnten

Die Bärtierchen *(Tardigrada)* bilden einen eigenen Stamm im Tierreich. Sie sind weniger als 1 mm groß und heißen so, weil sie sich mit ihren acht Beinchen so tapsig fortbewegen wie Bären. Bärtierchen kommen im Meer, im Süßwasser und an feuchten Orten vor; hier profitieren sie z. B. von feuchten Moospolstern. Das Rasterelektronenmikroskop-Bild zeigt die marine Art *Milnesium tardigradum*.

Gruppen ernähren sich u. a. von Streu und anderem abgestorbenem Material (eine + 0-Beziehung), tragen also zu dessen Zersetzung bei. Bestimmte Arten sind auch Algen- und Pilzfresser.

Selbstmedikation bei Tieren (Symbole + 0∆ und + – ∆)
Gemäß einer wissenschaftlichen Definition liegt eine Selbstbehandlung (Selbstmedikation) bei Tieren vor, wenn eine Substanz eindeutig ausgesucht und angewandt wird, präventiv oder heilend wirkt und dadurch das Überleben des Tiers oder seine Vermehrung sichert.
So sammeln bestimmte Ameisenarten kleine Harzklümpchen von Fichten *(Picea abies)* und transportieren sie in ihr Nest, wo sie sie verteilen. Es ist erwiesen, dass die vom Harz abgegebenen gasförmigen Stoffe die Vermehrung bestimmter krankheitserregender Pilze und Bakterien hemmen. Dies trägt zu einer größeren Überlebensrate der Arbeiterinnen und Larven der Ameisen bei.
Ähnlich sammeln auch Honigbienen an Bäumen verschiedene harzartige Substanzen und verarbeiten sie zusammen mit anderen Substanzen zu Bienenkittharz (Propolis), das an verschiedenen Stellen im Bienenstock angebracht wird und dort eine antibiotische Wirkung gegen Bakterien und Pilze hat.

Die Rossameise *(Camponotus)*, die in der oberen Bildmitte zu sehen ist, sammelt Harz an einem Nadelbaum. Dieses dient im Nest als Mittel gegen pathogene Pilze und Bakterien: eine indirekte, einseitig positive Beziehung zwischen Nadelbaum und Ameise.

Von Staren *(Sturnus vulgaris)* wird berichtet, dass sie Blüten von Wiesen-Schafgarbe *(Achillea millefolium)*, Schwarzem Holunder *(Sambucus nigra)* und anderen Pflanzen in ihr Nest tragen. Dort regen die aromatischen Inhaltsstoffe dieser Pflanzen das Immunsystem der Nestlinge an. Zudem wurde nachgewiesen, dass wegen des Duftes die Dichte an Krankheitserregern verringert wird. Der Schaden, der durch das Sammeln der Blüten an den erwähnten, sehr häufigen Pflanzen entsteht, ist so gering, dass eine +0-Beziehung vorliegt.

Blüten der Wiesen-Schafgarbe *(Achillea millefolium)* werden z. B. vom Star in sein Nest gebracht und wirken dort wahrscheinlich gesundheitsfördernd für die Nestlinge; es liegt also eine einseitig positive Beziehung vor.

Eine Spechtschmiede, was ist das? (Symbol +0)

Eine Spechtschmiede ist eine Ritze oder ein Spalt meist in einem Baum, in welche vor allem Spechte Eicheln, Nadelholz-Zapfen oder auch Käfer einklemmen, um aus ihnen die Nahrung besser herauspicken zu können. Ein ähnliches Verhalten zeigen auch die Singdrossel *(Turdus philomelos)*, der Kleiber *(Sitta europaea)* und einige

Eine Spechtschmiede mit eingeklemmten Kiefernzapfen, aus denen der Specht die nahrhaften Samen bequem herauspicken kann, was für ihn natürlich positiv ist.

Meisen-Arten (Gattung *Parus*). Manchmal bearbeitet der Specht, insbesondere der Buntspecht *(Dendrocopos major)*, sogar einen Spalt, damit das betreffende Nahrungsobjekt besser hineinpasst. Die genannten Vogelarten haben offenbar ein Suchbild für geeignete Spalten sowie die Fähigkeit, bestimmte Objekte in diese einzuklemmen – dies kann als Werkzeuggebrauch angesehen werden.

Viele verschiedene Tierarten ernähren sich von stehendem oder liegendem Totholz (Symbol +0)

Totholz ist für viele verschiedene Kleintierarten und andere Organismen eine Nahrungsquelle und wird dadurch abgebaut. Gemäß der Definition in Kap. 1.1 wird der Fraß von toten Organismen als positive Beziehung angesehen.

Die merkwürdige Ernährung der Hirschkäfer und anderer Schröter

(Symbole +0 und +0Δ)

Bei Hirschkäfern *(Lucanus cervus)* und anderen Arten der Käferfamilie der Schröter (Lucanidae) unterscheidet sich die Ernährung der adulten Käfer wie unten beschrieben grundlegend von jener der Larven. Diese schlüpfen aus Eiern, die das geweihlose Hirschkäfer-Weibchen bis 75 cm tief ins Erdreich vor allem bei Wurzeln einer absterbenden oder toten Eiche oder einer anderen Laubbaumart legt.

Der Hirschkäfer *(Lucanus cervus)* ernährt sich von Pflanzensäften, die an Wundstellen von verletzten alten Eichen oder anderen Laubbäumen austreten; es liegt also eine für den Käfer positive Beziehung vor.

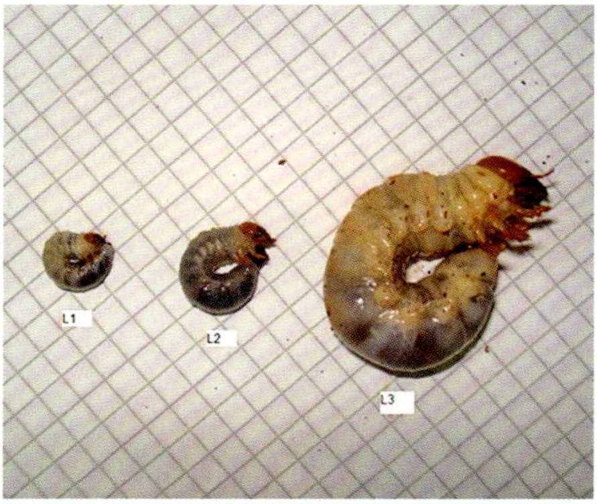

Die Hirschkäferlarven ernähren sich von Totholz, das durch Pilzbefall mürbe geworden ist (gemäß der Definition in Kap. 1.1.3 eine einseitig positive Beziehung). Dieses Material ist so nährstoffarm, dass die Entwicklung vom Ei bis zum fertigen Käfer 3–5, selten bis 8 Jahre dauert.

3.3 Positive Beziehungen zwischen Pflanzenarten

Die Waldkräuter und -gräser profitieren vielfach vom Klima im Laubwald (Symbol +0 und +0Δ)

Wie bereits am Anfang von Kap. 3.2 kurz erwähnt, ist das Mikroklima des Waldes für viele Pflanzen, Tiere und Pilze von ausschlaggebender Bedeutung. In einem dichten Laubwald ist es gesamthaft gesehen derart dunkel, dass viele Freiland-Pflanzenarten in ihm nicht wachsen können. Dies begünstigt indirekt die schattenertragenden Waldpflanzen wie den Wald-Sauerklee *(Oxalis acetosella)*, die Wald-Segge *(Carex sylvatica),* das Gewöhnliche oder Wald-Hexenkraut *(Circaea lutetiana)* und den Purpurlattich (Purpur-Hasenlattich, *Prenanthes purpurea*) sowie viele Waldmoose.

Der Purpur-Hasenlattich (Purpurlattich, *Prenanthes purpurea*) kommt vor allem im Wald vor, oft an Stellen, wo nur ab und zu direkte Sonnenbestrahlung hinfällt, also an sogenannten Sonnenflecken. Der Wald bietet dieser Schatten ertragenden Art die Möglichkeit zu gedeihen: eine positive Wirkung.

Eine andere Möglichkeit, dem Lichtmangel in einem Laubwald auszuweichen, nutzen die Frühjahrsblüher. Diese Kräuter entwickeln sich in den ein bis zwei Monaten, bevor das Blätterdach geschlossen ist. Die meisten dieser Pflanzen haben Rhizome, also unterirdische, stängelartige Reserveorgane, oder sie haben Zwiebeln mit Nährstoffreserven; beides ermöglicht ihnen, im Frühling rasch auszutreiben und dann zu blühen. Gleichzeitig speichern sie sofort auch Reservestoffe für den Austrieb im Folgejahr. Im Sommer sieht man von diesen Arten kaum mehr etwas. Typische Beispiele sind das Vielblütige Salomonssiegel (Vielblütige Weißwurz, *Polygonatum multiflorum*) und der Bärlauch *(Allium ursinum)*. Auch das Busch-Windröschen *(Anemone nemorosa)* gehört in diese Pflanzengruppe. Sein Vorkommen an Waldrändern und in mageren Wiesen zeigt allerdings, dass es nicht sehr auf die Bedingungen im Wald angewiesen ist.

Das Busch-Windröschen *(Anemone nemorosa)* bildet im Frühling in Laubwäldern oft prächtige große weiße Teppiche. Diese und viele weitere in Frühling blühende Waldkräuter profitieren von den Klimabedingungen, die ihnen der Wald bietet. Von diesen Arten sieht man im Spätsommer nicht mehr viel, da sie dann die Nährstoffe aus den Blättern in die Wurzeln zurückgezogen haben, als Reserve für das Folgejahr. Die Blätter welken danach und werden vor allem von Pilzen und Bakterien abgebaut.

Im Blätterdach werden Nährstoffe abgelagert, die allen Waldpflanzen zugutekommen (Symbol + +)

Das Blätterdach eines Waldes hat eine Oberfläche, die, je nach Baumart, 3- bis 10-mal größer ist als die entsprechende Bodenfläche. Auf dieser Blattfläche lagern sich feinste Schwebeteilchen (Aerosole) und Staubpartikel, die sogenannte Trockendeposition, ab. Diese enthält u.a. Stickstoffverbindungen, im Schweizer Wald durchschnittlich etwa 14 kg N pro Hektar und Jahr (BUWAL 2005). Früher war der Wert wegen geringerer Luftbelastung kleiner. Die Trockendeposition stammt vor allem aus der Verbrennung von Treibstoffen und aus dem Entweichen von Stickstoffverbindungen bei der Düngung landwirtschaftlicher Flächen. Die Trockendeposition wird dann mit dem Regen vom Laub der Bäume auf den Boden gespült oder sie gelangt mit dem Laubfall auf den Boden, wo die Nährstoffe – vor allem der Stickstoffverbindungen – allen Pflanzen zugutekommen. Die Bäume düngen über diese Nährstoffzufuhr also sich selbst und auch die anderen Pflanzen. Dementsprechend liegt eine positive Wirkung vor (die aber natürlich keine positive Art-zu-Art-Beziehung ist, siehe Kap. 1.1).

Im Blätterdach dieses Laubwaldes lagern sich Staub und feinste Schwebeteilchen ab, die u. a. Pflanzennährstoffe enthalten (Trockendeposition). Diese Stoffe werden durch die Niederschläge auf den Boden geschwemmt oder sie gelangen mit dem Laubfall auf diesen. Dort dienen vor allem die Stickstoffverbindungen als Nährstoff für die Pflanzen: eine positive Wirkung.

Die mit Regen, Schnee und Nebel auf das Blätterdach treffende Nassdeposition enthält natürlich ebenfalls Stickstoffverbindungen und andere Nährstoffe. Die Menge dieser Deposition wird aber vom Blätterdach des Waldes meist nur schwach beeinflusst, es liegt also keine Beziehung vor. Die trockene wie die Nass-Deposition enthalten oft auch Schadstoffe, z. B. Schwefel- und andere chemische Verbindungen. Hier sei noch auf die in Kap. 3.5 beschriebene biologische Stickstofffixierung hingewiesen, bei der es sich aber um einen völlig anderen Prozess handelt.

Flachwurzler profitieren vom Nährstofflift der Tiefwurzler (Symbol +0)

Tiefwurzler wie Rot-Buche *(Fagus sylvatica)* und Eiche (Gattung *Quercus*) nehmen Nährstoffe und Spurenelemente aus tiefen Bodenschichten auf und bauen sie vor allem in ihre Blätter und Rinde ein. Mit dem Falllaub gelangen die Nährstoffe, insbesondere auch Kohlenstoffverbindungen, auf den Boden, wo sie von Kleintieren, Pilzen und schließlich von Bakterien z. T. in Humus und in eine Form umgebaut (mineralisiert) werden, die von den Pflanzen aufgenommen werden kann. Im Lauf von Jahrhunderten sammeln sich der Humus und die Nährstoffe in den oberen Bodenschichten an. Davon profitieren insbesondere die Flachwurzler wie der Waldmeister *(Galium odoratum)*, das Vielblütige Salomonssiegel (Vielblütige Weißwurz, *Polygonatum multiflorum*) und einjährige Arten mit oberflächlichem Wurzelwerk. Natürlich gibt es zwischen den flach wurzelnden und den tief wurzelnden Pflanzenarten lokal auch eine Konkurrenz um Nährstoffe und Wasser.

Für einen 125-jährigen Buchenwald bei Göttingen liegen zum Pflanzennährstofflift genaue Daten vor (Ulrich & Mayer 1973). Dort sind im Bodenwasser die Gehalte der Nährelemente Na, K, Ca, Mg, Fe und Mn in der Humusschicht und in 50 cm Bodentiefe wesentlich größer als in 100 cm Tiefe. Dies ist einerseits auf den Nährstofflift, andererseits auch auf die residuale Anreicherung dieser Elemente zurückzuführen. Darunter versteht man, dass die verschiedenen chemischen Elemente von den Niederschlägen unterschiedlich stark in tiefere Bodenschichten ausgewaschen werden. Dies hat eine (indirekte) Anreicherung der nicht ausgewaschenen Elemente zur Folge. Fixierung an den Humus im Oberboden spielt für die unterschiedlichen Gehalte an Nährelementen in einem Boden ebenfalls eine wichtige Rolle.

Eine weitere, für Ökosysteme an Steilhängen *positive Wirkung von Tiefwurzlern* ist, dass sie den Boden zusammenhalten und so auch flach wurzelnden Arten das Vorkommen ermöglichen.

Nährstofflift: Die großen dicken Wurzeln der Rot-Buchen *(Fagus sylvatica)* und Stiel-Eichen *(Quercus robur)* nehmen Nährstoffe, z. B. Phosphat, aus tiefen Bodenschichten auf und bauen sie in Laub und Äste ein, die dann im Herbst auf den Boden fallen. Dort wird dieser Detritus von Kleintieren, Pilzen und Bakterien abgebaut, wobei Nährstoffe freigesetzt werden, die sich im Verlauf vieler Jahre im Oberboden ansammeln und dort dann den Flachwurzlern zugutekommen. Zu Letzteren gehören das Maiglöckchen (*Convallaria majalis*, mit weißlichen Wurzeln) und das Leberblümchen (*Hepatica nobilis*, braune Wurzeln rechts vor dem Stein).

Wasserzufuhr auch zu Nachbarpflanzen über den hydraulischen Lift (Symbol +0)

Durch den hydraulischen Lift wird in Wurzeln während der Nacht (wenn die Spaltöffnungen großenteils geschlossen sind, also keine Wasserabgabe der Blätter durch Transpiration stattfindet) Wasser aus tiefen, also relativ feuchten Bodenschichten in trockenere oberflächennahe Wurzeln gesaugt. Von dort gelangt das Wasser passiv in den Boden, sofern dieser noch trockener ist als die oberflächennahen Wurzeln. Dieses Wasser steht dann benachbarten, flach wurzelnden Pflanzen zur Verfügung: eine positive Beziehung. Dieses Phänomen kommt vor allem in Trockengebieten vor. Es wurde aber auch im feucht-gemäßigten Nordosten der USA zwischen großen Bäumen des Zucker-Ahorns *(Acer saccharum)* und mehreren Arten der Krautschicht festgestellt (Callaway 2007, S. 20–22). Das dortige Wald-Ökosystem ist ähnlich wie der mitteleuropäische Laubwald. Somit ist anzunehmen, dass auch in Letzterem während Trockenperioden der hydraulische Lift eine Rolle spielt.

Lebende und abgestorbene Bäume sind Lebensort für andere Pflanzen und Flechten (Symbol +0)

Es kann leicht beobachtet werden, dass lebende Baumstämme und -äste ein Lebensraum für ganz verschiedene Moose, Flechten und Beläge von Grünalgen sind. Alle diese Arten dringen nicht in die lebenden Teile des Baumes ein, sind also keine Parasiten, sondern sogenannte Aufsitzerpflanzen (Epiphyten). Diese profitieren vom größeren Lichtgenuss auf einem Baum in Vergleich zu jenem auf der Bodenoberfläche. Zudem können die Epiphyten Wasser und Nährstoffe aus der Nass- bzw. der Trockendeposition (siehe oben) und aus dem Stammabfluss des Baumes aufnehmen. Aus *abgestorbenen* Bäumen nehmen die erwähnten Epiphyten, Flechten und insbesondere auch Pilze Nährstoffe nicht nur von der Oberfläche, sondern auch aus dem Innern des Totholzes auf. Gesamthaft gesehen liegen also verschiedene einseitige Förderungen vor.

Moose, die auf lebenden Bäumen wachsen, sind z. B. das Eichhörnchenschwanz-Moos *(Leucodon sciuroides)* und das sehr häufige Schlafmoos *(Hypnum cupressiforme)*. Vor allem auf Totholz kommen z. B. das Georgsmoos (Vierzahnmoos, *Tetraphis pellucida*) und das Kammkelchmoos *(Lophocolea heterophylla)*, ein Lebermoos, vor.

Unter den baumbewohnenden Flechten können z. B. die Gewöhnliche Blasenflechte *(Hypogymnia physodes)* und die Gelbflechte *(Xanthoria parietina)* genannt werden. Praktisch alle genannten Moos- und Flechtenarten können auch auf stark zersetztem liegendem Holz, auf Boden und auf Steinen wachsen.

Das Eichhörnchenschwanz-Moos *(Leucodon sciuroides)* wächst u. a. auf lebenden sowie auf abgestorbenen Baumstämmen. Dort hat es relativ günstige Wachstumsbedingungen hinsichtlich Feuchtigkeit, Nährstoffversorgung und Licht.

Die Sulcatflechte *(Parmelia sulcata)* kommt häufig auf der Rinde von alten Laubbäumen vor, die sie aber nicht beeinträchtigt, da sie nicht in lebendes Gewebe eindringt. Somit liegt eine für die Flechte einseitig positive Beziehung vor. Dass Flechten eine Symbiose zwischen einem Pilz und Grünalgen oder Cyanobakterien sind, wird in Kap. 3.5 beschrieben.

Nicht nur in tropischen Urwäldern, sondern selten auch in mitteleuropäischen Wäldern wachsen sogar Blütenpflanzen auf lebenden alten Bäumen. Der Spezialfall der Mistel *(Viscum album)* wurde bereits in Kap. 3.2.1 beschrieben.
In liegendem, totem, sich zersetzendem Holz ist die Versorgung bestimmter Pflanzenarten mit Wasser sowie mit Nährstoffen aus den Ausscheidungen von Insekten und anderen Tieren meist besser als im Waldboden. Deshalb siedeln sich dort, je nach Baumart und Zersetzungsgrad, verschiedene Moose an, z. B. das Etagenmoos *(Hylocomium splendens),* sowie einige Farne und Blütenpflanzen. Zu den Letztgenannten gehört die Heidelbeere *(Vaccinium myrtillus).*

Die Heidelbeere (Blaubeere, *Vaccinium myrtillus*) kommt in Wäldern, Heiden und Mooren auf sauren Böden vor sowie auch auf sich zersetzendem Totholz, aus dem sie Nährstoffe aufnimmt.

Totholz, das von Moosen, Gräsern, Gewöhnlichem oder Wald-Sauerklee *(Oxalis acetosella)* und anderen Pflanzen überwachsen ist.

den *Honigtau.* Dessen Duft lockt bestimmte Ameisenarten an, die ihn aufsaugen und z. T. selber verdauen, meist aber im Kropf ins Nest transportieren, wo er ausgewürgt und von Jungtieren gefressen wird. Wenn Ameisen die Blattläuse mit ihren Antennen betrillern, scheiden die Tierchen vermehrt Honigtau aus, was als Melken bezeichnet wird! Als Gegenleistung für den Honigtau verteidigen die Ameisen die Blattläuse gegen Fressfeinde, insbesondere Marienkäfer- und Florfliegenlarven, aber auch gegen Spinnen. Der Honigtau ist der Lohn für diese Schutzleistung und wird deshalb als *Polizistenfutter* bezeichnet. Es liegt also eine für beide Partner positive Beziehung vor. Unter vielen Forschungsergebnissen zur Blattlaus-Ameisen-Symbiose ist eines der verblüffendsten, dass bestimmte Ameisenarten Blattlaus-Larven regelrecht von unergiebig gewordenen Saugorten zu ergiebigeren transportieren, z. B. zu frischen jungen Pflanzentrieben. Ein großes Ameisenvolk kann in einem Jahr bis zu 200 Liter Honigtau sammeln und in sein Nest transportieren.
Unter bestimmten Bedingungen werden die Blattläuse von den Ameisen aber auch gefressen, was für sie negativ, für die befallene Pflanze natürlich positiv ist. Andererseits können Blattläuse auch pflanzenpathogene Viren übertragen. Die Symbiose bestimmter Blattlausarten mit Bakterien in ihrem Darm wurde bereits in Kap. 2.4 beschrieben.

Eine Ameise beim Hüten ihrer Blattläuse. Ameisen saugen den von Blattläusen ausgeschiedenen Honigtau als Nahrung auf und schützen die Blattläuse dafür vor Fressfeinden wie Marienkäfern und Florfliegen sowie deren Larven: eine wechselseitig positive Beziehung. Der Honigtau wird in dieser Beziehung auch als Polizistenfutter bezeichnet.

Außer von Ameisen wird Honigtau auch von anderen Insekten aufgeleckt, z. B. von Honigbienen, bestimmten Wildbienen, Wespen, Fliegen und Zikaden sowie sogar von Schmetterlingen; hier liegt eine allerdings meist nur einseitig positive Beziehung vor.

Auf verschiedenen Nadelbaumarten lecken Honigbienen den Honigtau auf, der von Schild- und Rindenläusen ausgeschieden worden ist, und stellen daraus den sogenannten Waldhonig her.

Honigtau führt oft zu klebrigen Belägen auf den Blättern, auf denen sich dann schwärzliche Beläge aus sogenannten Rußtau-Pilzen *(Capnodiales)* bilden. Beide Typen von Belägen sind für die Pflanzen negativ, da sie die Poren verstopfen und die Fotosynthese beeinträchtigen. Klebrige Tropfen von Honigtau können auch auf dem Boden sowie auf Fahrzeugen festgestellt werden, die unter Bäumen mit vielen Blattläusen parkiert sind.

Kleintiere, die den Boden durchlöchern und -mischen, fördern dadurch andere Kleintiere (Symbol + +)

Dieses Phänomen wurde bereits in Kap. 3.2.1 besprochen.

Belauschen anderer Arten zum eigenen Vorteil (Symbole +0 und + +)

Ein bekanntes Beispiel hierfür ist, dass verschiedene Vogelarten und Eichhörnchen fliehen, wenn sie das laute Rätschen eines Eichelhähers hören. (Diesen Alarmlaut gibt der Vogel primär zugunsten von Artgenossen von sich, wenn er etwas Fremdes im Wald feststellt, z. B. einen Spaziergänger.) Ein Belauschen (Mithören) von Rufen anderer Arten zum eigenen Vorteil kommt zwischen vielen verschiedenen Tierarten vor (englisches Fachwort: *eavesdropping*) und kann von bestimmten Arten sogar erlernt werden. Es dient dem eigenen Schutz vor Fressfeinden, aber auch dem Auffinden und sogar dem Stehlen von Nahrung.

Der Eichelhäher *(Garrulus glandarius)*. Sobald er etwas Außergewöhnliches sieht oder hört, rätscht er lautstark und warnt dadurch andere Vogelarten, Rehe und weitere Tiere, was für diese natürlich positiv ist.

Bestimmte Vogelarten haben einen sogenannten Luftalarmruf, mit dem z.B. vor einem im Wald jagenden Sperber *(Accipiter nisus)* gewarnt wird. Dieser Ruf, ein lang gestrecktes, hohes, leicht abfallendes «Sieeh», ist bei mehreren Vogelarten sehr ähnlich. Aufgrund der hohen Tonlage ist die Herkunft des Rufes für den Greifvogel schwer zu orten; es werden somit nicht nur Artgenossen, sondern auch andere Vogelarten gewarnt. (Information von M. Nuber, Vogelwarte Sempach).
Fast romantisch muten neueste experimentell untermauerte Ergebnisse von Lilly et al. (2019) an. Sie stellten in Parks in Ohio (USA) fest, dass Grauhörnchen *(Sciurus carolinensis)* sich vor Angriffen des Rotschwanz-Bussards *(Buteo jamaicensis)* sicher fühlen, wenn sie in der Umgebung «normales» Vogelgezwitscher hören. Vielleicht kommen ähnliche Phänomene auch in Mitteleuropa vor.

Federn, Haare und sogar Spinnenseide für den Nestbau (Symbol +0)
Die Nester des Eichhörnchens *(Sciurus vulgaris)* und des Stars *(Sturnus vulgaris)* enthalten unter anderem Federn, das Nest der Schwanzmeise *(Aegithalos caudatus)* sogar Spinnenseide. Andere Tierarten polstern ihr Nest mit Haaren oder Wolle weich aus. Für die Nestbauer ist die Beziehung positiv, für die Materiallieferanten wohl unbedeutend; darum kann sie mit dem Symbol +0 charakterisiert werden.

Die Schwanzmeise *(Aegithalos caudatus)* benützt u. a. Spinnfäden für den Bau ihres Nestes. Für die Spinnen ist dies nicht negativ, da sie ihre Netze sowieso regelmäßig erneuern; also liegt eine +0-Beziehung vor.

Vogelnestgäste (Symbole +0 aber auch + −)

Es gibt eine ganze Reihe von Insekten und Spinnentieren, die davon profitieren, in einem Vogelnest als sogenannte Untermieter zu wohnen. Zu diesen Nestgästen (Nidikolen) gehören verschiedene Milben, Pseudoskorpione und Käfer. Die meisten von ihnen leben parasitisch auf den Vögeln bzw. den Nestlingen, eine negative

Beziehung. Eine Ausnahme ist der nur 5–8 mm große Erd- oder Knochenkäfer *(Trox scaber)*, dessen Adulte und Larven sich von toten Tieren sowie von abgestorbenen Hautteilen, Fell und Federn ernähren, was gemäß unseren Definitionen als +0-Beziehung klassiert werden kann.

Der Knochenkäfer *(Trox scaber)* lebt in Vogelnestern und ernährt sich von abgestoßener Haut, Federn und Kadavern, was für ihn positiv und den betreffenden Vogel bedeutungslos, eventuell sogar positiv ist.

Spatzen (Haussperling, *Passer domesticus*) nisten manchmal in Nestern des Weißstorches *(Ciconia ciconia)*, was z. B. im Basler Zoo beobachtet werden kann. Sie profitieren dann davon, dass sogenannte Luftfeinde, also Greifvögel, sich nicht in die Nähe von Storchennestern wagen.

In den Elbauen bei Hamburg nisten Stare *(Sturnus vulgaris)* in der Nähe von Horsten des Seeadlers *(Haliaaetus albicilla)*, der vor allem Fische frisst. Dort sind die Stare vor Falken und Sperbern geschützt, denn diese Arten wagen sich nicht nahe an die Adlerhorste. Es liegt also eine für den Star einseitig positive Beziehung vor.

Nachnutzung verlassener Spechthöhlen durch ganz verschiedene Tierarten (Symbol 0 +)

Vor allem der Schwarzspecht *(Dryocopus martius)* und der Große Buntspecht *(Dendrocopus major)* bohren mit ihren starken Schnäbeln recht große Höhlen in alte Bäume. Bei der Vergrößerung der Höhlen spielen oft auch Pilze indirekt eine positive Rolle (siehe Kap. 3.6).

Aus diesem Baumstamm konnte ein Specht offenbar viel Nahrung gewinnen. Verlassene Spechthöhlen werden von ganz verschiedenen Vogelarten sowie von Insekten und sogar von Fledermäusen als Schlaf- und Nistplatz genutzt.

Allgemein bekannt ist, dass sich in verlassenen Spechthöhlen verschiedene Nachnutzer (Nachmieter) einnisten können; die unten stehende Abbildung illustriert dies. Der Specht hat von den Nachnutzern nichts, sodass +0-Beziehungen vorliegen. Aus Wäldern in der Nordschweiz bei Brugg liegen dazu Angaben vor (Hartmeier, 2014). So nutzten dort insgesamt 34 Singvogelpaare aus 11 Arten sowie je ein Siebenschläfer- *(Glis glis)* und ein Fledermauspaar (Großer Abendsegler, *Nyctalus noctula*), also insgesamt 72 Tiere sowie ihre Jungen fast die Hälfte der insgesamt 83 untersuchten verlassenen Spechthöhlen, meist des Buntspechts.

Raufußkauz
Aegolius funereus

Hohltaube
Columba oenas

Star
Sturnus vulgaris

Hornisse
Vespa crabro

Schwarzspecht
Dryocopus martius

Siebenschläfer
Glis glis

Eichhörnchen
Sciurus vulgaris

Großer Abendsegler
Nyctalus noctula

Baummarder
Martes martes

Einige typische Nachnutzer, die von verlassenen Höhlen des Schwarzspechtes *(Dryocopus martius)* profitieren. Diese Abbildung kann gemäß Kap. 1.7 auch als Förderungskonstellation um den Specht angesehen werden.

In Europa wurden nicht weniger als 58 Tierarten festgestellt, die verlassene Höhlen des Schwarzspechtes als Nachnutzer bewohnen, für diese Tierarten jeweils eine einseitig positive Beziehung. Andererseits gibt es auch sogenannte Höhlenkonkurrenten, die den Spechten ihre Höhle streitig machen, z. B. der Star *(Sturnus vulgaris)*. Ein ganz spezieller Nachnutzer ist der Eremit *(Osmoderma eremita)*, ein mit den Rosenkäfern verwandter, 2–4 cm kleiner brauner Käfer. Er lebt praktisch zeitlebens im sich zersetzenden Mulm verlassener Spechthöhlen.

Eine weitere Nachnutzung: Bestimmte Vogelarten nisten in verlassenen Nestern anderer Vogelarten (Symbol + 0)

Dies ist z. B. von Baum-, Wander- und anderen Falkenarten bekannt: Sie nutzen je nach Art und Gebiet die verlassenen Nester anderer Greifvögel sowie von Reihern, Kolkraben und Krähen: eine einseitig positive Beziehung.

Der Turmfalke *(Falco tinnunculus)* baut, wie alle Falken, kein Nest, sondern nutzt Fels- und Mauernischen oder verlassene Nester vor allem von Krähen *(Corvus corone)* als Nistorte. Er profitiert also von dieser Vogelart.

Nachnutzung von Fraßgängen von Käfern und anderen Insekten (Symbole + 0, + +, + 0Δ)

Es gibt viele Arten von Käfern und anderen Insekten, die Fraßgänge in Holz, Kot oder Kadaver bohren; oft sind es allerdings nicht die adulten Käfer, sondern deren Larven. In verlassene Käferfraßgänge in Totholz oder morschen Baumstrünken bauen u. a. verschiedene Arten von Wildbienen ihre oft sehr komplexen Nester. Die Käfer haben von diesen neuen Bewohnern nichts, sodass eine + 0-Beziehung vorliegt.

Die Hahnenfuß-Scherenbiene *(Chelostoma florisomne = Osmia florisomne)* baut die Nester für ihre Nachkommen gerne in Hohlräume, z. B. in verlassene Käferfraßgänge; sie profitiert also von diesen.

Ein ganz anderer Fall von Nachnutzung ist der folgende: Fuchs, Greifvögel und andere Fressfeinde reißen ihre Beute auf und machen sie so für andere Fleischfresser sowie für Pilze und Bakterien zugänglich.

Einemsen: Eine merkwürdige positive Beziehung zwischen Vögeln und Ameisen

(Symbol +0)

Eichelhäher, Spechte und andere Vogelarten setzen sich manchmal auf Ameisenhaufen und lassen sich mit Ameisensäure besprühen oder reiben ihre Flügel gar mit Ameisen, die sie im Schnabel halten, ein: Diesen Vorgang nennt man Einemsen. Es wird vermutet, dass er der Gefiederpflege und der Bekämpfung von Parasiten, insbesondere von Milben, aber vielleicht auch von Pilzen und Bakterien, dient, also eine Form von Selbstmedikation ist (siehe auch Kap. 3.2.3). Labortests ergaben, dass parasitische Federläuse (Mallophaga, kleine flügellose Insekten) schon durch den Geruch von Ameisensäure getötet werden können. Einemsen wurde auch bei Eichhörnchen und Hermelin beobachtet. Sofern die Vögel oder anderen Tiere keine Ameisen fressen, ist deren Beeinträchtigung wohl unbedeutend, sodass eine +0-Beziehung vorliegt.

Ähnlich wie das Einemsen ist auch das Selbst-Einschmieren mit stark riechenden Substanzen wie Kot, wie es z. B. beim Igel vorkommt. Die Funktion dieser Aktivität ist unklar.

Eichelhäher *(Garrulus glandarius)* lassen sich auf einem Ameisennest mit Ameisensäure besprayen. Dies dient höchstwahrscheinlich der Eindämmung von parasitischen Insekten, Pilzen und Bakterien, ist also für die Vögel positiv.

Feldexperiment zum Nachweis der Ameisensäure: Man kann auch selbst leicht testen, wie Ameisen ihre Säure verspritzen. Dazu legt man ein großes Pflanzenblatt einige Sekunden auf einen Ameisenhaufen, nimmt es wieder weg und riecht dann daran: stechend sauer! Ein anderer Test ist, blaue Blüten, z. B. von Glockenblumen, Akelei oder Enzianen, auf einen Ameisenhaufen zu legen. Nach kurzer Zeit sind im Blau kleine rote Punkte von der Säure zu erkennen, die die Ameisen injiziert haben. Denn viele blaue Pflanzenfarbstoffe, Anthocyane genannt, färben sich durch Säure rot.

Ameisen und andere Insekten als Gesundheitspolizei (Symbol + +)

Diese positive Beziehung ist recht bekannt und wurde bereits in Kap. 1.5 kurz beschrieben. Ameisen und andere Insekten fressen oder vergraben die Kadaver kranker Tiere und verhindern so die Ausbreitung von Krankheiten bei der betreffenden Art. Auch die Eliminierung von Pflanzenschädlingen durch Fressfeinde, auch hier wieder oft Ameisen, wird manchmal als Gesundheitspolizei-Wirkung bezeichnet.

Ameisen dämmen als «Ökopolizistinnen» Zecken ein, was für deren Wirte positiv ist

(Symbol +0Δ)

Neueste Untersuchungen belegen, dass in Wäldern der Nordwestschweiz rings um die Nester der Kahlrückigen Waldameise *(Formica polyctena)* die Häufigkeit von Zecken (Holzbock, Gattung *Ixodes*) reduziert ist, und zwar umso mehr, je größer das Ameisennest ist. Es ist anzunehmen, dass die Ameisen die Larven und Nymphen oder sogar die adulten Zecken fressen. Dies kommt u. a. vielen Säugetieren (und dem Menschen) zugute, denn Zecken können die Erreger der Borreliose und Frühsommer-Meningoenzephalitis übertragen. Somit liegt eine indirekte positive Wirkung der Ameisen für die Wirbeltiere bzw. ihre Gesundheit vor.

Die Kahlrückige Waldameise *(Formica polyctena)*, auch Kleine Rote Waldameise genannt, dämmt wohl mancherorts rings um ihr Nest die Population der Zecken ein. Für die Säugetiere und den Menschen ist es natürlich positiv, wenn es weniger dieser gefährlichen Parasiten gibt.

Eine Zecke (Gemeiner Holzbock, *Ixodes ricinus*) auf der Haut.

Zu den Aasfressern gehören Tierarten aus ganz verschiedenen Gruppen

(Symbol +0)

Zu den Aasfressern gehören u. a. manche Säugetiere, z. B. der Fuchs, viele Vogelarten (Geier und bestimmte Rabenvögel), Insekten (Aasfliegen, Aaskäfer usw.) sowie bestimmte Würmer. Nach unserer Definition liegt beim Fressen von Aas eine einseitig positive Beziehung vor, denn der Aasfresser profitiert, wogegen das tote Tier von der Beziehung natürlich nichts hat.

Besonders interessant ist das Ernährungsverhalten des Totengräbers *(Nicrophorus vespilloides)*, das im Folgenden vereinfacht dargestellt wird. Durch den Aasgeruch angezogen, finden diese 1–2 cm großen Käfer den Kadaver z. B. einer Maus. Gemeinsam mit dem Weibchen unterhöhlt das Männchen den Kadaver, wodurch dieser leicht in den Boden einsinkt und dann mit einer Laubschicht bedeckt wird. In ein oder zwei Gänge neben dem Kadaver legt das Weibchen seine Eier. Es besteht aber das Problem, dass das Aas im feuchten Erdreich durch die Wirkung von Pilzen und Bakterien verfaulen kann, wodurch stinkende Giftstoffe entstehen, Krankheitserreger auftreten und der Nährwert für den Käfer abnimmt. Neueste Untersuchungen zeigen, dass das Weibchen ihre Exkremente, die spezielle symbiotische Mikroorganismen enthalten, in das Aas spritzt. Diese ersetzen die normalerweise den Kadaver überwachsenden Schimmel- und anderen Pilze. Die Verwesung wird also gebremst

Totengräber *(Nicrophorus vespilloides)* ernähren sich von einem Kleinsäuger-Kadaver; dies ist für sie positiv, für den Kadaver bedeutungslos (Beziehung + 0). Damit der von den Käfern in den Boden eingegrabene Kadaver nicht verfault und damit als Nahrung für die Käferlarven ausfällt, spritzt das Käferweibchen Antibiotika produzierende Mikroorganismen in das Aas. Zwischen dem Aaskäfer und den speziellen Mikroorganismen liegt also eine positive Beziehung vor.

und die Käferlarven, die aus den Eiern schlüpfen und zum Aas wandern, können sich von diesem ernähren. Die adulten Käfer fressen übrigens Fliegen- und Mückenlarven sowie Kadaver kleiner Wirbeltiere.

Viele Tierarten, darunter sogar gewisse Schmetterlinge, ernähren sich von Exkrementen (Symbol + 0)

Kot besonders von Warmblütern des Waldes wie Reh, Hirsch und Fuchs sind die Nahrung für eine ganze Reihe von Tierarten. Für die Erzeuger haben die Ausscheidungen hingegen keine Bedeutung (wenn man davon absieht, dass Stoffausscheidung lebensnotwendig ist); es liegt also eine + 0-Beziehung vor. Neben den Dung- und den Aasfliegen gehören vor allem die Mistkäfer, z. B. der rundliche, knapp 2 cm große, schwarze Waldmistkäfer *(Anoplotrupes stercorosus),* zur Gruppe der Tiere, die Kot fressen. Dieser dient nicht nur den adulten Waldmistkäfern als Nahrung, sondern auch ihren Nachkommen. Das Käferpaar gräbt bis 80 cm tiefe Gänge in den Boden. An deren Enden legt das Weibchen je ein Ei in vorher deponierten Kot,

Einige Exemplare des Großen und des Kleinen Schillerfalters (*Apatura iris,* im Vordergrund; *A. ilia* mit orangen Fühlerspitzen) saugen als Nahrung Zersetzungssäfte aus einem toten Frosch *(Rana temporaria),* von dem man rechts im Bild einen kleinen Teil sieht. Es liegt gemäß der Definition in Kap. 1.1.4 eine einseitig positive Beziehung vor.

von dem sich dann die Larve ernährt. Nach der Verpuppung schlüpfen im Folgejahr die jungen Käfer.
Übrigens breiten kotfressende Käfer und andere Tiere mit ihren eigenen Ausscheidungen kleine Samen, Sporen und Bakterien aus (Beziehungstypen + + und +0). Neben vielen anderen Tierarten ernähren sich auch wunderschöne Tagfalter wie der Große Schillerfalter *(Apatura iris)* unter anderem von flüssigen Exkrementen und von Säften aus Kadavern; wiederum eine Beziehung des Typs +0.

Rendezvous-Plätze für Geschlechtspartner (Symbole +0 und +0Δ)

Oft sind Ausscheidungen und Kadaver die Treffpunkte und danach Paarungsorte für bestimmte Tierarten, z. B. Greifvögel, kleine Raubtiere, Schmeißfliegen, Mistkäfer und Schmetterlinge (siehe oben). Hier liegt also eine weitere positive Beziehung vor zwischen den Kot- und Aasfressern auf der einen Seite und den Tierarten, von denen der Kot bzw. der Kadaver stammt, auf der anderen Seite. Auch an Saftaustrittstellen am Fuß verletzter Baumstämme können Individuen einer Art, z. B. von bestimmten Käfern, zusammentreffen und sich paaren.

Tarnung: Eine Art wird dadurch geschützt, dass sie optisch mit der Umwelt verschmilzt (Symbol +0Δ)

Tarnung, Mimese und Mimikry bezeichnen einseitige oder wechselseitige positive Beziehungen zwischen verschiedene Arten. Die drei Begriffe werden oft ganz unterschiedlich verwendet und es gibt viele Übergänge zwischen ihnen. Eine Tabelle in Kap. 1.4.3 zeigt, wie die Begriffe in diesem Buch verwendet werden. Hier folgen zunächst zwei Beispiele von Tarnung.

Die Raupe des Zitronenfalters *(Gonepteryx rhamni)* ist durch ihre grüne Farbe vor Vogelfraß einigermaßen geschützt: eine indirekte positive Beziehung zwischen Raupe und Pflanze.

Der während des Tages ruhig im Geäst sitzende Waldkauz *(Strix aluco)* ist so gut getarnt, dass er aus Distanz kaum erkannt werden kann, was für ihn positiv, für seine Beutetiere hingegen negativ ist. Letztere sind vor allem Kleinsäuger, z. T. auch Vögel, die der Waldkauz während der Dämmerung oder nachts jagt.

Tarnung kann auch bezüglich des Gehörs, des Geruchs und des Tastsinns vorhanden sein.

Mimese ist eine besondere Form der Tarnung (Symbol +0Δ)

Mimese ist das Phänomen, dass ein Lebewesen ähnlich wie ein Teil des Lebensraumes aussieht, sichtbar bleibt, aber z. B. von Fressfeinden nicht als solches, z. B. als Beute, erkannt wird.

Ein besonders interessantes Beispiel von Mimese liegt bei der Erlen-Rindeneule *(Acronicta alni)* vor: Die jungen Raupen dieser Nachtfalterart sehen wie Vogelkot aus (Vogelkotmimese). Die älteren Raupen hingegen haben auf ihrem schwarzen Rücken große gelbe Flecken und imitieren damit die Färbung wehrhafter Insekten wie Wespen und Bienen – ein Beispiel von Schutzmimikry (siehe unten).

Die Kupferglucke (*Gastropacha quercifolia*, ein Nachtfalter) sieht aus wie ein umherlaufendes bzw. -fliegendes, dürres Blatt: Mimese. Flügelspannweite bis 7 cm. Raupennahrung: Schlehen- und Obstbaumblätter.

Die junge Raupe der Erlen-Rindeneule (*Acronicta alni*), einer Nachtfalterart, zeigt eine klare Vogelkotmimese und ist dadurch für Fressfeinde uninteressant!

Einige Raupen und adulte Spanner (Geometridae), also Nachtfalter, sehen aus wie grüne oder dürre Ästchen bzw. Baumrinde. Diese Mimese umfasst nicht nur die Größe, Form und Färbung, sondern auch die Haltung der Raupe auf dem Ästchen. Bei vielen Schmetterlingsarten sieht die Unterseite, manchmal auch die Oberseite der Flügel aus wie ein Stück Rinde oder ein verdorrtes Blatt: Mimese.

Die Mimese zwischen der Raupe des zu den Nachtfaltern gehörenden Birkenspanners *(Biston betularia)* und einem Ästchen ist perfekt und verhindert, dass Vögel die Raupe erkennen und fressen!

Das Waldbrettspiel *(Pararge aegeria)*, ein typischer Waldschmetterling, sieht ähnlich aus wie dürres Laub und ist dadurch vor Fressfeinden weitgehend geschützt.

Mimikry: Eine Art ahmt zu ihrem Vorteil eine andere Art nach (Symbol +0Δ)

Einige in Kap. 2.4 über die Magerwiese behandelte Typen von Mimikry kommen auch im Laubwald vor. Besonders frappierend ist die der Raupe des Großen Gabelschwanzes *(Cerura vinula)*, eines 5–7 cm großen, weißlichen, unscheinbaren Nachtfalters. Im Normalzustand, also wenn sich die Raupe nicht bedroht fühlt, ist sie vorwiegend grün wie die Pappel- und Weideblätter, von denen sie sich ernährt: eine Mimese. Bei Bedrohung kommt aber die in der Abbildung dargestellte Mimikry zum Zug!

Die Raupe des Großen Gabelschwanzes *(Cerura vinula)* zieht, wenn sie sich bedroht fühlt, ihren Kopf stark ein. Es erscheint eine rot-schwarze Fratze mit Scheinaugen: Nachahmung eines viel größeren, gefährlicheren Tieres, also Mimikry.

Beispiele von akustischer Mimikry liegen bei Vogelarten vor, die den Gesang anderer Arten nachahmen. Das Fachwort für das Nachahmen ist Spotten. Dabei handelt es sich praktisch immer um Männchen, denn meist singen nur diese (Rufe haben auch die Weibchen und die Jungvögel). Spotten ist z. B. beim Star *(Sturnus vulgaris)*, beim Eichelhäher *(Garrulus glandarius),* beim Gelbspötter *(Hippolais icterina)* und seltener auch beim Kleiber (Spechtmeise, *Sitta europaea*) zu hören. Welche Vorteile hat dieses Verhalten? Es gibt dazu u. a. die folgenden Hypothesen:

- *Bevorzugung durch die Weibchen.* Männchen, die viele andere Vogelarten nachahmen, sind für die Weibchen besonders attraktiv. Offenbar gelten diese Männchen als besonders erfahren und lebenstüchtig, also als gute Beschützer und Ernährer der Brut.
- *Nestschutz.* Die Männchen bestimmter kleiner Vogelarten ahmen Falken oder Eulen nach; dies kann dazu führen, dass ihr Nest vor Fressfeinden eher geschützt ist (siehe auch Kap. 3.4).
- *Nahrungssicherung.* Werden Falken oder Eulen nachgeahmt, so getrauen sich andere Vogelarten kaum ins Gebiet. Denn unerfahrene andere Vögel gehen davon aus, dass es dort schwierig ist, selber noch Futter zu finden, bzw. dass Gefahr droht. In beiden Fällen kommt die Nahrung also dem Nachahmer zugute.
- *Sicherung des Territoriums.* Hier gilt dasselbe wie für die Nahrungssicherung, nur bezieht sich die Sicherung auf Nistplätze, Singwarten und andere Ressourcen.
- *Verwirrung von Fressfeinden.* Ahmt eine Vogelart viele andere Arten nach, so werden diese dazu angeregt, auch zu singen. Dies kann bei einem Fressfeind Verwirrung stiften.

Ein aufgeregt singender Star *(Sturnus vulgaris).* Ahmt er gerade eine andere Vogelart nach? Im Text wird beschrieben, welche Vorteile ihm dies bringen kann.

- *Vorteile durch Nachahmung ungewöhnlicher Gesänge.* Ahmen Vögel, etwa der Star, z. B. Hundegebell oder die Töne des Zweiklanghorns der Ambulanz oder den Lärm von Baumaschinen nach und «singen» sie diese Töne dann im Wald, so kann dies andere Vögel erschrecken und für den Nachahmer zur Sicherung des Territoriums beitragen.

Die Rufe (nicht die Gesänge) kleiner Singvogel-Arten, z. B. der Meisen, ähneln einander, was als Schutzmimikry interpretiert wird. Denn ein Greifvogel, z. B. ein Sperber *(Accipiter nisus),* kann durch die fast gleichzeitig von verschiedenen Stellen tönenden Rufe verwirrt werden. Er wird seine Beute weniger leicht finden, als wenn er sich auf nur auf einen einzigen Ruf konzentrieren kann. Diese Ähnlichkeit erschwert es natürlich auch für den ungeübten Vogelliebhaber, die Rufe der einzelnen Vogelarten zu erkennen und die Arten danach zu bestimmen.

Mimikry beim Kuckuck (Symbol + 0)

Beim Kuckuck *(Cuculus canorus)* kommen mehrere Beispiele von Mimikry vor. Das Aussehen dieses Vogels ähnelt in Größe und mit den Querstreifen auf der Brust dem Sperber *(Accipiter nisus).* Nach der Eiablage ertönt vom Kuckuck-Weibchen ein Kichern, das ähnlich ist wie der Ruf des Sperbers bzw. des Habichts *(Accipiter gentilis).* Dies hat zur Folge, dass die Wirtsvögel nach einem vermeintlichen Greifvogel Ausschau halten – und das Kuckuck-Weibchen ungesehen vom Nest wegfliegen kann (York & Davies 2017). Beide Formen von Mimikry sind für den Kuckuck positiv und für den nachgeahmten Greifvogel bedeutungslos. Eine erstaunliche Mimikry wurde bei einem Kuckucksnestling beobachtet. Er ahmte die gesamte Lautfolge nach, mit der vier Teichrohrsänger-Nestlinge jeweils um Futter bettelten (bevor sie vom Kuckucksnestling aus dem Nest bugsiert wurden; siehe Lunau, 2011, S. 70).

Welches ist das Kuckucksei? Auch der Wirtsvogel, hier der Gartenrotschwanz *(Phoenicurus phoenicurus),* wird getäuscht und brütet das falsche Ei aus. Diese Mimikry ist für den Kuckuck natürlich positiv.

Das Insektentaxi: Tiere transportieren Tiere (Symbol +0)

In vielen Fällen handelt es sich bei den beförderten Tierarten um Parasiten, also nicht um eine positive Beziehung. Eine solche liegt hingegen vor, wenn z. B. Insekten andere Tiere von einem Ort zu einem andern befördern, ohne dabei wesentlich beeinträchtigt zu werden. So lassen sich winzige Fadenwürmer (Nematoden) von Mistkäfern (Geotrupidae) zu den Kotballen transportieren, von denen sie sich ernähren. Komplizierter ist es bei bestimmten kleinen Milben (Acari), deren Ausbreitungsfähigkeit sehr begrenzt ist. Sie gelangen auf dem Rücken z. B. des Schwarzhörnigen Totengräbers *(Nicrophorus vespilloides)* zu Tierkadavern, wo sie dann die Eier von Aasfliegen fressen. Für die betreffenden Arten von Fadenwürmern und Milben ist diese Transportbeziehung positiv, für die Käfer hat sie wohl keine große Bedeutung.

Fünf Milben lassen sich vom Schwarzhörnigen Totengräber *(Nicrophorus vespilloides)* zu Tierkadavern transportieren, wo ihnen schon vorhandene Eier von Aasfliegen als Nahrung dienen.

Die zu den Spinnentieren gehörenden Pseudoskorpione klammern sich mit ihren Scheren an Stubenfliegen *(Musca domestica)*, an andere Zweiflügler oder an Käfer bzw. Schmetterlinge. Sie sind so winzig, dass sie von diesen Insekten herumgeflogen werden können. So gelangen sie an neue Orte, wo sie ihre Beute, z. B. Springschwänze (Collembolen) und Milben, finden und fressen.

Hornmilben sind meist weniger als 1 mm klein und können maximal 2 cm pro Tag zurücklegen. Werden sie jedoch zusammen mit anderer Nahrung von Schnecken gefressen und mit dem Kot wieder ausgeschieden, können sie viel rascher an neue Orte gelangen. Denn im Vergleich zu den Milben können Schnecken bis zu 15 m pro Tag zurücklegen, sind also rasend schnell.

Eine Hornmilbe *(Stomacarus)*. Spinnentiere dieser Gruppe sind meist weniger als 1 mm groß und werden z. B. von Schnecken mit der Nahrung verschluckt, evtl. herumtransportiert und dann mit dem Kot wieder ausgeschieden. So können sie neue Nahrungsstellen auf und im Boden erreichen, was für sie positiv ist.

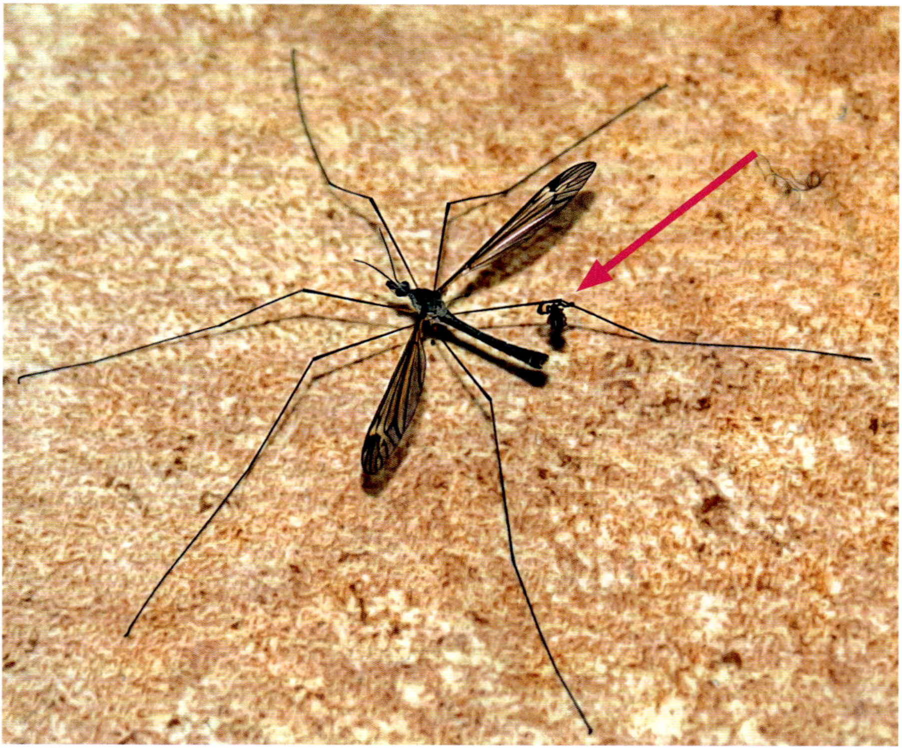

Ein Pseudoskorpion lässt sich von einer Schnake (Tipulidae) zu einem neuen Ort transportieren, wo er sich dann von Springschwänzen (Collembola) und winzigen Insekten ernährt.

(Craterellus cornucopioides) und Grüner Knollenblätterpilz *(Amanita phalloides)*. Diese Mykorrhiza-Arten leben z. T. gleichzeitig auch mit Stiel- und Traubeneiche (*Quercus robur* und *Q. petraea*) in Symbiose. Solche Bindungen ermöglichen es den Pilzsammlern, ihre bevorzugten Speisepilze zu finden. Der weiter unten abgebildete, riesige Waldflächen besiedelnde Hallimasch (Gattung *Armillaria*) kann sowohl symbiotisch wie parasitisch leben. Insgesamt kommen in einem artenreichen Laubmischwald größenordnungsmäßig etwa 100 Ektomykorrhiza-Arten und ebenso viele andere, oberirdische Fruchtkörper bildende Pilzarten vor (Bouée et al. 2011).

Stränge von Ektomykorrhizen kann man sehen!

Wenn man in einem Wald die Laub- oder Nadelschicht entfernt und bis zur durchwurzelten Bodenschicht vordringt, kann man manchmal einzelne weißliche Stränge entdecken, die meist weniger als 1 mm dick und bis mehrere Zentimeter lang sind. Manchmal findet man auch weißliche Schichten von einigen Quadratzentimetern Größe. Sie stammen von Pilzen, die tote Substanz abbauen (sogenannte Saprobionten), oder von Mykorrhiza-Pilzen. Die Stränge (bzw. Schichten) bestehen aus vielen einzelnen dünnen Pilzfäden (Hyphen) und werden, wenn diese dick und dunkel sind, Rhizomorphe genannt (griech. *rhiza* = Wurzel, *morphe* = Form, Gestalt). An den Feinwurzeln der Pflanzen sieht man oft, dass deren äußerste Spitzen auf 1–2 mm Länge etwa 0,5–1 mm dick angeschwollen sind. Dies geschieht infolge der Infektion durch die Mykorrhizen. Wurzelhaare werden in diesem Bereich nicht mehr gebildet, denn deren Funktion wird ja optimal von den Mykorrhizen übernommen.

Arbuskuläre Mykorrhizen (griech. *arbor* = Baum)

Diese Bodenpilze werden z. T. auch als Endomykorrhizen bezeichnet (griech. *endo* = innen). Bei ihnen dringen die Pilzfäden bis ins Innere der Wurzelzellen ein und bilden dort bäumchenförmige Strukturen. Dies zeigt die weiter unten stehende Abbildung des Querschnittes durch eine Orchideenwurzel. Ein Großteil der krautigen Arten sowie manche Holzpflanzen, Moose und Farne haben Mykorrhizen dieses Typs; er ist bereits in Kap. 2.5 über die Magerwiesen kurz beschrieben worden. Die Pilzarten dieser Gruppe bilden meist keine großen oberirdischen Fruchtkörper, d. h. Pilze im landläufigen Sinn, und auch die Hyphen sind so dünn, dass sie von Auge nicht zu erkennen sind. In einem artenreichen Laubwald-Bestand kommt wohl etwa ein Dutzend Arten von arbuskulären Mykorrhizen vor.

Eine interessante Frage ist, wie die Ausbreitung der Sporen dieser unterirdisch lebenden Pilze vor sich geht. Sie erfolgt meist über Mäuse und Bodeninsekten, die zusammen mit Wurzeln auch die unterirdischen Pilz-Fruchtkörper fressen und deren Sporen mit dem Kot ausscheiden.

Weißliche Stränge aus zahlreichen mikroskopischen Fäden (Hyphen) und zarte Geflechte aus Ektomykorrhizen durchwachsen den Waldboden.

Der Hallimasch (Gattung *Armillaria*) ist ein häufiger Mykorrhiza-Pilz. Er kann mit verschiedenen Baumarten, Brombeeren und sogar mit Kartoffelpflanzen symbiotisch zusammenleben. Manchmal ist er aber ein Parasit und verursacht große Schäden an den Pflanzen. Das Hyphengeflecht eines Hallimasch-Klons, also eines Bestandes genetisch identischer Individuen, erstreckt sich im Schweizer Nationalpark im Engadin über eine Fläche von 35 ha, in Oregon (USA) über eine solche von 900 ha. Das Alter dieser größten Lebewesen der Erde wird auf 1000 bzw. 2400 Jahre geschätzt.

Die Gewöhnliche Goldnessel *(Lamium galeobdolon)* lebt, wie die meisten anderen Waldkräuter, in Symbiose mit arbuskulären Mykorrhizen.

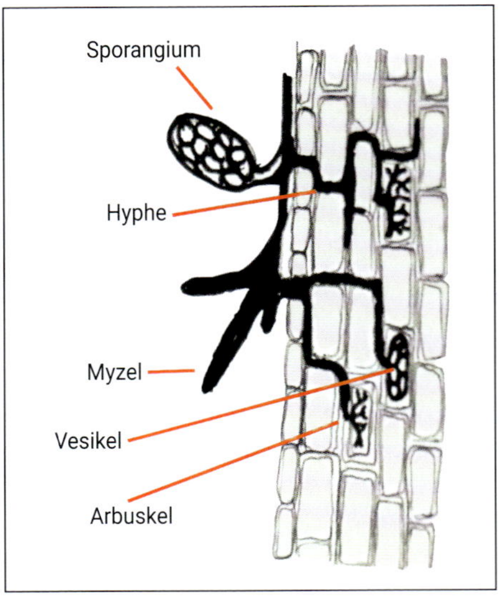

Schema der arbuskulären Mykorrhizen (Endomykorrhizen). Es zeigt das Myzel, also das Geflecht aus Pilzfäden (Hyphen), einem Vesikel (Bläschen) und zwei Arbuskeln, also bäumchenförmig verzweigten Pilzfäden innerhalb einer Wurzelzelle. Das Sporangium ist der Behälter, in welchem die der Vermehrung dienenden Pilzsporen gebildet werden. (Nach Wikimedia, leicht verändert.)

Ericoide Mykorrhizen
Diese Bodenpilze kommen bei den Heidekrautgewächsen (Ericaceae) vor. Zu dieser Pflanzenfamilie gehören viele Arten, die in Wäldern, mageren Wiesen und Weiden, Zwergstrauchheiden und Mooren leben. Auf diesen Mykorrhizatyp wird hier nicht näher eingegangen.

Orchideen-Mykorrhizen
Dieser Typ und seine Ökologie wurden bereits in Kap. 2.5 beschrieben. Er kommt auch im Laubwald vor, z. B. beim Weißen Waldvögelein *(Cephalanthera damasonium)* und bei der Braunroten Stendelwurz *(Epipactis atrorubens)*.

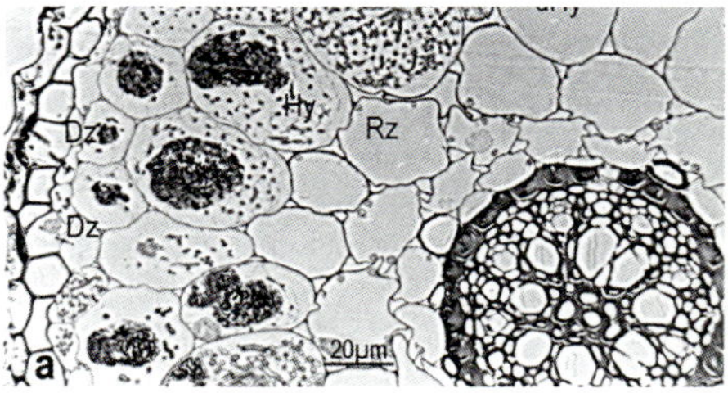

Querschnitt durch eine Orchideenwurzel. Man sieht die in den Wurzelzellen vorhandenen knäuelartigen Bäumchen der arbuskulären Mykorrhizen deutlich.

Die Braunrote Stendelwurz *(Epipactis atrorubens)* hat, wie alle Orchideen, winzige Samen und ist deshalb im Keimlingsstadium darauf angewiesen, dass Mykorrhizen ihnen nicht nur mineralische Nährstoffe, sondern u. a. auch Kohlenhydrate liefern. Die Art kommt in lichten Wäldern und in Magerwiesen vor.

Die im Laubwald stellenweise recht häufige Nestwurz (Vogel-Nestwurz, *Neottia nidus-avis*) ist ein Spezialfall. Diese Orchideenart hat kein Blattgrün und ist somit lebenslang vollständig auf die Nährstoffzufuhr durch Mykorrhizen angewiesen und liefert diesen nichts. Die Mykorrhizen ihrerseits zapfen für die von ihnen benötigten Nährstoffe wahrscheinlich nicht nur totes Material an, sondern auch lebende Pflanzenwurzeln. Wenn dies zutrifft, so liegt in zweifacher Hinsicht ein Parasitismus vor. **Keine Mykorrhizen** haben unter anderem die Kreuzblütler (Brassicaceae), die vor allem in Wiesen, Weiden und Äckern weit verbreitet sind und als Kulturpflanzen angebaut werden (Kohlarten, Raps, Senfpflanzen usw.). Im Wald kommen aus dieser Pflanzenfamilie unter anderem verschiedene Zahnwurz- und Schaumkraut-Arten vor (z. B. *Cardamine pentaphyllos, C. flexuosa*) sowie aus der Familie der Seggen z. B. die Mykorrhiza-freie Wald-Segge *(Carex sylvatica)*.

Das Wood Wide Web: Über die Mykorrhizen liefern Bäume der gleichen Art und sogar verschiedener Arten einander Nährstoffe

(Symbole +*+*, +*+, + +, +*0 und +0)

Viele Pilzarten können, wie bereits oben erwähnt, gleichzeitig mehrere Pflanzenindividuen und Pflanzenarten mykorrhizieren, was einen (passiven) Austausch von Nährstoffen und anderen Substanzen zwischen den Pflanzen ermöglicht. Diese vielfältigen, sich bis über viele Hektar erstreckenden Vernetzungen positiver Beziehungen werden als *Wood Wide Web* (waldweites Netz) und sogar als Grünes Internet bezeichnet.

Verschiedene Experimente, insbesondere jene der Forscherin Suzanne Simard und ihrer Mitarbeitenden in British Columbia (Kanada) zeigen, dass über die Mykorrhizen Kohlenhydrate (Zuckerverbindungen) zwischen verschiedenen Individuen der nordamerikanischen Douglasfichte (Gewöhnliche Douglasie, *Pseudotsuga menziesii*) transportiert werden können. Diese Baumart wird auch in Mitteleuropa angepflanzt. In Feldversuchen in Kanada erhielt eine beschattete Jungpflanze der Douglasfichte von ausgewachsenen Bäumen derselben Art mehr Kohlenhydrate als eine unter gleichen Bedingungen wachsende, nicht beschattete Jungpflanze.

Weitere Experimente führten Simard und ihre Mitarbeitenden mit dreijährigen Jungpflanzen der Douglasfichte und der Papier-Birke *(Betula papyrifera)* durch, die in einem Wald im Abstand von 0,5 m voneinander ausgepflanzt worden waren (Simard et al. 1997). Die beiden Pflanzenarten waren durch fünf verschiedene Typen von Ektomykorrhizen miteinander verbunden. Das erste Ergebnis war, dass über das Ektomykorrhizen-Geflecht Kohlenstoffverbindungen, also Nahrungsstoffe, zwischen den Pflanzen übertragen werden können. In weiteren Versuchen wurden Jungpflanzen der Douglasfichte beschattet; es ging ihnen also schlecht. Mithilfe von radioaktiv markiertem Kohlendioxid, das genauso wie unmarkiertes in der Fotosynthese verarbeitet wird, wiesen Simard et al. (1997) nach, dass von den benachbart wachsenden, nicht beschatteten jungen Papier-Birken-Pflanzen durch das Mykorrhizen-Geflecht Kohlenstoffverbindungen zu beschatteten, jungen Douglasfichten gelangen. Manchmal wird dies als eine Art Hilfe zwischen Jungpflanzen der zwei *verschiedenen* Arten bezeichnet. Eine mögliche Erklärung für diese Nährstoffzufuhr ist das bekannte Quelle-Senke-System *(source-sink)*. Bei diesem fließen Stoffe *passiv* von Stellen mit hoher zu solchen mit niedriger Konzentration. Die jungen Birkenpflanzen wurden durch die Abgabe von Kohlenstoffverbindungen wahrscheinlich nicht wesentlich geschwächt, sodass eine +0-Beziehung vorliegt. Hier geht es also nicht um das «Recht des Stärkeren», sondern der Schwächere wird vom Stärkeren (passiv) mit den fehlenden kohlenstoffhaltigen Nährstoffen versorgt.

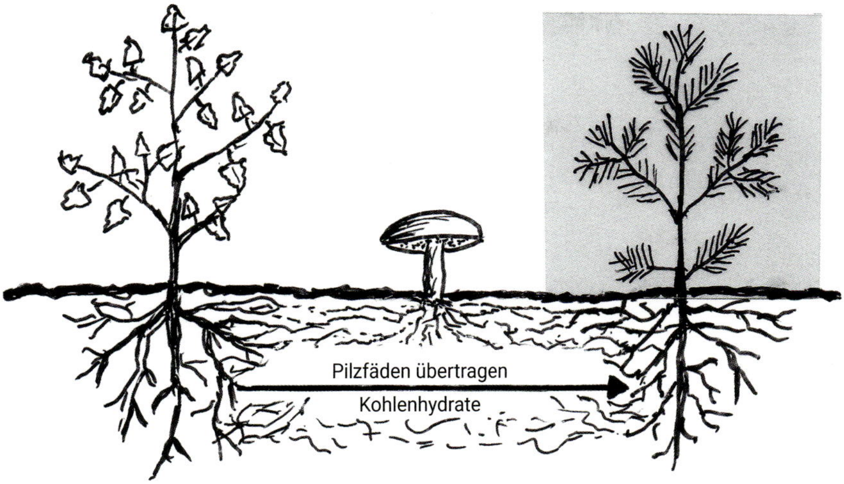

Nicht beschattete, 3 Jahre alte Jungpflanzen der Papier-Birke *(Betula papyrifera)* lieferten gleichaltrigen beschatteten Jungpflanzen der Douglasfichte *(Pseudotsuga menziesii)*, die im Wald im Abstand von 0,5 m neben ihnen wuchsen, Kohlenhydrate (Zuckerverbindungen): eine positive Beziehung. Die Experimente waren so angelegt, dass diese Nährstoffversorgung nur über das Geflecht der Mykorrhizen stattfinden konnte (Simard et al. 1997).

Ähnliche Ergebnisse wie die soeben für Jungpflanzen beschriebenen erhielt die Forschungsgruppe um S. Simard auch bei erwachsenen Bäumen.
Übertragungen von Nährstoffen wurden, wie Simard et al. (1997) erwähnen, auch zwischen verschiedenen anderen Arten festgestellt, z. B. werden Stickstoffverbindungen von der Schwarz-Erle *(Alnus glutinosa)* zur Küsten-Kiefer (Drehkiefer, *Pinus contorta*) übertragen und Kohlenstoffverbindungen vom Spitzwegerich *(Plantago lanceolata)* über Endomykorrhizen zum Hundszahngras *(Cynodon dactylon)*.
Übertragungen von Kohlenstoff-, Stickstoff- und Phosphorverbindungen sowie von Verteidigungssignalen gegen Parasitenbefall von Wurzeln einer Art zu solchen der gleichen oder anderer Arten sind Formen von Kommunikation. Diese kann zu Änderungen der Physiologie, zu Genregulationen und zu Schutzmechanismen bei der betroffenen Pflanzenart führen (Gorzelak et al. 2015).
Eine interessante Frage ist: Was hat eine Pflanze davon, mit Mykorrhizen zusammenzuleben, die verschiedene Nährstoffe von einer Pflanze zu einer anderen, fremden

Pflanzenart leiten? Denn die Empfängerpflanze kann mit der Senderpflanze eventuell in Konkurrenz treten. Dazu gibt es mehrere Hypothesen: Es kann sein, dass die Senderpflanze einfach überschüssige Nährstoffe an die Empfängerpflanze leitet. Eine andere Möglichkeit ist, dass unter veränderten Umweltbedingungen auch eine Übertragung von Nährstoffen in die entgegengesetzte Richtung erfolgt: Der frühere Sender wird also zum Empfänger, sodass ein Ausgleich stattfindet. In einem Pflanzenbestand hat es, wie bereits erwähnt, ein ganzes Netz von verschiedenen Mykorrhizen, in welchem Nährstoffe (und bestimmte Pflanzensignale) zwischen Pflanzen hin und her geleitet werden. Das heißt, die beobachtete Nährstoffübertragung ist eventuell nur eine von vielen. Ein Netz von vielen Beziehungen zwischen verschiedenen Arten kann Störungen (Stress) bekanntlich meist besser abpuffern als eine simple Verkettung einiger weniger Arten. Die Vernetzung bringt also Vorteile.

Stickstofffixierung durch Bakterien in den Wurzelknöllchen der Schmetterlingsblütler (Symbole +*+* und +0)

Die in Kap. 2.5. über die Magerwiesen ausführlich beschriebene symbiotische Festlegung (Fixierung) von Stickstoff aus der Luft durch Bakterien (Rhizobien) in den

Die Frühlings-Platterbse *(Lathyrus vernus)* ist einer der wenigen in Wäldern vorkommenden Schmetterlingsblütler. Sie erhält Stickstoffnahrung von den stickstofffixierenden Wurzelknöllchen-Bakterien (Rhizobien), mit denen sie in Symbiose lebt.

Wurzelknöllchen der Schmetterlingsblütler spielt in Wäldern meist nur eine untergeordnete Rolle. Sie kommt u. a. bei der Frühlings-Platterbse *(Lathyrus vernus)* und der Wald-Wicke *(Vicia sylvatica)* vor, in lichten Wäldern bei der Strauchwicke *(Hippocrepis emerus)* und einigen Ginster-Arten *(Genista)*.
Die ebenfalls in Kap. 2.5 über die Magerwiesen kurz erwähnte nicht symbiotische Stickstofffixierung durch verschiedene Mikroorganismen kommt auch in Waldböden vor.

Erlen leben in Symbiose mit stickstofffixierenden Bakterien (Symbol + +)

Erlen (Gattung *Alnus*) kommen in den Laubwald-Typen, die in diesem Buch im Zentrum stehen, nicht vor. Trotzdem soll auf diese Pflanzengattung eingegangen werden, da bei ihr mehrere interessante positive Beziehungen vorkommen. Erlen bilden an Gewässern, in Bachrunsen, Lawinenzügen und auf anderen feuchten, manchmal überschwemmten Böden verschiedenartige Gebüsche und Wälder. Alle Arten haben eine wechselseitig positive Beziehung mit Bakterien der Gattung *Frankia* (Actinobakterien, sogenannte Strahlenpilze). Diese verursachen bis 8 cm große Knollen an den Erlenwurzeln, in denen sie Luftstickstoff fixieren und als Stickstoffnahrung den Wurzeln liefern. Im Gegenzug werden die Bakterien von den Wurzeln mit Energie vor allem in Form von Kohlenhydraten versorgt: eine Symbiose.

An den Wurzeln dieser jungen Grün-Erle *(Alnus viridis = A. alnobetula)* sind die hellen Wurzelknöllchen, die die symbiotischen, stickstofffixierenden Aktinobakterien (Gattung *Frankia*) enthalten, gut zu sehen.

Besonders interessant und gut untersucht ist die in der subalpinen Höhenstufe an feuchten Standorten weit verbreitete Grün-Erle (*Alnus viridis* = *A. alnobetula,* auch Alpen-Erle genannt). Bei ihr kommen nicht nur die erwähnte Symbiose auf der Stufe der Einzelpflanze vor, sondern auch positive Wirkungen auf der Stufe des ganzen Ökosystems. So fördern die von den Actinobakterien symbiotisch fixierten Stickstoffverbindungen nicht nur die Erlenbestände selbst, sondern indirekt auch viele großblättrige Hochstauden des Unterwuchses und wegen der Ausschwemmung stickstoffhaltiger Nährstoffe auch hangabwärts gelegene andere Ökosysteme mit Hochstauden und weiteren Nährstoffzeigern. Beispiele solcher Hochstauden sind der Graue Alpendost *(Adenostyles alliariae)*, der Alpen-Milchlattich *(Cicerbita alpina)* und die Meisterwurz *(Peucedanum ostruthium)*. Für alle diese Arten und die mit ihnen assoziierten Tier- und Pilzarten liegen somit indirekte positive Beziehungen mit der Grün-Erle vor (Symbol +0).

Ein Grün-Erlen-Gebüsch *(Alnus viridis = A. alnobetula)*, das dank symbiotischer Wurzelbakterien Stickstoffverbindungen produziert, die eine üppige Hochstaudenflur mit Grauem Alpendost *(Adenostyles alliariae)*, Alpen-Milchlattich (*Cicerbita alpina,* bläulich, rechts) und weiteren großblättrigen Stauden ermöglichen.

Das pflanzliche Mikrobiom – vielfache Mikroorganismen-Symbiosen an und in Pflanzen (Symbole + + und +0)

Das bereits anhand des Ökosystems Magerwiese in Kap. 2.5 beschriebene pflanzliche Mikrobiom spielt natürlich auch für das Leben der Waldpflanzen eine wichtige Rolle. Es umfasst Hunderte von Mikroorganismen-Arten, insbesondere verschiedenste Bakterien, spezielle Pilze, sogenannte Scheinpilze und auch diverse mikroskopische Algenarten, die auf und z. T. auch in den oberirdischen und unterirdischen Pflanzenteilen leben. Als Teil des pflanzlichen Mikrobioms können die sogenannten Mykorrhiza-Helfer-Bakterien angesehen werden. Neuere Untersuchungen zeigen, dass unter natürlichen Bedingungen die Mykorrhizafäden meist von vielen Bakterien umgeben sind. Einige davon fördern die Symbiose zwischen Pilz und Pflanzenwurzel, indem sie für die Mykorrhizen Nährstoffe aus den Bodenmineralien freisetzen und Luftstickstoff fixieren, was für die Pflanzen natürlich positiv ist. Das Mikrobiom erhöht auch die Stressresistenz der Pflanzen und schützt zudem vor bestimmten Krankheitserregern.

Flechten, eine Dauersymbiose von Pilz und Grünalge bzw. Cyanobakterium (Symbol +*+*)

In Wäldern kommen auf Stämmen, Ästen, Steinen und auch auf dem Boden verschiedene Arten von Flechten vor. Diese Doppel-Lebewesen bestehen im Allgemeinen aus Schlauchpilzen (Ascomyceten), die aus Pilzfäden (Hyphen) das Gerüst des Organismus bilden, und mikroskopischen Grünalgen oder Cyanobakterien, die in diesem Gerüst leben. Cyanobakterien (*kyanos* = blau) sind Bakterien, die einen blauen Farbstoff enthalten, der die Fotosynthese ermöglicht. Der Pilz schützt die Algen bzw. Bakterien vor Austrocknung und UV-Strahlung und liefert ihnen u. a. den wichtigen Nährstoff Phosphat, den er mithilfe seiner Pilzfäden (Hyphen) direkt aus dem Boden oder aus Gesteinen oder anderen Substraten aufnimmt. Dabei spielen spezielle Flechtensäuren eine große Rolle. Die Grünalgen bzw. die Cyanobakterien liefern mithilfe ihrer Fotosynthese dem Pilz die Kohlenhydrate, die er zum Leben braucht. Insgesamt profitieren beide Partner voneinander: Es liegt eine perfekte obligate Symbiose vor, denn die meisten Flechtenpartner sind alleine nicht lebensfähig. Das Zusammenleben ist so eng, dass die Partner auch bei der (vegetativen) Vermehrung zusammenbleiben, und zwar z. B. durch kleine Ästchen, Blättchen oder Körnchen, die sowohl den Pilz als auch die Alge enthalten. Neuere Untersuchungen belegen, dass in vielen Flechten, z. B. in der Wolfsflechte (*Letharia vulpina,* Abbildung siehe Kap. 5.1), noch ein dritter Partner aus der Gruppe der Hefen, also einzelligen Pilze, eine positive Rolle spielt. Häufige Flechten in Laubwäldern sind die Blasenflechte *(Hypogymnia physodes)* und die Gewöhnliche Gelbflechte (*Xanthoria parietina*).

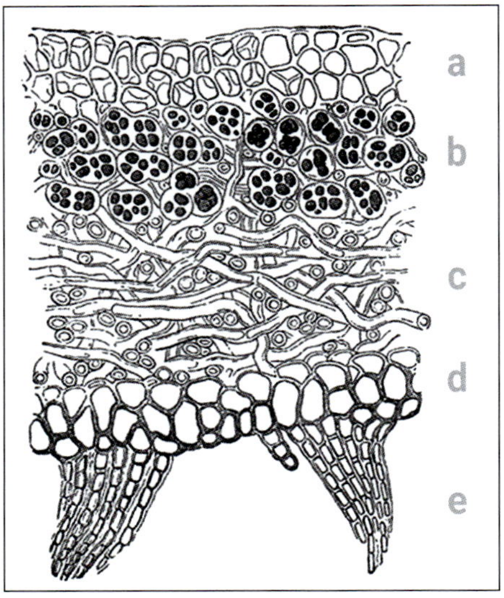

Querschnitt durch die Rußige Grübchenflechte *(Sticta fuliginosa)*. a = Rinde aus dichtem Pilzfadengeflecht; b = Grünalgenschicht; c = lockeres Pilzfadengeflecht; d = Rinde aus dichtem Pilzfadengeflecht; e = Pilzfäden, die wurzelartig in das umgebende Substrat eindringen können.

Die Blasenflechte *(Hypogymnia physodes)* kommt häufig auf Baumarten mit saurer Borke vor, also Birken *(Betula)* und Eichen *(Quercus)*. Flechten sind Doppelorganismen, in welchen eine Pilzart und Grünalgen bzw. Cyanobakterien in obligater Symbiose leben.

3.6 Positive Beziehungen zwischen Tierarten und Pilz- bzw. Bakterienarten

Viele Pilz- und Bakterienarten werden durch Tiere verbreitet (Symbole + 0 und + +)
Der Geruch der Fruchtkörper, also der «eigentlichen» Pilze, zieht viele Tierarten an, die die Pilze fressen und dann die Sporen mit dem Kot ausscheiden. Gewisse Schneckenarten und sogar winzige Springschwänze (Collembolen) ernähren sich nicht nur von lebenden, oft sogar giftigen Pilzen, sondern auch von abgestorbenen, deren Sporen sie mit dem Kot ausbreiten. Bestimmte Pilzarten werden dadurch verbreitet, dass ihr sporenhaltiges Gewebe am Fell von Tieren kleben bleibt. Eine ganz spezielle Form der Ausbreitung liegt bei den unten beschriebenen Ambrosiapilzen vor.

Die Gewöhnliche Stinkmorchel *(Phallus impudicus)* zieht durch ihren Aasgeruch Fliegen und Mistkäfer an, die die Fruchtmasse der Pilze samt den Sporen fressen und diese danach ausscheiden. So wird der Pilz verbreitet, eine beidseitig positive Beziehung.

Für Trüffel (Gattung *Tuber*) werden stolze Preise bezahlt! In der Natur geschieht die Verbreitung der Sporen der Trüffeln, die unterirdisch leben, vor allem durch Wildschweine *(Sus scrofa)*. Diese graben die Knollen aus und fressen sie; die Sporen werden dann mit dem Kot ausgeschieden und so verbreitet.

3.7 Positive Beziehungen zwischen Pilz- und Bakterienarten

Abbaupilze leben auf abgestorbenen anderen Pilzarten (Symbol +0)
Wie immer beim Abbau von abgestorbenen Lebewesen durch lebende andere Arten liegt gemäß der Definition in Kap. 1.1.3 eine Förderung vor.

Der Beschleierte Zwitterling *(Asterophora parasitica = Nyctalis parasitica)* wächst auf verfaulenden Fruchtkörpern von Täublingen *(Russula)* und anderen Pilzarten.

Bakterien locken fleischfressende Pilze als Schutz vor bakterienfressenden Fadenwürmern an (Symbol + + Δ)
Der im Boden weit verbreitete, nur 1 mm lange Fadenwurm *Caenorhabditis elegans* ernährt sich unter anderem von bestimmten Bakterien. Diese setzen aber bei der Anwesenheit von Fadenwürmern Harnstoff frei, eine stickstickstoffhaltige Substanz. Auf diese reagieren mehrere Bodenpilz-Arten, indem sie mit ihren Pilzfäden

Fallen bilden, in denen Nematoden wie in Schlingen gefangen bzw. festgeklebt werden. Anschließend werden die Fadenwürmer vom Pilz verdaut (siehe auch Kap. 2.5). Es liegt hier also eine ungewöhnliche Feind-meines-Feindes-ist-mein Freund-Beziehung vor.

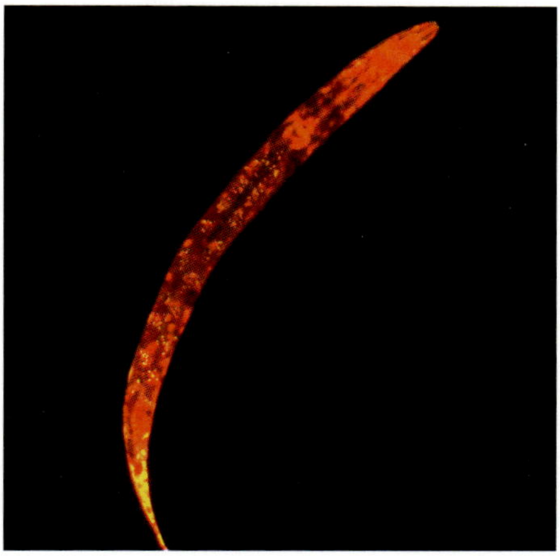

Die nur 1 mm langen, im Boden lebenden Fadenwürmer (hier *Caenorhabditis elegans*) fressen Bakterien. Bestimmte Bakterienarten setzen bei Anwesenheit von Fadenwürmern Harnstoff frei; durch diesen werden spezielle Pilze angelockt, die die Fadenwürmer umschlingen oder festkleben. Dann dringen Pilzfäden in die Würmer ein und verdauen sie. Es liegt zwischen den Bakterien und den speziellen Pilzen eine Feind-meines-Feindes-ist-mein-Freund-Beziehung vor.

Mykorrhiza-Helfer-Bakterien (Symbol + +)

Diese eigentlich in dieses Kapitel gehörende Förderung wurde bereits anhand des pflanzlichen Mikrobioms in Kap. 3.5 kurz beschrieben.

Bakterien, die von abgestorbenen anderen Bakterien oder deren Ausscheidungen leben (Symbol +0)

Diese Förderung wird in Kap. 5.2 über den Stickstoffkreislauf kurz beschrieben. Sie dürfte in der gesamten Natur verbreitet sein.

3.8 Förderungskonstellationen und -netze

3.8.1 Förderungskonstellationen

Eine Förderungskonstellation ist wie in Kap. 1.7 beschrieben die grafische Darstellung von positiven Beziehungen, die zwischen einer einzelnen sogenannten Zentralart oder -artengruppe und mehreren anderen Arten bestehen. Die meisten Beziehungen wurden bereits in den vorhergehenden Kapiteln im Detail beschrieben; für einige weitere geschieht dies in Kap. 5 über die Stoffkreisläufe.

Selbstverständlich gibt es in allen Förderungskonstellationen noch weitere, in den Abbildungen nicht dargestellte positive und natürlich auch negative Beziehungen wie Fraß, Konkurrenz und Parasitismus. Auch treten nicht alle Beziehungen gleichzeitig auf. Wie bereits anhand der Magerwiese dargelegt, können bei veränderten Umweltbedingungen oder auch im Laufe der Zeit ganz neue Beziehungen und somit Förderungskonstellationen entstehen.

Die folgende Abbildung zeigt die Förderungskonstellation um die Rot-Buche *(Fagus sylvatica)*. Diese in Laubwäldern tiefer Lagen Mitteleuropas dominante Baumart hat zu zahlreichen ganz verschiedenen Arten positive Beziehungen.

Rechte Seite:
Förderungskonstellation um die Rot-Buche, d. h. Gruppierung von positiven Beziehungen bzw. Förderungen, die diese Art (als sogenannte Zentralart) zu anderen Arten oder Artengruppen hat. Die nach außen zeigenden Linien sollen verdeutlichen, dass die betreffenden Arten zu weiteren Arten Beziehungen haben. Das Pluszeichen + ist jeweils bei demjenigen Partner platziert, für den die Beziehung positiv ist. Wo kein Symbol eingezeichnet ist, geht vom jeweiligen Partner keine Wirkung aus (Nullwirkung).

Viele Pflanzen-, Tier-, Pilz- und Mikroorganismen-Arten können im Wald nur deshalb leben, weil die Buche und andere Baumarten ein **Waldklima** schaffen und organisches Material produzieren.

Efeu, Moose, Flechten und andere **Aufsitzerpflanzen** profitieren von der Buche (Licht, Samenverbreitung) und schädigen sie nicht.

Flachwurzler wie Salomonssiegel und Busch-Windröschen erhalten Nährstoffe aus dem abgebauten Laub der tief wurzelnden Buche **(Nährstofflift).**

Springschwänze, Hornmilben und viele andere Arten leben vom Abbau von totem Material (Laub usw.): **Stoffkreislauf und Humusbildung.**

Rot-Buche, *Fagus sylvatica*

Der Bucheckernbecherling (*Phaeohelotium fagineum*) lebt v.a. auf Buchenfruchtbechern.

Buchfink, Waldlaubsänger, Amsel, Waldkauz und viele andere Vögel nutzen die Rotbuche als **Nistplatz, Versteck, Singwarte usw.**

Mäuse, Eichhörnchen usw. legen Winterdepots mit Bucheckern an, vergessen aber einige: **Samenverbreitung.**

Die Buche liefert **Wurzelpilzen** (Mykorrhizen) wie dem Sommer-Steinpilz Kohlenhydrate und erhält von ihnen Nährstoffe, wie Phosphat und Stickstoffverbindungen.

Hier sind auch die sogenannten *Biotopbäume* zu erwähnen, also große, alte, z.T. absterbende Bäume, die vielen anderen Arten Lebensraum (Biotope) bieten. Meist sind es alte Buchen oder Eichen mit abgestorbenen Ästen, Rissen und Höhlen. Die Förderungskonstellation um einen besonders alten Biotopbaum, einen sogenannten Methusalem, ist am Anfang des Kap. 3.2 kurz dargestellt worden. Spezialfälle von Biotopbäumen sind die bereits in Kap. 3.4 besprochenen Spechtbäume sowie die Horstbäume, d.h. Bäume mit Horsten von Greifvögeln oder anderen großen Vögeln.

Der Kirschbaum (Süß-Kirsche, *Prunus avium*) ist eine im Frühling wegen ihrer weißen Blütenpracht und im Herbst wegen des gelb-orangen Laubes für den Menschen attraktive Baumart, die auch in Wäldern vorkommt. Wie die unten stehende, in Kap. 1.7.1 schon einmal präsentierte Abbildung zeigt, hat diese Baumart positive Beziehungen mit vielen verschiedenen Arten, insbesondere von Tieren.

Rechte Seite:
Förderungskonstellation um einen Kirschbaum (Süß-Kirsche, *Prunus avium*), also die Darstellung von positiven Beziehungen, die diese Art (als sogenannte Zentralart) zu anderen Arten oder Artengruppen hat. Die nach außen zeigenden Linien sollen verdeutlichen, dass die betreffenden Arten zu weiteren Arten Beziehungen haben. Die Symbole + bzw. +* sind jeweils bei demjenigen Partner platziert, für den die Beziehung positiv ist. Wo kein Symbol eingezeichnet ist, geht vom jeweiligen Partner keine Wirkung aus (Nullwirkung).

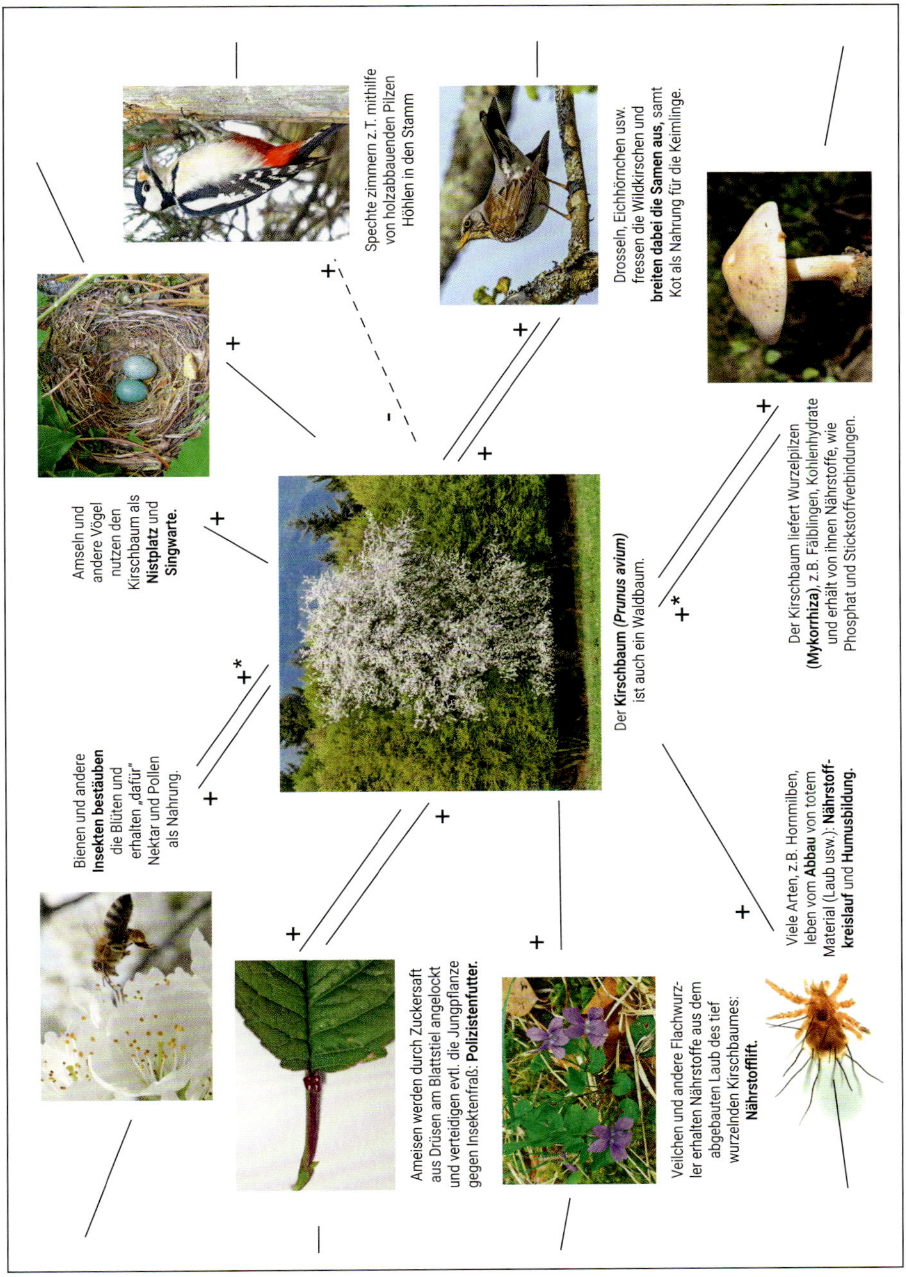
Der **Kirschbaum (*Prunus avium*)** ist auch ein Waldbaum.
Amseln und andere Vögel nutzen den Kirschbaum als **Nistplatz** und **Singwarte.**
Spechte zimmern z.T. mithilfe von holzabbauenden Pilzen Höhlen in den Stamm
Drosseln, Eichhörnchen usw. fressen die Wildkirschen und **breiten dabei die Samen aus,** samt Kot als Nahrung für die Keimlinge.
Der Kirschbaum liefert Wurzelpilzen **(Mykorrhiza)**, z.B. Fälblingen, Kohlenhydrate und erhält von ihnen Nährstoffe, wie Phosphat und Stickstoffverbindungen.
Viele Arten, z.B. Hornmilben, leben vom **Abbau** von totem Material (Laub usw.): **Nährstoffkreislauf** und **Humusbildung.**
Veilchen und andere Flachwurzler erhalten Nährstoffe aus dem abgebauten Laub des tief wurzelnden Kirschbaumes: **Nährstofflift.**
Ameisen werden durch Zuckersaft aus Drüsen am Blattstiel angelockt und verteidigen evtl. die Jungpflanze gegen Insektenfraß: **Polizistenfutter.**
Bienen und andere **Insekten bestäuben** die Blüten und erhalten „dafür" Nektar und Pollen als Nahrung.
+
+*
–

In der folgenden Abbildung sind wichtige positive Beziehungen zwischen dem Reh und anderen Arten des Laubwaldes zusammengestellt. Ähnliche Beziehungen gelten auch für den Hirsch. Die positiven Beziehungen, die vom Reh ausgehen, umfassen nicht nur die Ausbreitung verschiedener Früchte und Samen, sondern auch mehrere ganz andere Typen von Förderungen anderer Arten.

Rechte Seite:
Förderungskonstellation um das Reh in einem Laubwald. Die nach außen zeigenden Linien sollen verdeutlichen, dass die betreffenden Arten zu weiteren Arten Beziehungen haben. Die Symbole + bzw. +* sind jeweils bei demjenigen Partner platziert, für den die Beziehung positiv ist. Wo kein Symbol eingezeichnet ist, geht vom jeweiligen Partner keine Wirkung aus (Nullwirkung).

Reh, *Capreolus capreolus*
Himbeere, Zwerg-Holunder und andere Beerenpflanzen werden gefressen und mit dem Kot verbreitet. Kot ist Nahrung für Jungpflanzen.
Tollkirsche, Maiglöckchen und andere Giftpflanzen werden nicht gefressen, also indirekt gefördert.
Tintlinge (*Coprinus*), Träuschlinge (*Stropharia*) und andere Pilzarten leben auf und von Kot.
Waldmistkäfer (*Anoplotrupes stercorosus*), andere Kleintiere, Pilze und Bakterien ernähren sich vom Kot des Rehs und anderer Tiere.
Goldfliegen (*Lucilia*), Aaskäfer (Silphidae), andere Aasfresser und deren Larven sowie Pilze und Mikroorganismen leben u.a. von Kadavern des Rehs.
Samen von Kletten-Labkraut sowie anderen Kraut- und Grasarten werden durch Anhaftung verbreitet.
+
+
+
+
+
+
+

Die unten stehende Abbildung zeigt die Förderungskonstellation um das Rote Waldvögelein *(Cephalanthera rubra),* eine der wenigen, in Wäldern vorkommenden Orchideen-Arten, aber nur, wenn die Wälder nicht zu dicht sind. Das Rote Waldvögelein hat, wie die Konstellation zeigt, komplizierte Beziehungen zu Scherenbienen und Glockenblumen *(Campanula);* Einzelheiten hierzu sind in Kap. 3.2.1 zusammengestellt.

Rechte Seite:
Förderungskonstellation um das Rote Waldvögelein *(Cephalanthera rubra).* Dieses ist eine der wenigen, im Wald vorkommenden Orchideen-Arten. Die Besonderheiten bei der Bestäubung sind in Kap. 3.2.1 im Detail beschrieben worden. Die nach außen zeigenden Linien sollen verdeutlichen, dass die betreffenden Arten zu weiteren Arten Beziehungen haben. Die Symbole + bzw. +* sind jeweils bei demjenigen Partner platziert, für den die Beziehung positiv ist. Wo kein Symbol eingezeichnet ist, geht vom jeweiligen Partner keine Wirkung aus (Nullwirkung).

Männchen von Scherenbienen (*Chelostoma*) bestäuben Waldvögeleinblüten, obwohl sie keinen Nektar enthalten: Nektartäusch-Mimikry.

+

+*

Scherenbienen-Weibchen bestäuben blaue Glockenblumen (*Campanula*), die für sie ähnlich aussehen wie die rot-lila-farbigen des Waldvögeleins (Mimikry). Mit dem Pollen versorgen sie ihre Brut. Aus dieser entstehen auch Männchen, die u.a. das Waldvögelein bestäuben (siehe oben). Zwischen Waldvögelein und Glockenblume: indirekte positive Beziehung.

+ +

Rotes Waldvögelein, eine Orchidee, *Cephalanthera rubra*

+

Springschwänze und andere Kleintiere sowie Pilze und Bakterien leben von abgestorbenen Pflanzen(teilen).

+ +

Glockenblumen- und Waldvögelein-Blüten sind Rendezvous-Plätze für Scherenbienen-Männchen und -Weibchen. Außerdem finden Wildbienen, Fliegen und Käfer in den Blüten Schutz vor Kälte und Nässe: Schlafstättenblumen. In beiden Fällen kann es auch zur Bestäubung kommen.

+*

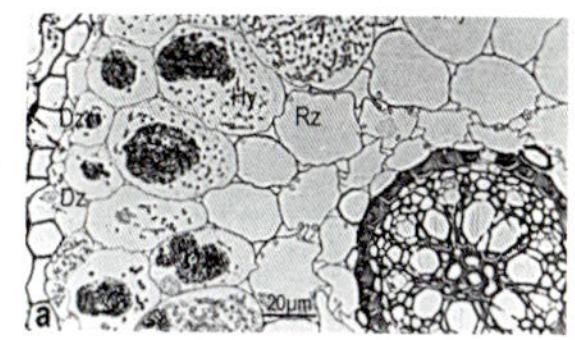

Die Knäueln eines Wurzelpilzes (Mykorrhiza) sind in diesem Querschnitt durch eine Orchideenwurzel klar zu sehen. Der Pilz liefert dem Keimling, der aus dem 0,001 mg schweren Samen entsteht, und später wohl auch der ganzen Pflanze unerlässliche Nährstoffe.

Viele naturnahe Wald-Ökosysteme haben eine ähnliche Struktur wie der hier dargestellte buchenreiche Laubmischwald. Dies gilt u. a. für Ahorn-Eschenwälder, Eichen-Hainbuchenwälder und Linden-Mischwälder sowie z. T. auch für Auenwälder. In all diesen Wäldern kommen im Wesentlichen dieselben positiven Beziehungen vor wie die hier beschriebenen. Einige spezielle positive Beziehungen in naturnahen Waldrändern und Hecken sind in Kap. 4.2 dargestellt. Wesentliche Unterschiede zu den Bedingungen und Beziehungsnetzen in Laubwäldern gibt es in Nadelwäldern. Einen Einblick in diese vermittelt das Kap. 5.1 über den subalpinen Lärchen-Zirbenwald (Lärchen-Arvenwald).

4

Positive Beziehungen in Moor, Hecke, Blaugrashalde und alpiner Schuttflur

Der Boden dieses Hochmoortyps besteht großenteils aus Torfmoos-Torf, d.h. aus abgestorbenen Pflanzen der Gattung Bleichmoos *(Sphagnum)*. Die abgestorbenen Triebe dieser Moose werden nicht abgebaut, weil zumindest deren untere Teile dauernd im Wasser stehen, also Sauerstoff für die Zersetzung fehlt. Außerdem enthalten sie viele sehr saure (phenolische) Substanzen. In den toten und den damit verbundenen lebenden oberen Teilen der Torfmoose wird Wasser kapillar nach oben gesaugt, sodass sich nahe der gewölbten Mooroberfläche ein sogenannter mooreigener Wasserspiegel bildet. Dieser ist in tieferen Teilen der Moorfläche sichtbar, in den sogenannten Schlenken (siehe Abbildung). Diese speziellen Kleingewässer werden im Folgenden jedoch nicht beschrieben.

Die Wasserversorgung der Hochmoore erfolgt nur durch die Niederschläge, also nicht durch seitliche Zuflüsse oder aus dem Grundwasser; darum wird dieses Ökosystem auch als Regenmoor bezeichnet. Durch das Zusammenwirken der auch natürlicherweise leicht sauren Niederschläge mit dem erwähnten geringen Abbau von organischer Substanz sowie mit der speziellen Ökophysiologie der Torfmoose entstehen die sehr sauren schwammartigen Torfböden (pH-Werte < 3,0–4,2). Die Nährstoffversorgung erfolgt ausschließlich durch die Niederschläge und eingewehten Staub und Pollen und ist demensprechend gering.

Unter diesen extremen Bedingungen können nur etwa zwei Dutzend spezielle Arten von Moosen und Blütenpflanzen wachsen. Auch viele Pilz-, Flechten- und Tierarten benötigen, um unter den Umweltbedingungen eines Hochmoors leben zu können, besondere Anpassungen.

Wegen der speziellen Standortbedingungen und weil während Jahrhunderten Torf in ihnen abgebaut wurde, sind Hochmoore heute in Mitteleuropa selten. Deswegen und weil sie sehr reich an besonderen Arten sind, stehen sie heute vielerorts unter Naturschutz.

Positive Beziehungen im Hochmoor

Die Torfmoose schufen, wie soeben beschrieben, im Verlauf von Jahrtausenden ganz spezielle Standortbedingungen, weswegen diese Pflanzen auch als Ökosystemingenieure bezeichnet werden können. Von diesen besonderen Bedingungen profitieren, wie gesagt, etwa zwei Dutzend Pflanzenarten sowie bestimmte Tier- und Pilzarten direkt oder indirekt, manchmal sogar obligat. Man kann also sagen, dass die Torfmoose für diese besonderen Arten positive Wirkungen haben, die Beziehungen für sie selbst dagegen wohl bedeutungslos sind (Symbol +0).

Eine einzelne Pflanze des Rötlichen Torfmooses *(Sphagnum rubellum)* mit Sporenkapseln.

Die Moosbeere *(Vaccinium oxycoccus)* mit ihren glänzenden Beeren an den herumkriechenden Trieben wächst nur auf Torf, der vom Rötlichen Torfmoos *(Sphagnum rubellum)* und anderen Torfmoosen gebildet wird.

Einige Pflanzenarten sind so stark an die Hochmoorbedingungen angepasst, dass sie an anderen Standorten nicht leben können, u. a. wegen der dort herrschenden Bodenbedingungen und weil sie so langsam wachsen, dass sie dort rasch von anderen Pflanzenarten überwachsen werden. Zu den sogenannten Hochmoorspezialisten gehört neben der bereits erwähnten Moosbeere *(Vaccinium oxycoccus)* u. a. auch die Rosmarinheide (Polei-Gränke, *Andromeda polifolia*).

Die Rosmarinheide (Polei-Gränke, *Andromeda polifolia*), ein Zwergstrauch, profitiert von den sauren Bodenbedingungen, die von den Torfmoosen geschaffen worden sind; sie ist ein sogenannter Hochmoorspezialist. Ihren Namen verdankt sie der Tatsache, dass ihre Blätter denen des Rosmarins ähneln.

Häufig in Hochmooren, aber auch in anderen Pflanzengesellschaften kommen die folgenden Arten vor: Besenheide (Heidekraut, *Calluna vulgaris*), Heidelbeere *(Vaccinium myrtillus)* und Rauschbeere *(Vaccinium uliginosum)*.

Die Heidelbeere (Blaubeere, *Vaccinium myrtillus*) kommt häufig in Hochmooren, aber auch in Heiden und Wäldern auf sauren Böden vor.

Die erwähnten Blütenpflanzen werden alle von Insekten bestäubt und ihre Beeren sind Nahrung von Vögeln, z. B. der Amsel *(Turdus merula)* und des Birkhuhns *(Lyurus tetrix = Tetrao tetrix)*, sowie von Säugetieren. Über deren Kot werden die Samen dann verbreitet. Bestäubung und Verbreitung durch Tiere sind bekannte positive Beziehungen.

Birkhähne *(Lyrurus tetrix = Tetrao tetrix)* beim Balzen in einer weiten Moorlandschaft. Ihre Nahrung sind u. a. Beeren, deren Samen mit dem Kot unbeschädigt ausgeschieden und damit verbreitet werden: eine wechselseitig positive Beziehung.

Die oben genannten Beerenpflanzen gehören alle zu den Heidekrautgewächsen (Ericaceae) und haben spezielle symbiotische Wurzelpilze. Diese ericoiden Mykorrhizen haben Merkmale sowohl von Ekto- wie von arbuskulären Mykorrhizen (siehe Kap. 3.5). Viele Vertreter weiterer, z. T. häufiger Gattungen von Hochmoorpflanzen wie den Seggen *(Carex),* Wollgräsern *(Eriophorum),* Rasenbinsen *(Trichophorum)*

Das Weiße Schnabelried (Weiße Schnabelbinse, *Rhynchospora alba*) kommt in Hochmooren und Sumpfwiesen auf sauren Böden vor. Es lebt wie viele andere Hochmoorpflanzen in Symbiose mit Wurzelpilzen (Mykorrhizen).

und Schnabelrieden (Schnabelbinsen, *Rhynchospora*) haben meist normale arbuskuläre Mykorrhizen. Auch die Torfmoose und wohl auch viele andere in Hochmooren vorkommende Moose haben ebenfalls Mykorrhizen.

Die Beziehung zwischen dem Scheiden-Wollgras *(Eriophorum vaginatum)* und der Moor-Birke *(Betula pubescens)* liefert ein interessantes Beispiel einer *Ammenpflanzen-*, also einer positiven Beziehung. Sie wurde in Niedersachsen in einem Hochmoor, in welchem Torf abgebaut worden ist und trockenere, also baumfähige Standortbedingungen herrschen, festgestellt. Die überhängenden Blätter des Wollgrases erwiesen sich als Samenfänger für die Flugsamen der Moor-Birke. Außerdem wuchsen die sich daraus entwickelnden Jungpflanzen unter den Wollgrasblättern besser als im Offenland.

Die vom Wollgras beim Aufwachsen geförderte Moor-Birke *(Betula pubescens)* kommt nicht nur in sauren Mooren, sondern auch in feuchten Schluchten und Wäldern vor.

Die Horste des Scheiden-Wollgrases *(Eriophorum vaginatum)* dienen den Jungpflanzen der Moor-Birke *(Betula pubescens)* als *Ammenpflanzen*. In den Wollgrashorsten verfangen sich die Flugsamen der Birke leicht, und dort haben die Birkenkeimlinge auch günstigere Bedingungen zum Aufwachsen als im Offenland, nämlich Schutz vor Austrocknung, Wind, Hagel und Viehtritt; eine einseitig positive Beziehung.

Ringelnatter-Eier profitieren von Schutz und Wärme in verrottendem Pflanzenmaterial (Symbol +0)

Die Ringelnatter (*Natrix natrix* bzw. die Barren-Ringelnatter *Natrix helvetica*) wird im Kapitel über Hochmoore erwähnt, weil sie auf Gewässer angewiesen ist und solche oft im Bereich von Mooren vorkommen. Haufen von verrottendem Material, z. B. von Kompost, Mist oder liegen gelassener Streue bei der Bewirtschaftung von Riedwiesen, dienen der Ringelnatter instinktiv als Versteck für ihre lederigen, dünnwandigen Eier. Diese werden nach der Ablage ihrem Schicksal überlassen. Durch die Wärme, die durch den mikrobiellen Abbau des organischen Materials entsteht, werden die Eier innerhalb von sieben bis neun Wochen ausgebrütet. Es liegen also zwei für die Ringelnatter einseitig positive Wirkungen vor: Schutz und mikrobielle Wärmeproduktion.

Die Ringelnatter kommt in vielen verschiedenen offenen bis halboffenen Ökosystemen vor; immer müssen aber auch Gewässer vorhanden sein.

Ihre Eier legt die Ringelnatter in Haufen von verrottendem organischem Material, in diesem Bild in Kompost, aber es kann auch Riedstreue sein. Durch die Wärmeproduktion beim mikrobiellen Abbau des organischen Materials werden die Eier im Verlauf von 7–9 Wochen ausgebrütet. Zwei einseitig positive Wirkungen: Schutz und Wärmegenuss.

Pilze, die auf die speziellen Bedingungen in Hochmooren, also auf Torfmoose angewiesen sind, gibt es in den Gattungen der Häublinge *(Galerina)* und Schwefelköpfe *(Hypholoma)*. Wahrscheinlich schädigen diese Pilze die Torfmoose nicht, sodass eine positive Beziehung vorliegt.

Der Sumpf-Schwefelkopf *(Hypholoma elongatum = Psilocybe elongata)* lebt u. a. in Torfmooren von abgestorbenem Pflanzenmaterial: eine einseitig positive Beziehung.

Auch einige Flechtenarten können unter den speziellen Bedingungen des Hochmoores wachsen, z. B. Arten der Gattung *Cladonia*. Wie bereits in Kap. 3.5 dargelegt, sind Flechten Doppellebewesen, in denen ein Pilz und Grünalgen oder Cyanobakterien in obligater Symbiose leben.

Die bis 10 cm hoch werdende Zarte Rentierflechte *(Cladonia ciliata)* kommt unter anderem in Hochmooren vor. Wie bei allen Flechten handelt es sich um eine Symbiose zwischen einem Pilz und Grünalgen bzw. Cyanobakterien.

Dieser kleine Überblick über das Ökosystem Hochmoor zeigt, dass in ihm ganz extreme Umweltbedingungen herrschen, mit denen nur sehr spezialisierte Pflanzen-, Tier- und Pilzarten zurechtkommen. Zwischen diesen verschiedenen Arten bestehen dann auch ganz spezielle positive, aber natürlich auch negative Beziehungen.

4.2 Wie fördern Arten in einer Hecke bzw. an einem Waldrand einander?

Hecke mit blühendem Schwarzdorn (Schlehdorn, *Prunus spinosa*), Zweigriffeligem Weißdorn *(Crataegus laevigata)* und hohen Bäumen.

Besonderheiten von Hecken und Waldrändern

Hecken sind einige Meter breite und meist viele Dutzend Meter lange Gehölzstreifen aus niederen und hohen Sträuchern sowie einzelnen hohen Bäumen. Vereinfacht gesagt, können Hecken als doppelte Waldränder bezeichnet werden. Nach außen wird eine Hecke wie auch ein Waldrand durch einen sogenannten Mantel abgeschlossen. Dieser ist relativ dicht, weil er von der Seite her Sonnenlicht erhält. Hecken und Waldränder sollen, um biologisch wertvoll zu sein, von einem artenreichen einige Meter breiten Saum aus Kräutern und Gräsern begleitet sein.

Naturnahe Hecken und Waldränder sind nicht einfach eine Mischung aus Wald und Wiese bzw. Acker, sondern wegen ihrer günstigen Licht- und Wärmeverhältnisse sowie infolge der speziellen Bewirtschaftung etwas Eigenständiges. In Hecken und an Waldrändern kommen viele spezielle Pflanzenarten vor, die im Wald unter anderem wegen des Lichtmangels und in Wiese und Acker wegen der dort intensiveren Bewirtschaftung nicht existieren können. Diese Arten und die erwähnten ökologischen Bedingungen ermöglichen es auch zahlreichen besonderen Tier- und Pilzarten,

Positive Beziehungen in Hecken

Viele in den Kapiteln über die Magerwiese und über den Laubwald beschriebene positive Beziehungen kommen auch in Hecken und an Waldrändern vor, z. B. Symbiosen zwischen Pflanzen und Wurzelpilzen (Mykorrhizen), Mimikry, Mimese, Polizistenfutter-Beziehung, die Benützung von abgestorbenen Pflanzen als Überwinterungs- und Nistplatz u. v. m. All dies soll hier nicht nochmals beschrieben werden, sondern es wird auf einige positive Beziehungen eingegangen, die für Hecken und an Waldrändern in tiefen Lagen Mitteleuropas typisch sind und auffallen.

Hecken und Waldränder dienen vielen Tierarten als Lebensraum und Ausgangspunkte für die Nahrungssuche (Symbol +0)

Im Landwirtschaftsgebiet sind Hecken und Waldränder wichtige Lebensräume und Rückzugsorte für Dutzende von Arten von Säugetieren, Vögeln, Reptilien, Schnecken, Insekten, Spinnen und anderen Tieren. Dies nicht zuletzt deshalb, weil auf Hecken und Waldränder das Licht auch von der Seite auftrifft, sodass sich hier von oben bis unten ein dichter Mantel aus Blättern entwickeln kann. Hinter diesem Mantel können insbesondere auch größere Tiere wie Rehe, Feldhasen, Fuchs und Igel in Deckung gehen.

Die Mönchsgrasmücke *(Sylvia atricapilla)*, hier ein Männchen, sowie ein Nest mit Jungen in einer Hecke.

Dem Turmfalken *(Falco tinnunculus)* und anderen Greifvögeln sowie Eulen dienen hohe Bäume in Hecken oder am Waldrand als Ansitz für ihre Beuteflüge, eine für die Vögel einseitig positive Beziehung.

In Hecken brüten unter anderem Distelfink *(Carduelis carduelis)*, Goldammer *(Emberiza citrinella)* und Feldsperling *(Passer montanus)*. Brutvögel in Hecken mit einzelnen hohen Bäumen sind u. a. Wacholderdrossel *(Turdus pilaris)*, Elster *(Pica pica)* und Rabenkrähe *(Corvus corone)*. Allen diesen und vielen anderen Tierarten dienen Hecken und Waldränder als Ausgangspunkt für die Nahrungssuche. Beide Ökosysteme sind also in vielerlei Hinsicht positiv für eine große Zahl von Arten.

Singwarten für Vogelmännchen (Symbol +0)

Hohe Sträucher und Bäume in Hecken, Feldgehölzen und an Waldrändern wie auch Einzelbäume in der offenen Landschaft dienen vielen Vogelmännchen als Singwarten für die Abgrenzung ihrer Reviere und das Anlocken von Weibchen. Bekanntlich singen bei unseren Vogelarten fast ausschließlich die Männchen. (Rufe erschallen hingegen auch von den Weibchen und den Jungvögeln.) Eine Art, die man oft hoch in Hecken sieht und singen hört, ist die Goldammer *(Emberiza citrinella)*.

Ein Goldammer-Männchen *(Emberiza citrinella)* auf einer Singwarte in einer Hecke, von wo man oft sein «Jajajaja-wiehabichdichlieb» hört.

Dornsträucher bieten vielen Tierarten, insbesondere Vogelarten, Schutz
(Symbol +0)

Die in Hecken auffallend häufig vorkommenden Dornsträucher (siehe Tabelle beim Thema «Die Abfolge des Blühens …») bieten vielen Vogelarten, die ihre Jungen in offenen Nestern aufziehen, Schutz vor Fressfeinden wie den Elstern *(Pica pica)* und Rabenkrähen *(Corvus corone)*. Zu diesen Offenbrütern gehören die Goldammer *(Emberiza citrinella)*, der Grünfink *(Chloris chloris)* und die Mönchsgrasmücke *(Sylvia atricapilla)*.

Der Neuntöter *(Lanius collurio)*, ein mittelgroßer, in Heckenlandschaften vorkommender Zugvogel, nutzt die Dornen bzw. Stacheln von Heckensträuchern, um seine Beute aufzuspießen – eine makabre, für den Vogel positive Beziehung zu den Dornsträuchern. Dies erlaubt ihm, Großinsekten und seltener auch kleine Vögel, Mäuse und Amphibien zu fixieren und so bequemer zu fressen. Die aufgespießten Kleintiere dienen auch als Nahrungsvorrat und als Revier-Markierung. Außerdem demonstrieren die Männchen damit den Weibchen, wie erfolgreich sie als Jäger sind. Zwischen bestimmten Vogelarten und einigen stachligen Heckensträuchern gibt es also mehrere einseitig positive Beziehungen.

Männchen des Neuntöters *(Lanius collurio)* spießen manchmal ihre Beute auf Dornen; diese kann so besser zum Fressen zerlegt werden. Außerdem dient die Beute als Nahrungsreserve und zur Markierung des Reviers.

Hecken, Feldgehölze und Waldränder werden meist während vieler Jahre von zahlreichen Vögeln bewohnt. Dann fallen deren Ausscheidungen ins Gewicht; es findet eine Düngung der darunter wachsenden Pflanzen statt.

Wie der Wiedehopf seine Eier und Nestlinge mit Bakterien-Antibiotika schützt (Symbol + +)

Der Wiedehopf *(Upupa epops)* ist in Mitteleuropa ein seltener Zugvogel, der nur in warmen, tief gelegenen Gebieten mit lockerem Baumbestand und extensiv bewirtschaftetem, lückigem Grasland vorkommt. Er nistet u. a. in Höhlen und Halbhöhlen in alten Bäumen, z. B. am Waldrand sowie in Mauern. Das brütende Weibchen und später auch die Jungvögel scheiden ein dunkles, stinkendes Sekret aus der Bürzeldrüse aus, das Eindringlinge abschreckt. Daher die Redewendung «Stinkt wie ein Wiedehopf». Im erwähnten Sekret hat es symbiotische Bakterien, die antibiotische, eiweißähnliche, wohl ebenfalls stinkende Substanzen (Peptide) produzieren (Soler et al. 2014). Beide, Gestank und antibiotische Substanzen, sind für das Überleben der Nestlinge förderlich, also positiv. Außerdem kann der Wiedehopf bei Störung wie eine Schlange zischen (siehe unten).

Der Wiedehopf *(Upupa epops)* brütet in Höhlen oder Halbhöhlen. Von dort hält er Eindringlinge durch den starken Gestank eines Sekrets aus der Bürzeldrüse fern. Dieses Sekret enthält symbiotische Bakterien, die antibiotische und wohl ebenfalls stinkende Substanzen produzieren. Beides, Gestank und antibiotische Wirkung sind positiv für das Überleben der Nestlinge.

Meisen schützen sich in ihrer Höhle durch Zischen wie eine Schlange: akustische Mimikry (Symbol + 0)

Kohlmeisen *(Parus ater)* und Blaumeisen *(Cyanistes caeruleus)* nisten vor allem in Baumhöhlen; sie können somit bei Gefahr nicht so leicht wegfliegen wie aus einem offenen Nest. Wie schützen sie sich vor Fressfeinden, die am Höhleneingang auftauchen? Untersuchungen von Møller et al. (2020) in Dänemark zeigen, dass brütende Kohl- und Blaumeisen wie Schlangen zischen, wenn die Hand eines Menschen an den Rand ihres Nistkastens gehalten wird. Detaillierte Analysen legen den Schluss nahe, dass dieses Verhalten Nisträuber wie Hauskatzen, Steinmarder *(Martes foina)* und Buntspechte *(Dendrocopos major)* abschreckt. In Dänemark korrelierte die Häufigkeit des Zischens nämlich mit jener der Kreuzottern *(Vipera berus)* im betreffenden Gebiet. Deshalb gehen die Autoren der Studie davon aus, dass eine Bates'sche Schutzmimikry (siehe Kap. 1.4.3) mit dem Zischen von Schlangen vorliegt.

Blau- und Kohlmeisen sowie andere Vogelarten zischen wie Schlangen, um einen Fressfeind, der am Eingang ihrer Bruthöhle erscheint, abzuschrecken: eine akustische Schutzmimikry.

Förderungen in gemischten Vogeltrupps (Symbol + +)

In Wäldern kann man vor allem nach der Brutsaison beobachten, wie verschiedene Vogelarten in Trupps gemeinsam Nahrung fressen. Was sind die Vorteile solcher Trupps z. B. aus Blaumeisen *(Cyanistes caeruleus)*, Kohlmeisen *(Parus ater)*, Mönchsgrasmücken *(Sylvia atricapilla)* und weiteren Arten?

Eine Hypothese ist, dass gemischte Gruppen ein gutes Nahrungsgebiet eher finden und, wenn es von einer territorialen Gruppe verteidigt wird, besser darin eindringen können als eine homogene Gruppe. Auch fressen nicht alle Vögel gleichzeitig, sondern einige schauen herum und warnen alle Partner, wenn sie einen Fressfeind hören oder sehen: «Viele Augen sehen mehr als nur ein Augenpaar». Beim Auffliegen eines gemischten Trupps wird ein Fressfeind möglicherweise auch stärker verwirrt als von einer homogenen Gruppe. In den Nahrungsansprüchen unterscheiden sich die verschiedenen Vogelarten meist leicht, sodass eine einzelne Ressource weniger einseitig und stark beansprucht wird als von einem gleich großen Trupp aus nur einer einzigen Art. Auch ist die Nahrungskonkurrenz in einem gemischten Trupp wohl geringer als in einem homogenen.

Gesamthaft gesehen überwiegen in gemischten Trupps die Vorteile im Vergleich zu den Nachteilen, die es wohl auch gibt.

Hier sei noch darauf hingewiesen, dass gemischte Vogeltrupps bei Wasservögeln sehr häufig sind.

Vogeltrupp am Fressen auf einer nassen Waldstraße in den USA (ein entsprechendes Foto aus Europa konnte nicht gefunden werden). Die Vogelarten sind: Fichtenzeisig *(Spinus pinus)*, Abend-Kernbeißer (*Coccothraustes vespertinus* mit dem dicken Schnabel) und der auch in Europa vorkommende, rotbraune Fichtenkreuzschnabel (*Loxia curvirostra*, ausnahmsweise nicht im Geäst). Gemischte Trupps bieten den Vögeln im Vergleich zu homogenen Trupps mehrere Vorteile (siehe Text).

Kletterpflanzen profitieren von hochwachsenden Heckensträuchern
(Symbol +0)

Das seitlich in Hecken und an Waldrändern einfallende Licht ermöglicht Kletterpflanzen, dort zu leben. Positiv für diese Pflanzen ist auch, dass am Rand und hoch im Bestand die Chance größer ist, dass ihre Früchte von Vögeln gesehen, gefressen und verbreitet werden. Andererseits können Kletterpflanzen durch Beschattung und durch Wurzelkonkurrenz um Nährstoffe ihre Stützpflanzen auch beeinträchtigen. Dies fällt aber meist nicht stark ins Gewicht, da die Heckensträucher im Allgemeinen genügend Licht erhalten und ihr Wurzelwerk bis in den angrenzenden Saum und oft sogar bis in angrenzende Wiesen, Weiden oder Äcker reicht.

Kletterpflanzen an Waldrändern und in Hecken profitieren von der Stützwirkung der Heckensträucher und -bäume. Die Arten kommen nicht alle gemeinsam vor, da sie verschiedene Ansprüche an Klima und Boden haben.

Schlingpflanzen winden ihre Triebe um Triebe und Äste:	
Gewöhnliche Waldrebe	*Clematis vitalba*
Wald-Geißblatt	*Lonicera periclymenum*
Schmerwurz	*Tamus communis*
Hopfen	*Humulus lupulus*
Zweihäusige Zaunrübe	*Bryonia dioica*
Spreizklimmer klettern mit Trieben, die sich im Geäst anderer Pflanzen verhaken:	
Hunds-Rose	*Rosa canina*
Brombeere	*Rubus fruticosus aggr.*
Kletten-Labkraut	*Galium aparine*
Haftwurzelkletterer	
Efeu	*Hedera helix*

Die Hunds-Rose *(Rosa canina)* ist ein Spreizklimmer. Die Samen in den Hagebutten werden von Vögeln verbreitet: eine wechselseitig positive Beziehung.

Die Schmerwurz *(Tamus communis)* profitiert von der Stützwirkung von Sträuchern, um die sie sich windet.

Der Hopfen *(Humulus lupulus)* kommt in Hecken und an Waldrändern in tieferen Lagen Mitteleuropas vor. Er schlingt sich rechtswindend bis 7 m hoch um Sträucher und Bäume, was für ihn förderlich ist.

Die Abfolge des Blühens und Fruchtens der verschiedenen Sträucher ist positiv für Insekten und Vögel – und für die Sträucher selbst (Symbol + +)

Die Bestäubung und Ausbreitung durch Tiere wurde bereits in den Kap. 2.2 und 2.3 ausführlich besprochen, weswegen hier darauf verzichtet werden kann. Stattdessen werden im Folgenden die indirekt förderlichen Beziehungen zwischen den vielen Bestäubern bzw. Samenausbreitern besprochen.

Die unten stehende Tabelle zeigt, dass in artenreichen Hecken und Waldrändern zwischen Februar und August (falls Efeu vorkommt, sogar bis in den Spätherbst) immer verschiedene Straucharten blühen und somit Pollen und z. T. Nektar liefern. Dies ist für die Insekten positiv, denn dadurch steht ihnen dauernd Nahrung zur Verfügung. Selbstverständlich besuchen die Bestäuber aber auch noch andere Arten in und außerhalb von Hecken und Waldrändern.

Ähnlich Positives gilt für die Vögel; sie finden von Juni bis in den Herbst, ja sogar bis in den Winter hinein in Hecken immer Beeren und andere Früchte zum Fressen (siehe Tabelle). Die Früchte mancher sogenannter *Wintersteher* werden von den Vögeln erst gefressen, nachdem sie ihre herben Gerbstoffe durch Frosteinwirkung und andere Prozesse verloren haben. Diese Früchte sind somit für bestimmte Vogelarten die Notreserve, wenn es keine Insekten, Spinnen und Regenwürmer mehr gibt. Auch früh aus dem Süden zurückkehrende Arten können von dieser Winternahrung profitieren.

Schwarzdorn (Schlehe, *Prunus spinosa*) in Blüte an einem Waldrand.

Blüte- und Fruchtzeit von Sträuchern, kleinen Bäumen und einigen Kletterpflanzen in Hecken bzw. an Waldrändern. Monatsangaben zum Blühen meist aus Lauber et al. (2018). Hasel und Sal-Weide sind Windbestäuber; sie werden aber auch von Bienen und anderen Insekten, die sich vom Pollen ernähren, besucht. Blütenbestäubung und Samenausbreitung sind bekannte wechselseitig positive Beziehungen. Die Arten kommen nicht alle gemeinsam vor. **Fett gedruckt** sind die deutschen Pflanzennamen der Arten, die Dornen oder Stacheln haben.

Pflanzenart	Wissenschaftlicher Name	Monate des Blühens im Jahreslauf	Monate der Ausbreitung der Früchte im Jahreslauf W = Wintersteher
Hasel (Windbestäubung)	*Corylus avellana*	2–4	(9–10, Nüsse)
Stachelbeere	*Ribes uva-crispa*	4	5–6
Schwarzdorn, Schlehe	*Prunus spinosa*	4–5	9–10 (bis 3 W)
Zweigriffliger Weißdorn	*Crataegus laevigata*	4–5	6–8 (bis 2 W)
Rote Heckenkirsche	*Lonicera xylosteum*	4–5	6–8
Roter Hartriegel, Hornstrauch	*Cornus sanguinea*	5	7–8 (bis 2 W)
Purgier-Kreuzdorn	*Rhamnus cathartica*	5	7–8
Wolliger Schneeball	*Viburnum lantana*	5	7–10
Schmerwurz (Kletterpflanze)	*Tamus communis*	5–6	7–8
Schwarzer Holunder	*Sambucus nigra*	5–6	8–9
Eingriffliger Weißdorn	*Crataegus monogyna*	5–6	8–10 (bis 3 W)
Gewöhnlicher Schneeball	*Viburnum opulus*	5–6	8–12 (bis 3 W)
Gewöhnliche Berberitze	*Berberis vulgaris*	5–6	8–10
Vogelbeerbaum	*Sorbus aucuparia*	5–7	8–10 (bis 2 W)
Himbeere	*Rubus idaeus*	5–7	7–8
Brombeere (Kletterpflanze)	*Rubus fruticosus aggr.*	5–8	9–10
Blaue Brombeere, Kratzbeere	*Rubus caesius*	6–9	7–10
Hunds-Rose (Kletterpflanze)	*Rosa canina*	6–7	9–12 (bis 3 W)
Gewöhnlicher Liguster	*Ligustrum vulgare*	6–7	9–12 (bis 3 W)
Gewöhnliches Pfaffenhütchen	*Euonymus europaeus*	6–7	10–12 (bis 3 W)
Zweihäusige Zaunrübe (Kletterpflanze)	*Bryonia dioica*	6–9	8–10
Wald-Geißblatt (Kletterpflanze)	*Lonicera periclymenum*	6–8	8–10
Efeu	*Hedera helix*	9–10	1–4 W

Gesamthaft gesehen sorgen die verschiedenen Sträucher gegenseitig dafür, dass die Bestäuber bzw. die Samenverbreiter immer Nahrung haben, was indirekt natürlich auch den Sträuchern selbst zugutekommt. Dies kann als System wechselseitig positiver Beziehungen aufgefasst werden.

Blüten und Früchte des Schwarzdorns (Schlehe, *Prunus spinosa*).

Blüten- und Fruchtstand des Wolligen Schneeballs *(Viburnum lantana)*.

In Hecken kommen natürlich auch nicht Beeren oder beerenähnliche Früchte tragende Sträucher und Bäume vor, z. B. der Feld-Ahorn *(Acer campestre)* und die Hainbuche *(Carpinus betulus)*.

Ein Amsel-Männchen *(Turdus merula)* hat die Qual der Wahl: Welche der Beeren des Schwarzen Holunders *(Sambucus nigra)* soll es als Nächstes fressen? Mit dem Kot werden dann die Samen an neue Standorte verbreitet.

Vögel besuchen und bestäuben Blüten – auch in Europa (Symbole + 0 und + +)

Blütenbesuche – evtl. sogar Bestäubung – durch Vögel kommen nicht nur bei tropischen, sondern auch bei mitteleuropäischen Pflanzenarten vor, aber nur sehr selten. So wurden Fraß an Blüten sowie Spuren von Pollen auf Federn, Kopf, Schnabel oder Brust unter anderem bei der Blaumeise *(Cyanistes caeruleus),* dem Zilpzalp (Weidenlaubsänger, *Phylloscopus collybita*) und Grasmücken-Arten (Gattung *Sylvia*) beobachtet. Zu den am häufigsten besuchten Pflanzenarten gehören Birken *(Betula),* Weiden *(Salix),* Kiefern (Föhren, *Pinus*) und Brennnesseln *(Urtica).*

Wieso hat es so viele Ameisen und Bienen in den Kirschlorbeer-Hecken der Gärten? (Symbol + + Δ)

Es mag erstaunen, dass hier mit dem Kirschlorbeer (Lorbeerkirsche, *Prunus laurocerasus*) eine Pflanzenart besprochen wird, die nicht einheimisch, sondern ein u. a. aus Kleinasien stammender invasiver Neophyt ist. Aber an bestimmten Rassen

Was macht die Blaumeise *(Cyanistes caeruleus)* an den Kätzchen der Sal-Weide *(Salix caprea)*? Sie saugt Nektar und frisst wohl auch Pollen. Schaut man genau hin, so sieht man, dass gelber Pollen auf der sonst weißen Stirn haften geblieben ist. Eine Chance, dass die weiblichen Blüten bestäubt werden, ist gegeben, denn auch sie locken mit Nektar Bestäuber an. Normalerweise wird die Sal-Weide durch Bienen, Tagfalter und andere Insekten bestäubt.

(cultivars) des sehr häufig für Hecken verwendeten immergrünen Strauches kann man das folgende Phänomen besonders leicht beobachten: Im Frühling wimmelt es bei schönem Wetter an den jungen Trieben von Ameisen und seltener auch von Bienen. Was suchen sie dort? Sie lecken süßen Nektar auf, der aus einigen 2–4 mm großen Drüsen auf der Blattunterseite nahe am Hauptnerv ausgeschieden wird, aus den sogenannten extrafloralen Nektarien (*extra* = außerhalb; *flos* = Blüte; siehe Abbildung). Als «Gegenleistung» verteidigen die Ameisen manchmal die Blätter gegen Blattläuse und Raupen. Diese wechselseitig positive Beziehung zwischen Pflanze und Ameise wird auch als *Polizistenfutter-Beziehung* bezeichnet.
Solche speziellen Nektarquellen können auch bei mehreren einheimischen, oft in Hecken vorkommenden Arten beobachtet werden, z. B. als 1–3 mm große Drüsen am Übergang vom Blattstiel zur Blattspreite bei Schwarzdorn *(Prunus spinosa)*,

Kirschbaum (Süß-Kirsche, Vogel-Kirsche, *Prunus avium*), Gewöhnlichem Schneeball *(Viburnum opulus)* und Schwarzem Holunder *(Sambucus nigra)*. Außerdem gibt es solche Nektarien bei Weiden- *(Salix)* und Pappel-Arten *(Populus)*. Eine eigentliche Polizistenfutter-Beziehung konnte jedoch nicht bei allen genannten Arten festgestellt werden. Vielleicht spielt sie vor allem im Sämlings- und Jungpflanzen-Stadium eine Rolle.

Blätter des Kirschlorbeers (Lorbeerkirsche, *Prunus laurocerasus*), eines häufig für Gartenhecken verwendeten fremdländischen Strauchs. Mit Pfeilen sind die weißlichen, manchmal auch bräunlichen Nektar ausscheidenden Drüsen entlang des Hauptnervs markiert. Sie werden vor allem von Ameisen besucht, die den zuckerhaltigen Saft auflecken. Diesen kann man im Frühling an jungen Kirschlorbeer-Blättern auch selber feststellen.

Tarnung, Mimese und Mimikry (Symbole +0, +*0, + + und + +*)

Diese Formen von Nachahmung zwischen verschiedenen Arten wurden bereits in einer Tabelle in Kap. 1.4.3 beschrieben und in den Kap. 2.2.3 und 3.4 mit mehreren Beispielen, die z. T. auch in Hecken vorkommen, illustriert. Im Folgenden werden zu diesen Phänomenen anhand der sogenannten Nesselfalter weitere Beispiele dargestellt.

Fünf Tagfalter-Arten profitieren von der Brennnessel (Symbole +0 und +0Δ)

Die Große Brennnessel *(Urtica dioica)* ist eine bekannte Pflanzenart, die im Saum von Hecken und Wäldern sowie an vielen anderen, insbesondere nährstoffreichen Standorten bis in die alpine Höhenstufe hinauf vorkommen. Von ihren Blättern ernähren sich die Raupen der fünf in der unten stehenden Tabelle dargestellten Nesselfalter. Diese Arten stellen an die Brennnesselbestände z. T. ganz verschiedene Ansprüche: besonnt und trocken oder besonnt und luftfeucht oder schattig und luftfeucht. Daraus ergibt sich, dass die Raupen der verschiedenen Arten einander wohl kaum konkurrenzieren. Der Fraß der Raupen, der um die Brennhaare herum erfolgt, ist für die Brennnessel natürlich negativ. Deren Bestände werden jedoch meist nicht nachhaltig beeinträchtigt, sodass man die Beziehung auch als einseitig positiv bezeichnen kann. Die adulten Tagfalter saugen Nektar an ganz verschiedenen Pflanzenarten, der Admiral auch an Fallobst.

Interessant ist nun, dass die genannten fünf Schmetterlingsarten nicht nur in Form von Raupennahrung von den Brennnesseln profitieren, sondern direkt oder indirekt noch auf ganz andere Weise. Die Raupen sind durch die Brennhaare vor vielen Fressfeinden geschützt: eine positive Wirkung der Pflanzenart. Außerdem bestehen zwischen allen vier Entwicklungsstadien der fünf Arten und der Brennnessel bzw. Vogelkot mimetische Beziehungen. Bei der Mimese sieht die betreffende Art aus wie ein anderes belebtes oder unbelebtes Objekt der Umgebung, wird gesehen, aber nicht als Lebewesen erkannt. Dadurch ist es z. B. vor dem Gefressen-Werden geschützt, was natürlich positiv ist (siehe Kap. 1.4.3). Solche mimetischen Beziehungen sind in der unten stehenden Tabelle für das Tagpfauenauge *(Inachis io)* zusammengestellt. Dessen Mimikry zeigt die folgende Abbildung.

Klappt das Tagpfauenauge *(Inachis io)* seine Flügel plötzlich auf, so werden die großen Augenflecke auf den Flügeln sichtbar. Dieser Anblick täuscht das Vorhandensein eines viel größeren Tieres vor. Mancher Fressfeind wird dann von dieser Beute ablassen, was für das Tagpfauenauge natürlich positiv ist: Schutzmimikry (Symbol +0Δ).

Die fünf Nesselfalter-Arten und deren jeweilige mimetische Tarnung in ihren vier Entwicklungsstadien: Kleiner Fuchs *(Aglais urticae)*, C-Falter *(Polygonia c-album)*, Admiral *(Vanessa atalanta)*, Landkärtchen *(Araschnia levana)* und Tagpfauenauge. Mimese bedeutet, dass das Lebewesen sichtbar ist, aber z. B. von Fressfeinden nicht als solches erkannt wird, eine für die Art einseitig positive Beziehung.

Die Abbildungen zeigen das Beispiel des Tagpfauenauges *(Inachis io)*.	
	Die Eier
	aller fünf Arten sind grün, also zwischen den Brennnesselblättern gut getarnt.
	Die Raupen
	aller fünf Arten sind entweder schwarz oder bräunlich; manche haben noch gelbliche oder weißliche Streifen (Landkärtchen). Aus der Distanz sehen die Raupen für Fressfeinde ähnlich aus wie Vogelkot und werden deshalb gemieden. Beim Admiral lebt die Raupe geschützt in einem von ihr aus Blättern zusammengesponnenen Röhrchen.
	Die Puppen
	aller fünf Arten hängen kopfüber an Stängeln z. B. der Brennnessel, an Baumstämmen oder anderen Unterlagen: sogenannte Stürzpuppen. Diese sind oft braun marmoriert, manchmal aber auch hellbraun oder grünlich. Jedenfalls sehen sie ähnlich aus wie ein abgestorbenes Blättchen oder Ästchen: wiederum eine Mimese.
	Die Flügelunterseite
	aller fünf Arten ist meist braun marmoriert, manchmal mit hellen Flecken oder Linien. Hier liegt eine Ähnlichkeit mit einem dürren Blatt vor. Dies trägt dazu bei, dass die Schmetterlinge in Ruhestellung von Vögeln kaum als Beute erkannt werden. Eine weitere Mimese.

Schützt die Ähnlichkeit mit der Brennnessel die Taubnesseln vor Viehfraß?

Die Ähnlichkeit der in Hecken und an Waldrändern vorkommenden Gefleckten und der Weißen Taubnessel (*Lamium maculatum* und *L. album*) mit der Großen Brennnessel *(Urtica dioica)*, die mit ihnen nicht verwandt ist, ist frappierend. Es wird vermutet, dass das Vieh und wohl auch andere Weidetiere die Taubnesseln wegen der Ähnlichkeit mit der Brennnessel, die kaum gefressen wird, meiden. Träfe eine solche einseitig positive Beziehung zu, so wäre sie als Mimikry zu bezeichnen.

Nicht blühende große Weiße Taubnesseln (*Lamium album*, links) sehen sehr ähnlich aus wie Brennnesseln *(Urtica dioica)*. Sind sie deshalb wie die Brennnesseln vor Fraß durch das Vieh geschützt? Dann läge eine Mimikry vor.

Flechten als symbiotische Alleskönner kommen auch in Hecken vor (Symbol + +)

Auf alten Zweigen von Liguster *(Ligustrum vulgare)*, Rotem Hartriegel *(Cornus sanguinea)* und anderen Strauch- sowie Baumarten fallen mancherorts die Gewöhnliche Gelbflechte *(Xanthoria parietina)* und weitere Flechtenarten auf. Diese dringen nicht in das pflanzliche Gewebe ein, sind also keine Parasiten, sondern leben von Nährstoffen, die sie dem Niederschlagswasser, Staubpartikeln und der Luft entnehmen. Die Gelbflechte ist sehr tolerant gegenüber Luftschadstoffen und kommt deshalb auch in Gebieten mit intensiver Tierhaltung und somit hohem Gehalt der Luft an Stickstoffverbindungen vor.

Die Gelbflechte *(Xanthoria parietina)* kommt auf vielen Strauch- und Baumarten vor. Wie alle Flechten besteht sie aus einer Dauersymbiose zwischen einem Pilz und Grünalgen bzw. Cyanobakterien.

Bioheizung im Dachsbau (Symbol +0)

Der Dachs *(Meles meles)* kommt v. a. in Laubwäldern und an deren Rändern vor.

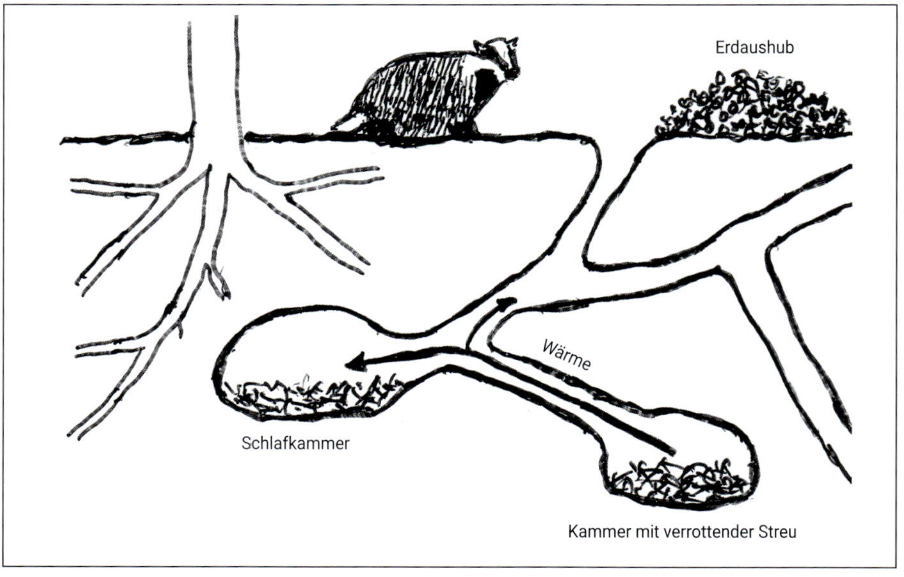

Der Dachs bringt Streu in seine unterirdischen Kammern. Dort verrottet sie, wodurch Wärme entsteht, die den Bau des Daches heizt. Dies ist für ihn positiv, für die Pflanzen(streu) hingegen ohne Bedeutung.

4.3 Positive Beziehungen in einer alpinen Blaugrashalde

Blaugrashalde mit dem dominierenden Kalk-Blaugras *(Sesleria caerulea)*, gelb blühendem Alpen-Wundklee (*Anthyllis vulneraria* subsp. *alpestris*) und vielen Edelweiß *(Leontopodium alpinum)*. (Foto © P. Bolliger)

Ökologie und Vorkommen der alpinen Blaugrashalde

Die alpine Blaugrashalde – benannt nach dem dominierenden Blaugras *(Sesleria caerulea)* – ist eine vom Menschen nicht beeinflusste, also natürliche Lebensgemeinschaft. Sie wird zusammen mit anderen natürlichen Pflanzengesellschaften der alpinen Höhenstufe, z. B. den Rostseggen- und den Krummseggenrasen, zu den *alpinen Urwiesen* gezählt. Blaugrashalden kommen meist an warmen und trockenen Südhängen auf flachgründigen, kalkhaltigen oder dolomitischen Böden vor. Bis zu 50 % der Bodenoberfläche bestehen aus Feinerde, Kies oder Steinen. Trotz der für viele Lebewesen ungünstigen Lebensbedingungen kommen in diesem Ökosystem zahlreiche verschiedene Pflanzen-, Tier- und Pilzarten vor; ihre Gesamtzahl wird auf etwa 1000 geschätzt (Gigon, 1974). Die Blaugrashalde bietet Gämse, Steinbock, Murmeltier und vielen anderen Tierarten karge Nahrung und wird z. T. auch von Schafen und Rindern beweidet.

Dieses Ökosystem wird auch Blaugras-Treppenrasen oder -Girlandenrasen genannt. Die fast kahlen, mehr oder weniger ebenen Flächen der Treppen sind jedoch keine durch das Vieh verursachten Trittstellen. Sondern sie entstehen durch das Zusammenwirken der an den steilen Hängen hinabrutschenden Pflanzendecke mit Frosthebungsprozessen und der damit zusammenhängenden Entmischung verschieden großer Kies- und Sandbestandteile des Bodens (siehe Gigon, 1971).

Viele bereits in den Kap. 2 und 3 beschriebene positive Beziehungen sowie solche, die in Kap. 4.4 über das alpine Blumenpolster thematisiert werden, kommen auch in der Blaugrashalde vor. Dazu gehören die Bestäubung und Samenausbreitung durch Tiere, verschiedene Pflanze-Mykorrhiza-Beziehungen, der Abbau von organischem Material, aber auch Rendezvous-Platz-Beziehungen. Für einige weitere Beziehungen muss noch überprüft werden, ob sie auch in der Blaugrashalde vorkommen, z. B. die Schlafstättenblumen-Beziehung sowie der Schutz vor Fressfeinden bei Insekten, welche pflanzliche Gifte aufgenommen haben.

Im Folgenden werden nun einige spezielle zwischenartliche positive Beziehungen in der Blaugrashalde beschrieben.

Tiefwurzler verhindern das Abrutschen des Bodens (Symbol + +)

Tiefwurzler verbinden die oberen Bodenschichten mit den unteren und stabilisieren so den Boden an steilen Hängen. Dies kommt indirekt dem ganzen Ökosystem zugute, also auch den Tier- und Pilzarten. Über 50 cm tief wurzeln u. a. das Kalk-Blaugras (*Sesleria caerulea*), der Alpen-Wundklee (*Anthyllis vulneraria* subsp. *alpestris*) und die Berg-Distel (Alpen-Distel, *Carduus defloratus*).

Das Kalk-Blaugras *(Sesleria caerulea)* heißt so, weil seine jungen rispigen Blütenstände einen bläulichen Schimmer haben. Es hält mit seinem intensiven und recht tief reichenden Wurzelwerk an Steilhängen den Boden zusammen, was das Leben flach wurzelnder Pflanzenarten ermöglicht.

Von dieser Bodenstabilisierung profitieren die Flachwurzler wie z. B. der Kalk-Glocken-Enzian (Clusius-Enzian, *Gentiana clusii*), der Bewimperte Mannsschild *(Androsace chamaejasme)* und der Dunkle Mauerpfeffer *(Sedum atratum)*. Wegen der Bodenstabilisierung reißen die Wurzeln dieser Arten und auch jene von Keimlingen und Jungpflanzen nicht ab bzw. werden nicht frei gelegt, wie das beim Abrutschen des Bodens der Fall wäre. Die schuttstauenden Pflanzen können somit auch als *Ammenpflanzen* bezeichnet werden (siehe Kap. 2.3).

Diese flach wurzelnden Arten profitieren davon, dass Tiefwurzler wie z. B. das Kalk-Blaugras *(Sesleria caerulea)* den Boden zusammenhalten, also die Erosion verlangsamen. Von links nach rechts: Dunkler Mauerpfeffer *(Sedum atratum)*, Kalk-Glocken-Enzian *(Gentiana clusii)* und Bewimperter Mannsschild *(Androsace chamaejasme)*.

Die Flachwurzler profitieren vom Nährstofflift der Tiefwurzler (Symbol +0)

Im Zusammenhang mit den soeben angesprochenen Tiefwurzlern und Flachwurzlern steht auch der Nährstofflift. Dessen Prinzip wurde bereits anhand des Laubwaldes ausführlicher besprochen (Kap. 3.3). Quantitative Angaben werden in Kap. 4.4 präsentiert. Durch den Nährstofflift reichern sich im Verlauf von Jahrhunderten u. a. die Pflanzennährstoffe Phosphat, Kalium, Eisen und Nickel im Oberboden an. Ein weiterer wichtiger Prozess ist die residuale Anreicherung. Diese beruht darauf, dass die chemischen Substanzen, die bei der Bodenbildung durch die Verwitterung des Muttergesteins (in unserem Fall Hartkalk oder Dolomit) freigesetzt werden, durch die Niederschläge verschieden stark in tiefere Bodenschichten ausgewaschen werden. Die nur wenig ausgewaschenen Substanzen werden dadurch im Oberboden passiv angereichert. Dies dürfte im Boden der Blaugrashalde u. a. Silizium- und Eisenverbindungen sowie Phosphat betreffen.

Selbstverständlich gibt es zwischen den flach wurzelnden und den tief wurzelnden Arten auch eine Konkurrenz um Nährstoffe und Wasser.

Die Wurzelknöllchen bestimmter Arten binden Luftstickstoff als Dünger (Symbole +*+*)

Diese obligate Symbiose wurde bereits in Kap. 2.5 ausführlich beschrieben. Durch sie werden die Schmetterlingsblütler (Fabaceae) und indirekt auch deren Nachbarpflanzen mit pflanzenaufnehmbarem Stickstoff versorgt. Zu den Stickstofffixierern in der Blaugrashalde gehören u. a. verschiedene Klee-Arten (*Trifolium* spp.), der Alpen-Wundklee (*Anthyllis vulneraria* subsp. *alpestris*), der Hufeisenklee *(Hippocrepis comosa)* und der Alpen-Hornklee *(Lotus alpinus)*.

Der Alpen-Wundklee (*Anthyllis vulneraria* subsp. *alpestris*) und verschiedene Vertreter der Gattung Klee *(Trifolium)* reichern dank ihrer Wurzelknöllchen-Bakterien Stickstoff-Nährstoff an, eine obligate Symbiose.

Eine weitere Pflanzenart, die in Wurzelknöllchen mit speziellen Bakterien Luftstickstoff bindet, ist die Silberwurz *(Dryas octopetala)*. Dieser niederliegende Spalierstrauch (Bild siehe unten) kommt häufig in Blaugrashalden und anderen Pflanzengesellschaften auf kalkhaltigen oder dolomitischen Böden vor.

Im Pflanzenbestand ist das Mikroklima günstiger, insbesondere ist es wärmer als außerhalb (Symbol + +)

In Pflanzenbeständen, die ähnlich aufgebaut sind wie die Blaugrashalde, wurde festgestellt, dass bei sonnigem Sommerwetter die Temperatur der Blätter und Blüten 6–10 °C über der Lufttemperatur (diese wird in der Meteorologie im Inneren von Wetterhäuschen in 2 m über Boden gemessen) liegt. Die höhere Temperatur ist für die Pflanzen und insbesondere die wechselwarmen Tiere wie die Insekten und Spinnen sicher positiv. Bei bedecktem Himmel beträgt die zusätzliche Erwärmung nur 1–2 °C.

Wieso ist bei der Silberwurz das Blüteninnere wärmer als die Umgebungsluft? (Symbol + +)

Die Erwärmung hängt mit der weißen Farbe und der besonderen Geometrie der Blüte der Silberwurz *(Dryas octopetala)* zusammen.

Die acht großen weißen Blütenblätter der Silberwurz *(Dryas octopetala)* bilden ein Art Parabolspiegel, durch den die Sonnenstrahlen auf die Mitte der Blüte gebündelt werden. Deshalb ist es dort bis 10 °C wärmer als in der umgebenden Luft. Bienen und andere Insekten können diese Erwärmung offenbar feststellen und sich daher in diesen Blüten aufwärmen und sie auch gerade bestäuben – eine für beide Partner positive Beziehung.

Samenausbreitung durch Tiere (Symbol + +)

In der Blaugrashalde spielt neben der wichtigen Samenausbreitung durch Wind auch jene durch weidende Tiere, die Samen fressen und oft unbeschadet wieder ausscheiden, eine Rolle. Dies betrifft z. B. das Blaugras *(Sesleria caerulea)* selbst, den Berg-Hahnenfuß (*Ranunculus montanus* s. l.), den Alpen-Wundklee (*Anthyllis vulneraria* subsp. *alpestris*) und das Alpen-Sonnenröschen *(Helianthemum alpestre)*. Verbreitung durch Ameisen kommt nur bei wenigen Arten vor, z. B. bei der Schneeheide *(Erica carnea)* und beim Langspornigen Stiefmütterchen *(Viola calcarata)*.

Das Langspornige Stiefmütterchen *(Viola calcarata)* hat Samen mit einem Fettkörperchen (Elaiosom). Dessen Duft zieht Ameisen an, die die Samen in ihr Nest befördern. Dort dient das Fettkörperchen als Nahrung; dann wird der Same herausbefördert. Manchmal wird das Fettkörperchen bereits auf dem Weg ins Nest gefressen. Jedenfalls wird der Same verbreitet; es liegt also eine wechselseitig positive Beziehung vor.

Schutzwirkung stachliger Arten für ihre Nachbarpflanzen (Symbol + 0 Δ)

In von Vieh, Schafen oder Wild beweideten subalpinen und alpinen Rasen sowie wohl auch in der Blaugrashalde kommt der bereits in Kap. 2.3 beschriebene Schutz stachliger Pflanzenarten für ihre Nachbarpflanzen zum Tragen. Stachlige Arten in der Blaugrashalde sind die Silberdistel *(Carlina acaulis)* und die Berg-Distel *(Carduus defloratus)*. Genaue Beobachtungen einer solchen Schutzwirkung liegen für die Alpen-Kratzdistel *(Cirsium spinosissimum)* vor. Zwischen ihren sehr stachligen (= *spinosissimum*) Sprossen kommt z. B. Scheuchzers Glockenblume *(Campanula scheuchzeri)* zum Blühen, was in der umgebenden, vom Vieh abgefressenen Weide nicht der Fall ist.

Scheuchzers Glockenblume *(Campanula scheuchzeri)* kommt in dieser alpinen Weide nur zwischen den Sprossen der Alpen-Kratzdistel *(Cirsium spinosissimum)* zum Blühen. Nebendran werden die Glockenblumen wie viele andere Arten regelmäßig von Vieh abgefressen.

In der unten stehenden Abbildung ist diese Feind-meines-Feindes-ist-mein-Freund-Beziehung schematisch dargestellt.

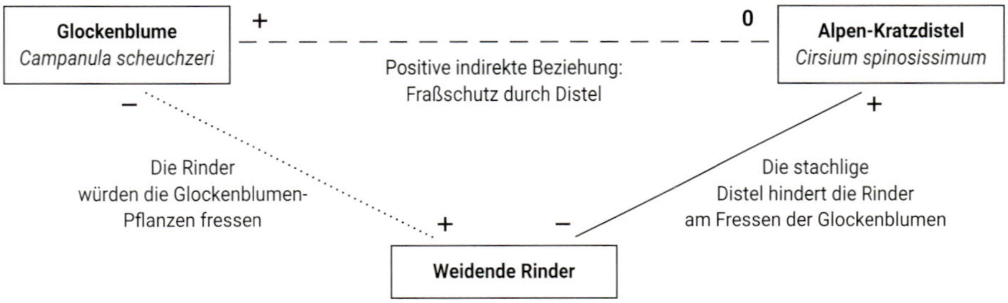

Schema der indirekten positiven Beziehung zwischen Scheuchzers Glockenblume und der Alpen-Kratzdistel sowie den an der Beziehung beteiligten Rindern. + bedeutet Schutz bzw. Nahrungsversorgung; 0 bedeutet weder Förderung noch Hemmung; – bedeutet Gefressen- bzw. Gestochen-Werden.

kanadischen Whistler Mountains. In den Polstern des auch in den Alpen vorkommenden Stängellosen Leimkrautes *(Silene acaulis)* stellten die Forschenden einige wenige Insektenarten mehr und etwa fünfmal mehr Individuen von diesen (und auch mehr Jungpflanzen) fest als in Pflanzenbeständen, die unter den gleichen Bedingungen lebten, aber keine Polster bilden. Es liegen hier also positive Beziehungen zwischen dem Leimkraut bzw. dem Polster und den Insekten vor.

Wie in jedem Land-Ökosystem kommen in einem alpinen Blumenpolster natürlich auch verschiedene Abbau-Organismen, also Kleintier-, Pilz- und Bakterienarten vor, zwischen denen einzelne positive Beziehungen bestehen.

5

Positive Beziehungen bei Sukzession, Stoffkreisläufen und Evolution

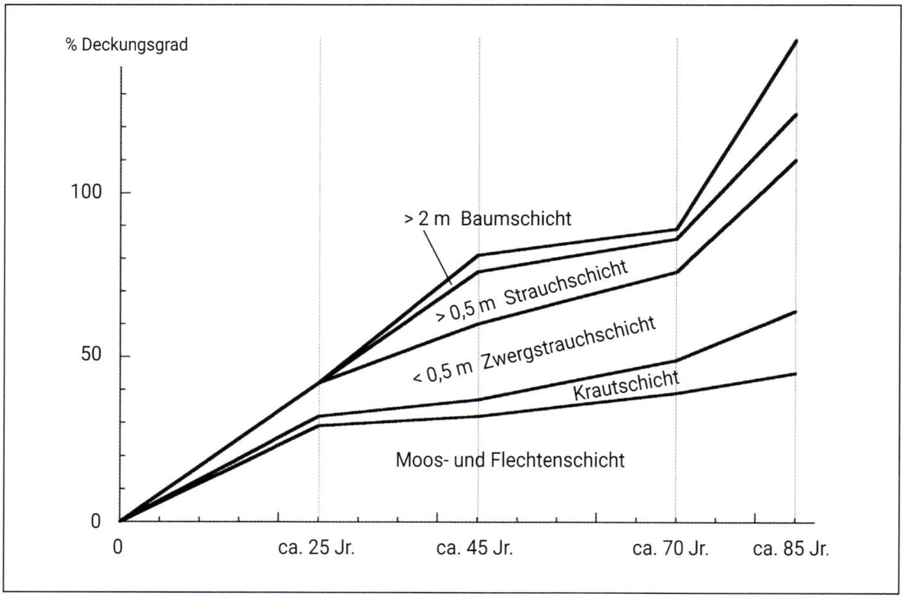

Der prozentuale Deckungsgrad der verschiedenen Vegetationsschichten in Probeflächen auf verschiedenen, sich nur im Alter unterscheidenden Seitenmoränen des Grossen Aletschgletschers. Die Vegetationsschichten überlagern einander teilweise, sodass die Summe der Deckungsgrade über 100 % beträgt. Mit dem größeren Deckungsgrad nimmt auch die Dichte und die Höhe der Vegetation zu, am Schluss bis maximal 25 m. Umgezeichnet aus Daten aus Lüdi (1945) und Ellenberg & Leuschner (2010).

Die ersten 10 Jahre nach dem Rückzug des Gletschers

Gleich nach dem Rückzug des Gletschers ist der Schutt natürlich völlig kahl. Aber schon nach kurzer Zeit werden durch den Wind Mikroorganismen, insbesondere Bakterien, herangeweht, von denen einige das lebenswichtige Nährelement Stickstoff aus der Luft fixieren und sich somit entwickeln können. Auch Sporen und Samen treffen ein und keimen. Erste Moose, z. B. das Zackenmützenmoos *(Niphotrichum canescens = Racomitrium canescens)*, entwickeln sich und einige Strauch- und Krustenflechten treten auf. Zu diesen gehört die Landkartenflechte *(Rhizocarpon geographicum)*. Ihre Wachstumsrate beträgt auf kahlem Granit oder Gneis nur etwa 0,5 mm pro Jahr. Aber diese Flechtenart kann über 1000 Jahre alt werden, sodass sie zur Berechnung der seit dem Rückzug des Gletschers am betreffenden Ort vergangenen Zeit verwendet werden kann. Spezielle Säuren ermöglichen den

Flechten, diesen symbiotischen Doppellebewesen (siehe Kap. 3.5), das Herauslösen von Nährstoffen aus kompaktem Gestein und somit dessen Besiedlung.
Die entstandenen Moos- und die Flechtenpolster sind für windverbreitete Pflanzenarten Samenfallen, z. B. für Korbblütler (Asteraceae) mit ihren Fallschirmchen oder Weiden-Arten (Gattung *Salix*) mit ihren Flughaaren. Die so ermöglichte Besiedlung neuer Standorte kann für die betreffenden Arten als positiv angesehen werden. Schon bald kommen auch Pflänzchen des Alpen-Leinkrautes *(Linaria alpina)*, des (Alpen-)Säuerlings *(Oxyria digyna)* und sogar zwei Klee-Arten, der Braun-Klee *(Trifolium badium)* und der Bleiche Klee *(Trifolium pallescens)*, auf. Die relativ schweren Samen der Letzteren gelangen insbesondere bei Starkwind oder mit dem Kot von wandernden Tieren auf die Schuttfläche. Diese Klee-Arten und der nach einiger Zeit aufkommende Alpen-Hornklee *(Lotus alpinus)* fixieren mit ihren symbiotischen Wurzelknöllchen-Bakterien Luftstickstoff und wandeln ihn in Pflanzennährstoffe um (siehe Kap. 2.5). Immer wieder neue Pflanzenarten können im mikroklimati-

Das Zackenmützenmoos *(Niphotrichum canescens = Racomitrium canescens)* besiedelt als eine der ersten Pflanzen kahlen, relativ feuchten Schutt. Die dunkelgrünen Triebe stammen vom Feld-Thymian *(Thymus serpyllum)*.

Die Landkartenflechte *(Rhizocarpon geographicum)* heißt so, weil ihre gelben bis olivgrünen Krusten wie Inseln auf den von ihr besiedelten Steinen und Felsen aussehen. Die umgebenden schwarzen Bereiche sind Vorkeime der Landkartenflechte sowie weitere Flechten- und Algenarten.

Das Alpen-Leinkraut *(Linaria alpina)*, eine typische Pionier-Pflanzenart meist auf kalkreichem Schutt. Der pollenlose orangerote Gaumen des «Löwenmäulchens» ähnelt einem Staubbeutelpaar: Durch diese Mimikry werden die Bestäuber angelockt und zu den eigentlichen Staubbeuteln im Blüteninneren geleitet.

Der Säuerling *(Oxyria digyna)* kommt auf feuchtem Schutt in hohen Lagen vieler Gebirge der Erde vor.

schen Schutz der ersten Pionierpflanzen Fuß fassen, sodass diese auch als *Ammenpflanzen* bezeichnet werden (Kap. 4.4). In den ersten Sukzessionsphasen liegen also mehrere positive Beziehungen zwischen verschiedenen Pflanzenarten vor. Langsam sammelt sich auch totes Pflanzenmaterial an, das dann zu Humus wird. Die einzelnen Vegetationsflecke sehen ähnlich wie das in Kap. 4.4. beschriebene Blumenpolster aus.

Zwischen dem 10. und dem 30. Jahr der Besiedlung kommt u. a. der «Kleinste Baum der Erde» vor

Nun sind die Moränen bereits zu 30 % mit Moosen und Flechten und zu etwa 20 % mit verschiedenen Kräutern und Gräsern sowie kleinen Bäumen und Sträuchern bedeckt (siehe die Abbildungen und Anhang E). In den Moospolstern und in den Flechten können sich nun immer mehr vom Wind verbreitete Samen verfangen, z. B. von Zwerg- und anderen Sträuchern aus der Gattung der Weiden *(Salix)*.

«Kleinster unter allen Bäumen» (lat. *minima inter omnes arbores*), so nannten die berühmten Botaniker Carl von Linné (1707–1778) und später Carl Schroeter (1855–1939) die Kraut-Weide *(Salix herbacea)*, eine typische Pionierart in feuchtem Felsschutt und Rasen sowie in Schneetälchen. Ihre Zweige wachsen wenige Zentimeter unter der Bodenoberfläche. Nur die kleinen Blätter und Blütenstände, hier einer männlichen Pflanze, ragen 1–3 cm über die Bodenoberfläche.

Bemerkenswert ist, dass bereits Keimlinge von Lärche *(Larix decidua)*, Arve (Zirbe, *Pinus cembra*) und Fichte *(Picea abies)* aufkommen. Die heranwachsenden Weiden-Arten bedecken etwa 10 % der Fläche. Die Artenzahl an Pflanzen und Flechten beträgt insgesamt um die 18 (siehe Anhang E). Zwischen diesen Pflanzen kommen positive wie auch negative Beziehungen vor, z. B. Konkurrenz um die spärlichen Bodennährstoffe. Fast alle bisher erwähnten wie auch die in späteren Phasen der Sukzession auftretenden Blütenpflanzen und Moose leben in Symbiose mit Wurzelpilzen (Mykorrhizen), die deren Nährstoffzufuhr verbessern (siehe Kap. 3.5).

Zwischen dem 30. und dem 100. Jahr der Besiedlung: viele weitere positive Beziehungen

Jetzt werden die Flächen bereits von knapp 30 verschiedenen Pflanzenarten besiedelt (siehe die Fotos und Anhang E). Sträucher und Bäume, die mehr als 0,5 m hoch sind, bedecken etwa 40 % der Fläche (siehe Abbildung weiter oben). Die Zwergsträucher sowie höhere Sträucher und die Bäume haben zusammen einen Deckungsgrad von 25 %, später bis etwa 70 %, die Kräuter einen solchen von weniger als 20 %; die Moose und Flechten bedecken zusammen etwa 40 % des Bodens. Da die

Zwergsträucher aus der Familie der Heidekrautgewächse (Erikagewächse, Ericaceae) wie die Heidelbeere *(Vaccinium myrtillus)*, hier in Herbstfärbung, und das Heidekraut (Besenheide, *Calluna vulgaris*) sind in späteren Sukzessionsphasen in der subalpinen Höhenstufe weit verbreitet. Beide Arten kommen in Europa auch in zahlreichen anderen Ökosystemen vor.

verschiedenen Vegetationsschichten einander im Lauf der Jahrzehnte immer mehr überdecken, ist die Summe der Deckungsgrade größer als 100 %. Zwergsträucher wie Zwittrige Krähenbeere *(Empetrum hermaphroditum)*, Preiselbeere *(Vaccinium vitis-idaea)* und Heidekraut (Besenheide, *Calluna vulgaris)* sowie die Rostblättrige Alpenrose *(Rhododendron ferrugineum)* bilden einen großen Teil der Biomasse des Bestandes. Die Beschattung und die Wurzelkonkurrenz vor allem seitens der Zwergsträucher haben zur Folge, dass lichtliebende Arten wie das Alpen-Leinkraut *(Linaria alpina)* und der Säuerling *(Oxyria digyna)* nicht mehr vorkommen können (siehe Anhang E).

Die Rostblättrige Alpenrose *(Rhododendron ferrugineum)* ist in der subalpinen Stufe häufig, auch als Unterwuchs in Wäldern. Sie wird vom Vieh nicht gefressen, also gegenüber anderen Pflanzenarten gefördert: eine indirekte einseitig positive Beziehung zwischen dem Vieh und der Alpenrose.

In diesen und den folgenden Sukzessionsstadien spielen die *Bestäubung durch Insekten sowie die Samenausbreitung durch Vögel,* also bekannte positive Beziehungen zwischen Tieren und Pflanzen, eine bedeutende Rolle.
Bemerkenswert ist, dass die drei stickstofffixierenden Schmetterlingsblütler, Alpen-Hornklee *(Lotus alpinus)*, Braun-Klee *(Trifolium badium)* und Bleicher Klee *(Trifolium pallenscens)*, während der mittleren Sukzessionsstadien 5–10 % der Fläche

Der Bleiche Klee *(Trifolium pallescens)* ist eine von mehreren Schmetterlingsblütler-Arten, die auf kalkarmem Gesteinsschutt in Symbiose mit Wurzelknöllchen-Bakterien Stickstoff fixieren.

Die Ringdrossel (Ringamsel, *Turdus torquatus*) ist ein typischer Bergvogel, der außer Insekten und Würmern auch Beeren frisst und diese so verbreitet.

bedecken. Nach dem Absterben der Wurzelknöllchen und von Wurzeln und Trieben dieser Pflanzen kommen die Stickstoffverbindungen mit der Zeit auch den anderen Pflanzenarten zugute: eine indirekte positive Beziehung (siehe Kap. 2.5).
Wie die Tabelle in Anhang E zeigt, werden im Folgenden viele Krautarten und die niedrigen Weiden-Arten durch höherwachsende Arten verdrängt und es entsteht ein Lärchen-Arvenwald.

Nach einigen Hundert Jahren ist das Endstadium erreicht, der Lärchen-Arvenwald

Das Endstadium der Vegetationsentwicklung, das Klimax-Stadium, ist in der subalpinen Stufe der Zentralalpen der Lärchen-Arvenwald (Lärchen-Zirbenwald); in ihm kommen etwa 40 verschiedene Pflanzenarten vor (siehe Liste in Anhang E). Die Baumschicht hat je nach Standort einen Deckungsgrad von 20–60 %. Die Kraut- und Strauchschicht bedeckt den Boden fast vollständig; sie umfasst über 30 verschiedene Arten, vor allem Gräser und Zwergsträucher wie die Heidelbeere *(Vaccinium myrtillus)* und die Rostblättrige Alpenrose *(Rhododendron ferrugineum)*.

Die Arve (Zirbe, *Pinus cembra*) bildet zusammen mit der im Hintergrund sichtbaren Europäischen Lärche (*Larix decidua*) in den relativ trockenen Zentralalpen die Waldgrenze. Am Fuß der Arve sieht man blühende Rostrote Alpenrosen *(Rhododendron ferrugineum)*.

Die Moos- und Flechtenvegetation ist im Endstadium der Vegetationsentwicklung sehr artenreich und besiedelt sowohl die Bäume wie auch den Boden, wo sie einen Deckungsgrad von bis zu 50 % erreicht (siehe Bertram, 2000 bzw. Frey, 1937). Einige Moos- und Flechtenarten kommen fast nur auf Bäumen vor; man kann also sagen, dass für diese Arten einseitig positive Beziehungen mit den Bäumen vorliegen.

Das Etagenmoos *(Hylocomium splendens)* kommt in vielen Wäldern auf saurem Boden häufig vor, so auch in Arven-Lärchenwäldern.

Die Gewöhnliche Bartflechte (Gewöhnlicher Baumbart, *Usnea filipendula*) kommt auf der sauren Borke von Nadelbäumen in subalpinen Gebieten mit hoher Luftfeuchtigkeit vor, ist aber recht selten.

Die gelbliche Wolfsflechte *(Letharia vulpina)* und weitere Flechtenarten auf der Borke einer Lärche. Die Wolfsflechte heißt so, weil sie früher zur Vergiftung von Fuchs *(Vulpes vulpes)* und Wolf verwendet wurde.

Die abgebildete Flechte heißt Isländisch Moos *(Cetraria islandica)*, ist aber kein Moos. Sie kommt u. a. in sauren Mooren, Zwergstrauchheiden und im Unterwuchs subalpiner Nadelwälder vor. Die 4–12 cm hohen Triebe sind die Grundlage für Medikamente gegen Husten und Entzündungen in Mund und Rachen.

Viele Pionierarten sowie Pflanzenarten (und Tierarten) der mittleren Sukzessionsstadien werden von den neu auftretenden Arten durch Konkurrenz verdrängt oder können auf dem entstandenen Rohhumus nicht wachsen. Diese saure oberste Bodenschicht entsteht beim Abbau der schwer zersetzbaren Streu der Nadelbäume und Zwergsträucher. Rohhumus ermöglicht Säurezeigern wie dem Wald-Sauerklee *(Oxalis acetosella)* und dem Kleinen Zweiblatt *(Listera cordata = Neottia cordata)*, einer Orchidee, sowie vielen Moosen zu gedeihen: eine Förderung bzw. einseitig positive Beziehung.

Das Kleine Zweiblatt *(Listera cordata = Neottia cordata)* kommt in moosigen subalpinen Wäldern vor. Es wird nur 5–20 cm hoch. Wie alle Orchideen ist es auf spezielle symbiotische Wurzelpilze angewiesen (Mykorrhizen).

Auch die Vögel profitieren von den im Lauf der Sukzession aufkommenden Zwergsträuchern, höheren Sträuchern und schließlich Bäumen. Die Förderungen umfassen u. a. das Entstehen von Verstecken, Nistplätzen, Singwarten und Startpunkten für Beuteflüge sowie die Ausbreitung von Samen, die die Vögel mit der Nahrung aufnehmen und später unversehrt ausscheiden. Die unten stehende Tabelle zeigt, dass z. B. der Bergpieper nur in offenen Pflanzenbeständen am Anfang der Sukzession (und in alpinen Rasen) vorkommt, in späteren Sukzessionsstadien jedoch nicht. Das Gegenteil ist bei vielen Vögeln des Lärchen-Arvenwaldes der Fall.

Vorkommen von Brutvogel-Arten in verschiedenen Pflanzengemeinschaften im Reservat Aletsch(wald). Die Vogelarten sind nach demselben Prinzip angeordnet, wie es am Anfang von Kap. 5.1.1. erläutert wurde: Aus einem räumlichen Nebeneinander wird auf ein zeitliches Nacheinander geschlossen (für die Pflanzenarten siehe Anhang E). Die Reihenfolge des Vorkommens der Vogelarten innerhalb der einzelnen Pflanzengesellschaften ist ± zufällig. Die Liste der Vogelarten stammt aus Albrecht (1995) und wurde von Mitarbeitenden der Schweizerischen Vogelwarte Sempach ergänzt (Artnamen nach Schweizer Brutvogelatlas 2013–2016).
x = Vorkommen in der betreffenden Pflanzengemeinschaft

Vogelarten, die in der betreffenden Pflanzengesellschaft brüten und z. T. auch fressen	**Wissenschaftlicher Name**	**Lockerer Bestand mit Moos, Flechten, Kräutern, Zwergsträuchern und Gestein**	**Dichter Zwergstrauchbestand mit einzelnen Bäumen und Gestein**	**Relativ dichter Lärchen-Arvenwald (= Lärchen-Zirbenwald)**
Sukzessionsbeginn vor		**20–30 Jahren**	**50-70 Jahren**	**> 170 Jahren**
Feldlerche	*Alauda arvensis*	In alpinen Rasen		
Bergpieper	*Anthus spinoletta*	xxxxxxxxxxxxxxxxxxx auch in alpinen Rasen		
Hausrotschwanz	*Phoenicurus ochruros*	xxxxxxxxxxxxxxxxxxx	xxxxxxxxxxxxxxxxx	
Alpenbraunelle	*Prunella collaris*	xxxxxxxxxxxxxxxxxxx	xxxxxxxxxxxxxxxxx	
Alpenschneehuhn	*Lagopus muta*	xxxxxxxxxxxxxxxxxxx	xxxxxxxxxxxxxxxxx	
Klappergrasmücke	*Sylvia curruca*		xxxxxxxxxxxxxxxxx	xxxxxxxxxxxxxxxxx (offener Wald)
Baumpieper	*Anthus trivialis*		xxxxxxxxxxxxxxxxx	xxxxxxxxxxxxxxxxx (offener Wald)
Birkenzeisig	*Acanthis flammea*		xxxxxxxxxxxxxxxxx	xxxxxxxxxxxxxxxxx v. a. am Rand
Zaunkönig	*Troglodytes troglodytes*		xxxxxxxxxxxxxxxxx	xxxxxxxxxxxxxxxxx
Rotkehlchen	*Erithacus rubecula*		xxxxxxxxxxxxxxxxx	xxxxxxxxxxxxxxxxx
Ringdrossel	*Turdus torquatus*		xxxxxxxxxxxxxxxxx	xxxxxxxxxxxxxxxxx
Zilpzalp	*Phylloscopus collybita*		xxxxxxxxxxxxxxxxx	xxxxxxxxxxxxxxxxx
Buchfink	*Fringilla coelebs*		xxxxxxxxxxxxxxxxx	xxxxxxxxxxxxxxxxx
Gartenrotschwanz	*Phoenicurus phoenicurus*		xxxxxxxxxxxxxxxxx	xxxxxxxxxxxxxxxxx
Haubenmeise	*Lophophanes cristatus*		xxxxxxxxxxxxxxxxx (hier selten)	xxxxxxxxxxxxxxxxx
Zitronenzeisig	*Carduelis citrinella*		xxxxxxxxxxxxxxxxx v. a. am Rand	xxxxxxxxxxxxxxxxx v. a. am Rand
Alpenmeise	*Poecile montanus*			xxxxxxxxxxxxxxxxx
Tannenmeise	*Periparus ater*			xxxxxxxxxxxxxxxxx
Gimpel, Dompfaff	*Pyrrhula pyrrhula*			xxxxxxxxxxxxxxxxx
Fichtenkreuzschnabel	*Loxia curvirostra*			xxxxxxxxxxxxxxxxx
Waldbaumläufer	*Certhia familiaris*			xxxxxxxxxxxxxxxxx
Wintergoldhähnchen	*Regulus regulus*			xxxxxxxxxxxxxxxxx
Singdrossel	*Turdus philomelos*			xxxxxxxxxxxxxxxxx
Tannenhäher	*Nucifraga caryocatactes*			xxxxxxxxxxxxxxxxx
Buntspecht	*Dendrocopos major*			xxxxxxxxxxxxxxxxx
Grünspecht	*Picus viridis*			xxxxxxxxxxxxxxxxx
Kleiber, Spechtmeise	*Sitta europaea*			xxxxxxxxxxxxxxxxx
Raufußkauz	*Aegolius funereus*			xxxxxxxxxxxxxxxxx
Sperlingskauz	*Glaucidium passerinum*			xxxxxxxxxxxxxxxxx
Kuckuck	*Cuculus canorus*	xxxxxxxxxxxxxxxxxxx	xxxxxxxxxxxxxxxxx	xxxxxxxxxxxxxxxxx
Heckenbraunelle	*Prunella modularis*	xxxxxxxxxxxxxxxxxxx	xxxxxxxxxxxxxxxxx	xxxxxxxxxxxxxxxxx
Birkhuhn	*Lyrurus tetrix*	xxxxxxxxxxxxxxxxxxx v. a. Waldgrenze	xxxxxxxxxxxxxxxxx v. a. Waldgrenze	xxxxxxxxxxxxxxxxx v. a. Waldgrenze

Wie in anderen Wäldern werden auch im Lärchen-Arvenwald verlassene Spechthöhlen von bestimmten Vogel-, Fledermaus- und Insektenarten genutzt – eine für die betreffenden Arten einseitig positive Beziehung (siehe auch Kap. 3.4.2).

Der Tannenhäher, ein Baumpflanzer

Ein charakteristischer Vogel in Lärchen-Arvenwäldern, also späten Phasen der Sukzession, ist der Tannenhäher *(Nucifraga caryocatactes).* Die wechselseitig positive Beziehung dieser Vogelart mit der Arve wurde von Mattes (1982) detailliert beschrieben. Der Tannenhäher ernährt sich im Winter von Haselnüssen und vor allem von den Samen in den Nüsschen der Arve, die er aus deren großen Zapfen herausklaubt und dann aufknackt. Im Sommer legt der Tannenhäher bis zu je 25 Stück dieser Nüsschen in Verstecke in selbstgegrabene Löcher bei Baumstrünken, Steinen oder an Geländekanten. Insgesamt kann ein einzelner Tannenhäher in einer Saison 30 000–100 000 Nüsschen verstecken, in einem Umkreis von bis zu 15 km und bei Überwindung von bis zu 600 Höhenmetern. Etwa 80 % der Nüsschen findet der Vogel wieder, sogar unter einer bis zu 1,3 m dicken Schneedecke. Die restlichen 20 % tragen zur Ausbreitung der Arve bei.

In der Natur ist diese positive Beziehung zwischen Tannenhäher und Arve leicht zu erkennen: erstens an kleinen Gruppen gleichzeitig aufwachsender Arven-Pflänzchen, also einem nicht wieder gefundenen Versteck mit mehreren Samen; zweitens an Arven, die weit weg von Samen produzierenden Altbäumen aufwachsen. Die Arvennüsschen sind nämlich so schwer, dass sie nicht durch den

Der Tannenhäher *(Nucifraga caryocatactes),* hier auf einer Rottanne (Gewöhnliche Fichte, *Picea abies*), hat eine Flügelspannweite von 40–53 cm und ist im Flug am weißen Schwanz mit schwarzer Binde leicht kenntlich. Er ernährt sich von Hasel- und Arvennüsschen. Die Ausbreitung der Nüsschen ist für die Arve (Zirbe, *Pinus cembra*) und den Tannenhäher eine wechselseitig positive Beziehung (siehe Text).

Ein Arvenzweig mit zwei unreifen Zapfen und ein reifer Arvenzapfen (Zirbe, *Pinus cembra*), aus dem der Tannenhäher die Samen herausgepickt hat. Die Samen sind nahrhaft und schmecken ähnlich wie Pinienkerne.

Wind verbreitet werden können. Sie wurden also durch den Tannenhäher an den weit vom Mutterbaum entfernten Stellen versteckt.

Neben den positiven Beziehungen zwischen Pflanzen und Tieren bestehen natürlich wie erwähnt auch solche zwischen den meisten Pflanzenarten des Lärchen-Arvenwaldes und *Mykorrhiza-Pilzen.* Zu diesen gehören verschiedene Röhrlinge (Gattung

Der Elfenbein-Röhrling *(Suillus placidus)* ist ein Mykorrhiza-Pilz der Arve (Zirbe, *Pinus cembra*) und anderer Kiefernarten.

Suillus) und Gelbfuß-Arten (Gattung *Gomphidius* = *Chroogomphus*). Viele weitere Pilzarten wachsen auf der Nadelstreu sowie auf dem Boden liegenden abgestorbenen Ästen und Stämmen, was gemäß der Definition in Kap. 1 als einseitig positive Beziehung angesehen werden kann.
Hier ist noch anzufügen, dass im Lärchen-Arvenwald natürlich viele weitere, bisher nicht erwähnte positive Beziehungen vorkommen, wie sie in Kap. 3 für den Laubwald beschrieben worden sind, z. B. die Gesundheitspolizei-Beziehung der Ameisen, Mimese und Mimikry.
Zusammenfassend kann man sagen, dass vor allem in den ersten Stadien der Sukzession die positiven Beziehungen eine große Rolle spielen. Zahlreiche Arten profitieren von den Bedingungen, die vor ihnen am betreffenden Ort vorkommende Arten vor allem von Pflanzen geschaffen haben. Dieses Phänomen wird im Englischen als *facilitation* bezeichnet (lat. *facilis* = einfach, leicht). In den späteren Sukzessionsstadien spielen negative Beziehungen wie die Konkurrenz und die Fraßbeziehungen zwischen den Arten eine große Rolle.

5.1.2 Von der nicht mehr bewirtschafteten Magerwiese zum Laubwald

Nicht mehr bewirtschaftete Magerweide mit großen Grashorsten und Büschen. Diese kommen bei geringer Beweidung bzw. ausbleibender Mahd immer mehr auf, eine aus Naturschutzsicht unerwünschte Entwicklung. Denn für bestimmte seltene Pflanzen- und Tierarten werden dadurch die Lebensbedingungen immer schlechter.

Viele der in Kap. 2 beschriebenen Magerwiesen liegen an Orten, die abgelegen, steil oder aus anderen Gründen nur schwer zu bewirtschaften sind. Ihre Nutzung lohnt sich finanziell heute meist nicht mehr und wird deshalb oft aufgegeben. Im Lauf von Jahrzehnten werden solche Wiesen dann zu Wald: Sie verbrachen. Vor allem im Alpenraum bezeichnet man diesen Vorgang auch als Vergandung. Es findet also eine Sukzession von der Wiese oder der Weide zum Wald statt.
Die Verbrachung bzw. Vergandung wird vielerorts verhindert, weil die Magerwiesen äußerst reich an seltenen und oft auch gefährdeten Pflanzen- und Tierarten sind (siehe Kap. 2.1). Viele Magerwiesen stehen deshalb unter Naturschutz. Wenn dies der Fall ist, wird eine Fortführung der traditionellen Bewirtschaftung angestrebt. Dies geschieht mithilfe von sogenannten Ökobeiträgen an Landwirte oder durch ein Management durch spezielle Naturschutzequipen.

Jährlich im Frühsommer gemähte Magerwiese mit Langsporniger Handwurz (Orchidee, *Gymnadenia conopsea*), gelb blühendem Echten Wundklee *(Anthyllis vulneraria)*, blauen Glockenblumen *(Campanula)* und vielen weiteren, z. T. seltenen Wiesenpflanzen. Diese Arten sind für zahlreiche Arten von Schmetterlingen, Wildbienen und andere Tierarten sehr wichtig.

3–5 Jahre nach der Aufgabe der Wiesennutzung

Dann sind unter anderem die Fieder-Zwenke (*Brachypodium pinnatum, eine Grasart*), die Skabiosen-Flockenblume *(Centaurea scabiosa)* und der Wiesen-Salbei *(Salvia pratensis)* immer üppiger und höher aufgewachsen. Gründe dafür sind, dass diese Arten nicht mehr durch die jährliche Mahd im Frühsommer geschädigt werden. Auch findet keine Ernte (Export) von Heu (oder durch den Fraß des Weideviehs) mehr statt, sodass sich Nährstoffe im Ökosystem ansammeln. Die Pflanzendecke wird im Laufe der Jahre immer dichter und die Artenzahl nimmt ab, weil hochwachsende Pflanzenarten die niedrig wachsenden immer mehr verdrängen. Die Artenzahl an Tieren, insbesondere an Insekten, nimmt im Verlauf der Sukzession vorübergehend meist zu, dann aber wieder ab.

Sträucher und Bäume können zunächst nur schlecht in nicht mehr bewirtschafteten Wiesen aufkommen, da die Samen wegen der Verfilzung der Pflanzendecke kaum auf die Bodenoberfläche gelangen. Trotzdem aufkommende Keimlinge und Jungpflanzen werden von den dicht wachsenden Gräsern und Kräutern ober- und unterirdisch stark konkurrenziert. So können sich Keimlinge fast nur auf Maushügeln und anderen kahlen Stellen weiterentwickeln. Die Mäuse fördern also indirekt das Aufkommen von Sträuchern und Bäumen. Bestimmte verholzende Arten wie der Rote Hartriegel (Hornstrauch, *Cornus sanguinea*) und der Schwarzdorn (Schlehe, *Prunus spinosa*) können mit Wurzelausläufern vom Waldrand her auch in dichtes Brachland hineinwachsen.

Ein Magerwiesenhang, der nur noch stellenweise beweidet wird. Im Vordergrund dichter Grasfilz mit aufkommenden Sträuchern, im Hintergrund fortgeschrittene Verbuschung.

Nach 1–3 Jahrzehnten: ein Problem für den Naturschutz

Nach dieser Zeit ist das Brachland bereits stark verbuscht und es entsteht langsam ein Jungwald. Insbesondere die aufgekommenen Sträucher bieten vielen bisher nicht vorhandenen Tierarten, z. B. Vögeln sowie Insekten- und Spinnenarten, einen Lebensraum. Es liegen dann viele positive Beziehungen vor, wie sie im Kapitel über die Hecken und den Waldrand beschrieben worden sind (Kap. 4.2).

Aber die Magerwiesenpflanzen sind nun völlig überwachsen und sterben. Dies ist aus Sicht des Naturschutzes ein großer Verlust, besonders, da er nur schwer wieder rückgängig gemacht werden kann. Denn ein Großteil der seltenen Magerwiesenpflanzen stellt sich auch nach dem Abschneiden oder gar Ausreißen der Sträucher kaum mehr von selbst ein, da diese Arten meist nur ein schwaches Ausbreitungsvermögen haben. Auch viele für die Magerwiesen typische Tierarten – Schmetterlinge, Heuschrecken und Wildbienen – werden in späten Phasen der Verbuschung stark beeinträchtigt oder sterben lokal aus.

Dichte Verbuschung einer Magerwiese: Hier können Orchideen und andere lichtliebende Pflanzenarten sowie bestimmte Tagfalter und Wildbienen nicht mehr leben.

Nach wenigen Hundert Jahren

An den ehemaligen Magerwiesenstandorten ist ein Laubwald herangewachsen, auf kalkhaltigem Boden meist ein Seggen-Buchenwald. Die gesamte Entwicklung (Sukzession) läuft sehr viel rascher ab als auf der in Kap. 5.1.1 beschriebenen kahlen Gletschermoräne in den Alpen. Einerseits sind die klimatischen Bedingungen für die Pflanzen in der Hügelstufe, wo die meisten Magerwiesen vorkommen, viel günstiger als in der subalpinen Höhenstufe. Der Hauptgrund ist aber, dass die Magerwiesen meist auf einem ehemaligen humusreichen Waldboden stocken (siehe Kap. 2.1). Auf einem solchen Boden läuft die Sukzession natürlich viel rascher ab als auf Moränenschutt (siehe Kap. 5.1.1).

Ein Laubmischwald ist das nach einigen Hundert Jahren erreichte Endstadium der Sukzession, die in der Hügelstufe des Schweizer Juras von einer nicht mehr bewirtschafteten Magerwiese begonnen hat.

Mit der Veränderung der Pflanzenarten-Zusammensetzung von der Magerwiese über Brachland mit Hochstauden zu Strauchvegetation und schließlich zu Wald verändern sich die Lebensbedingungen derart, dass, wie gesagt, etliche Arten verschwinden. Andererseits entstehen Bedingungen, die für viele neue Pflanzen-, Tier- und Pilzarten günstig sind. Es liegen dann zahlreiche positive Beziehungen vor, wie sie bereits in Kap. 4.2 über die Hecke und in Kap. 2 über den Wald beschrieben worden sind.

Nicht nur bei der Sukzession auf Gletschermoränen, sondern auch bei jener von einer Magerwiese zum Laubwald spielen die positiven Beziehungen zwischen den Arten eine bedeutende Rolle.

Selbstverständlich kommen bei dieser Sukzession auch zahlreiche sogenannte negative Beziehungen zwischen den Arten vor.

5.2 Stoffkreisläufe und Abbau von Totholz im Laubwald

Im Folgenden steht die Frage im Vordergrund, inwieweit Förderungen bzw. positive Beziehungen zwischen den Arten in den Stoffkreisläufen von Bedeutung sind. Thematisiert werden der Kohlenstoff- und der Stickstoffkreislauf; beide sind, wie alle Stoffkreisläufe, direkt und indirekt mit den Energieflüssen im Ökosystem gekoppelt.

Nährstoffkreisläufe im Laubwald

In einem von Buchen *(Fagus sylvatica)* dominierten, gut wüchsigen Wald bedecken jeden Herbst bis zu sechs Schichten Laub den Boden. Wie durch ein Wunder verschwindet im Lauf der Zeit ein Großteil des Laubes und nach drei Jahren ist es völlig abgebaut, aber natürlich von Neuem mit frischem Laub überdeckt. Die Abbauprodukte sind Nährstoffe, die wieder von den Pflanzen aufgenommen werden. Es leuchtet sofort ein, dass die meisten Ökosysteme langfristig nur funktionieren können, wenn ein Kreislauf der Stoffe herrscht (Recycling); sonst würden sich bestimmte Substanzen mit der Zeit immer mehr ansammeln, was zu namhaften Veränderungen führen würde. Dies war beispielsweise mit dem Kot der europäischen Rinder bei der Beweidung von australischem Grasland der Fall. Dort gab es keine Mistkäfer oder andere Insekten, die den Kot abbauen konnten: Er sammelte sich in derart großer Menge an, dass das Graswachstum und damit die Beweidung massiv beeinträchtigt wurden. Der Stoffkreislauf war blockiert. Erst nachdem Mistkäfer aus Frankreich, Spanien und Südafrika nach Australien eingeführt worden waren, verbesserte sich die Situation mit der Zeit.

Der Kohlenstoffkreislauf

Die grünen Blätter der Pflanzen stellen in der Fotosynthese mithilfe von Licht aus dem Kohlendioxid der Luft und Wasser energiereiche zuckerartige Verbindungen her. Aus diesen synthetisieren sie dann Zellulose sowie zusammen mit weiteren chemischen Elementen zahlreiche andere komplexe Stoffe. Mit Falllaub, abgestorbenen Ästen, Stämmen und Wurzeln sowie Kadavern und Exkrementen von Tieren gelangt ein Großteil dieser Kohlenhydrate und anderer chemischer Verbindungen auf den Boden. Dort werden sie von Kleintieren, Pilzen und Mikroorganismen (Bakterien usw.) gefressen bzw. absorbiert und in Kohlendioxid und Wasser sowie Stickstoffverbindungen, Phosphat, Calcium, Kalium und weitere chemische Stoffe aufgespalten. Bei der Aufspaltung wird Energie freigesetzt, die das Leben der erwähnten Organismen ermöglicht.

Nur ein sehr kleiner Teil des abgestorbenen Materials wird nicht völlig abgebaut, sondern durch verschiedene Organismen sowie abiotische Prozesse umgebaut. Es sammelt sich also an und bildet im Verlauf vieler Jahrzehnte bis Jahrhunderte den dunklen Humus in den oberen Bodenschichten (siehe Kap. 3.5).

Die Abfolge des Abbaus von abgestorbenen Pflanzen und Pflanzenteilen (Laub usw.) sowie von Kadavern und Exkrementen wird als *Detritusnahrungskette* bezeichnet. Natürlich gibt es im Wald auch Tiere, die lebende Pflanzen und Teile von diesen sowie lebende Tiere fressen, z. B. pflanzenfressende Insekten sowie Spinnen, Greifvögel, Fledermäuse, Rehe und Füchse. Die Abfolge dieses Fressens wird *Weidenahrungskette* genannt (auch wenn sie nicht nur in Weiden stattfindet). Bemerkenswert ist nun, dass im Wald die Weidenahrungskette mengenmäßig viel weniger bedeutend ist als die Detritusnahrungskette (siehe auch die unten stehende Abbildung des Stickstoffkreislaufs). Wenn Abgestorbenes gefressen wird, profitieren natürlich die fressenden Arten; die Gefressenen bleiben hingegen unbeeinflusst, da sie bereits tot sind. Gemäß den Ausführungen in Kap. 1.1.3 spielen also im Wald zahlreiche einseitig positive Beziehungen eine große Rolle.

Die Bedeutung der Weidenahrungskette darf trotz des oben Gesagten nicht unterschätzt werden. Denn u. a. Rehe und Hirsche prägen die botanische Zusammensetzung von Wäldern entscheidend, indem sie an bestimmten Baum- und Straucharten die nährstoffreichen Triebspitzen abfressen, diese dadurch schädigen. Dies kann zu einer indirekten Förderung nicht abgefressener Pflanzenarten führen. Auch die Massenentwicklung bestimmter Raupen kann in einem Wald lang andauernde Auswirkungen haben.

Der Stickstoffkreislauf

Die Kreisläufe der verschiedenen Nährstoffe und Spurenelemente in einem Ökosystem unterscheiden sich zum Teil recht wesentlich. Im Folgenden wurde aus mehreren Gründen der Stickstoffkreislauf als Stellvertreter für die Beschreibung der Kreisläufe vieler anderer chemischer Elemente gewählt. Diese Gründe sind: a) Der Stickstoffhaushalt in Ökosystemen ist gut untersucht und wird deshalb bis ins Detail verstanden. b) Es kreisen relativ große Mengen an Stickstoffverbindungen in den Ökosystemen. c) Einige in diesem Kreislauf wichtige Bakterienarten sind bekannt. Die unten stehende Abbildung zeigt den Stickstoffkreislauf in einem Laubwald.

Die Pflanzen nehmen in basischen Böden den Stickstoff als Nitrat (NO_3^-), eine anorganische (mineralische) chemische Verbindung, auf und bauen ihn in Form von Eiweißen (Proteinen), Blattgrün (Chlorophyll) und anderen Verbindungen in ihren Körper ein (siehe Abbildung). Mit Falllaub und anderen abgestorbenen Pflanzenteilen gelangen diese Stickstoffverbindungen auf den Boden. Hier ist das Laub zunächst Nahrung für verschiedene Kleintiere. Pilze und Bakterien sorgen für einen weiteren Abbau. Schließlich liegen Aminosäuren und Ammoniumionen im Boden

und dem Baum ist für die Tiere positiv und für den Baum bedeutungslos, sofern dieser bereits abgestorben ist: Es liegt also gemäß Kap. 1.1.3 eine einseitig positive Beziehung des Typs +0 vor. Das Bohrmehl und die Kotpartikel der Käfer werden rasch von speziellen Pilzen und Bakterien besiedelt, die den Abbau weiterführen.

So sieht ein sich zersetzender Baumstamm nach einigen Jahrzehnten aus. Bemerkenswert sind die vielen Flechten und Moose.

Die Larven des Echten Widderbocks (Wespenbock, *Clytus arietis*) leben in toten Ästen von Laubbäumen und bohren sich bis zum Holz vor. Der adulte Käfer frisst, wie das Bild zeigt, unter anderem Pollen von Doldenblütlern (Apiaceae).

Die wie kleine Engerlinge aussehenden Larven des Vierpunkt-Prachtkäfers *(Anthaxia quadripunctata)* fressen vor allem im Bereich von Bast und von Splintholz von Nadelbäumen. Die adulten Käfer ernähren sich vorwiegend von Pollen gelb blühender Korbblütler (Asteraceae).

Die Fraßgänge der Käfer dienen bestimmten Arten von Wildbienen und anderen Insekten als Nistort – eine weitere einseitig positive Beziehung, die auch als Nachnutzung bezeichnet wird (siehe Kap. 3.4).
Bekanntlich sind die Larven der erwähnten Käfergruppen eine wichtige Nahrung für verschiedene Spechtarten und andere Fressfeinde, was natürlich eine negative Beziehung ist.

Vom 3. bis etwa zum 20. Jahr dauert die eigentliche Zersetzung des Holzes
Auch hier sind Käfer bzw. Käferlarven, unter anderem aus der Gruppe der Schnellkäfer (Elateridae) und der Schröter (Lucanidae, siehe Kap. 3.2.3), am Werk. Außerdem beteiligen sich Larven verschiedener Fliegen- und Mückenarten, also Maden, am Abbau. Viele weitere Tiergruppen, z. B. die Springschwänze (Collembolen), fressen das von den vorgenannten Tieren zersetzte Material oder ernähren sich räuberisch. Ebenfalls wichtig ist die Rolle der Pilze, insbesondere der Mykorrhizen (siehe Kap. 3.5), und der Bakterien, die das Totholz besiedeln. Langsam kommen außerdem Grünalgen, Flechten und Moose auf dem sich zersetzenden Baumstamm auf. Auch hier liegen meist einseitig positive Beziehungen vor (Symbol +0).

Nach vielen Jahrzehnten bis einigen Jahrhunderten ist ein Baumstamm vollständig abgebaut
Je nach der Baumart, der Dicke des Stammes und den Umweltbedingungen dauert der vollständige Abbau natürlich unterschiedlich lang. Die bereits erwähnten Tiergruppen spielen eine immer geringere Rolle. Stattdessen sind neben den winzigen Springschwänzen (Collembolen) die Milben (Acari, kleine Spinnentiere), insbesondere die Hornmilben (Oribatidae), umso wichtiger; deren Anzahl kann bis 50 000 pro Quadratmeter Waldboden betragen. Auch verschiedene Würmer, Asseln (Isopoda), Tausendfüßer (Myriapoda) und Schnecken sind an der Zersetzung beteiligt.

Käferlarven, insbesondere die sogenannten Drahtwürmer, also die Larven von Schnellkäfern (Elateridae), sind am Abbau von Totholz stark beteiligt (eine +0-Beziehung).

Der Blutrote Schnellkäfer *(Ampedus sanguineus)* ernährt sich von Blütenpollen und Nektar. Seine Larven fressen zunächst stark abgebautes Holz (eine +0-Beziehung), später auch Insektenlarven und -puppen, eine + −-Beziehung.

Pilze und Bakterien bauen den entstandenen Mulm und die Ausscheidungen und Kadaver der verschiedenen Zersetzer-Tiere immer weiter ab, wobei letztlich pflanzenaufnehmbare Nährstoffe und Humus entstehen. Moose, Flechten und auch Blütenpflanzen fassen dann vermehrt auf dem vermodernden Stamm Fuß.
Die Beziehungen zwischen dem zerfallenden Baumstamm und den oben genannten

Eine weniger als 1 mm große Hornmilbe (Familie Oribatidae). Diese Spinnentiere bauen Laub und Totholz ab. In den obersten 10 cm eines Quadratmeters Waldboden kann es bis 50 000 dieser winzigen Tiere haben.

Folsomia candida, ein häufiger, etwa 3 mm langer Springschwanz. Springschwänze sind insektenähnliche Kleintiere, die weit verbreitet sind. In einem Quadratmeter Boden und bis in 10 cm Tiefe können Zehntausende von ihnen vorkommen. Sie fressen totes pflanzliches und tierisches Material und sind wichtig bei der Humusbildung.

Der Tüpfeltausendfuß *(Blaniulus guttulatus)* gehört zu den Doppelfüßern (Diplopoda), die eine Untergruppe der Tausendfüßer sind. Er ernährt sich wie viele andere Tausendfüßer u. a. von Laub und Mulch.

Der Matte Pillenwälzer *(Sisyphus schaefferi)* formt aus dem für die Weidetiere nutzlosen Kot eine Dungkugel, die als Nahrung für seine Nachkommen dient – eine einseitig positive obligate Beziehung. Die Kugel wird an eine geeignete Stelle gerollt, wo das Weibchen auf komplizierte Art und Weise ein Ei in sie legt. Die Kugel wird anschließend mehrere Zentimeter tief in den Boden eingegraben und dient als Nahrung für die Larve. Nach der Verpuppung schlüpft nach etwa zwei Monaten der fertige Käfer aus dem Boden.

halten natürlich bedeutungslos, denn es werden nur leere Schneckenhäuschen besiedelt (Grundkategorie + *0).

In beiden soeben beschriebenen und in vielen weiteren Fällen bewirkte der evolutionäre Selektionsdruck, dass bei einer der Arten eine Anpassung bzw. eine einseitig positive Beziehung zu einer anderen Art entstand (bzw. zu deren Produkten wie dem Kot oder dem Schneckenhaus).

Wir kommen nun zu ebenfalls sehr vereinfacht dargestellten Beispielen der Evolution wechselseitig positiver obligater Beziehungen zwischen zwei Arten. Die jeweiligen Partner solcher Beziehungen sind derart präzise aneinander angepasst, dass leicht einleuchtet, dass solche Beziehungen nur durch evolutionäre Anpassungen in Zeiträumen von vielen Hunderttausenden bis Millionen von Jahren entstanden sein können aufgrund eines wechselseitigen Selektionsdruckes. Man nennt diesen Prozess wie gesagt *Koevolution.*

Betrachten wir die für die Knautien-Sandbiene *(Andrena hattorfiana)* obligate positive Bestäubungsbeziehung mit Witwenblumen (Gattung *Knautia*) und Skabiosen (Gattung *Scabiosa*). In den Erbanlagen (Genen) von Urformen der Witwenblumen und Skabiosen ereigneten sich Mutationen, die in sehr langen Selektionszeiträumen zu einer bestimmten Blütenform und -farbe sowie zur Ausformung von Staubbeuteln und Stempel führten, welche im Zusammenwirken mit Insekten eine Bestäubung ermöglichen. Und in den Erbanlagen von Urformen bestimmter Insekten, hier von Wildbienen, gab es Mutationen, die während riesiger Zeiträume infolge von Selektion zur Form und zur Funktionsweise der Werkzeuge für das Pollensammeln sowie zu einem bestimmten Verhalten bei der Bestäubung führten. Bei allen diesen Evolutionsschritten erfolgte die Selektion in Richtung auf eine möglichst gut funktionierende Bestäubung, d. h. eine wechselseitig positive Beziehung zwischen Wildbiene und Pflanze. Kampf und andere sogenannte negative Beziehungen zwischen den Individuen der beteiligten Arten bzw. Populationen haben in dieser Koevolution wohl eine relativ geringe Rolle gespielt.

Bestäubung einer Gewöhnlichen oder Tauben-Skabiose *(Scabiosa columbaria)* durch die auf diese Art und auf Witwenblumen *(Knautia)* spezialisierte Knautien-Sandbiene *(Andrena hattorfiana)*: eine durch Koevolution entstandene wechselseitig positive Beziehung. An den Hinterbeinen der Biene sieht man den Pollenkorb mit dem rosaroten Pollen.

Ein weiteres Beispiel für Koevolution ist die bereits mehrfach besprochene wechselseitig positive Beziehung zwischen den Pflanzen und den Wurzelpilzen (Mykorrhizen, siehe Kap. 3.5). Aus Vorstufen dieser Beziehung entstanden durch Koevolution immer besser funktionierende Mykorrhiza-Symbiosen.
Wichtig ist zu ergänzen, dass das Herausgreifen von Beziehungen zwischen lediglich zwei Arten nur aus praktischen Gründen erfolgt. In der Natur sind die einzelnen Arten bekanntlich in ein ganzes Netz von Beziehungen eingebettet (siehe Kap. 2.8 und 3.8), welches durch viele verschiedene, gleichzeitig stattfindende Evolutions- und Koevolutionsprozesse im Laufe von Millionen von Jahren entstanden ist und selektionswirksam war und ist.

Zusammenfassend kann festgehalten werden:
Selektion und Überlebenstüchtigkeit im Sinne der Darwin'schen Evolutionstheorie erfolgen nicht nur wie oft angenommen durch Kampf und Stärke, sondern sie können auch auf positiven zwischenartlichen Beziehungen beruhen. Im «Struggle for life» können auch einseitige Förderungen und wechselseitiges Fördern-und-gefördert-Werden eine große Rolle spielen. Wie wichtig solche Förderungen, also positive Beziehungen, bei der Bewältigung von für Lebewesen schwierigen Umweltbedingungen sind, wird in Kap. 6.3 anhand mehrerer Beispiele dargelegt. Alle diese Zusammenhänge sind für die gesamte Biosphäre und somit auch für den Menschen von ausschlaggebender Bedeutung (siehe Kap. 6.3–6.7 und 7.2).

Kleine Ergänzung zu Darwin und der Evolution positiver Beziehungen
Es ist interessant, dass sich Darwin in «The Origin of Species» des Problems der Evolution positiver Beziehungen (z. B. der Blütenbestäubung, die er auch selbst untersuchte) bewusst war. Denn er schreibt auf Seite 201 der Originalausgabe von 1859: «*If it could be proved that any part of the structure of any one species had been formed for the exclusive good of another species, it would annihilate my theory, for such could not have been produced through natural selection [...]. I cannot find even one [structure] which seems to me of any weight.*» (Wenn bewiesen werden könnte, dass irgendein Teil einer Struktur einer einzigen Art zum ausschließlichen Vorteil einer anderen Art geformt worden wäre, dann würde dies meine Theorie zunichtemachen, weil dies nicht durch natürliche Selektion hätte gebildet werden können [...]. Ich kann nicht einmal eine einzige [solche Struktur] finden, die aus meiner Sicht irgendeine Bedeutung hat.)
Wie oben dargelegt, können durch natürliche Selektion im Sinn der Darwin'schen Evolutionstheorie durchaus auch positive zwischenartliche Beziehungen entstehen.

5.3.2 Konvergenz bei mehreren Symbiosen verdeutlicht, wie global wichtig sie sind

Biologische Konvergenz (lat. *con* = zusammen; *vergere* = sich neigen; also sich einander nähern) ist das Phänomen, dass bei stammesgeschichtlich (also systematisch, phylogenetisch) nicht näher miteinander verwandten Arten bzw. Artengruppen im Verlauf der Evolution *unabhängig voneinander* ähnliche Strukturen oder Funktionen entstanden sind. Solche Entsprechungen werden als Analogien bezeichnet. Ursache für die Ähnlichkeiten ist ein bestimmter, großer Selektionsdruck, der von der unbelebten oder belebten Umwelt auf die Arten ausgeht. Ein bekanntes Beispiel von Konvergenz ist die kaktusartige, sukkulente Wuchsform bei Arten der nicht näher miteinander verwandten Pflanzenfamilien der Kaktus-, der Wolfsmilch- und der Seidenpflanzengewächse; der Selektionsfaktor ist hier das heiß-trockene Klima.
Im Folgenden wird geprüft, inwieweit es Konvergenz nicht nur bei Arten und Artengruppen gibt, sondern auch bei Symbiosen.

Konvergenz bei der Blütenbestäubung durch Tiere

Bestäubungs-Symbiosen bei einigen Pflanzen- und Tiergruppen. Eine Pflanzen- bzw. Tierordnung ist eine systematische Gruppierung, die mehrere miteinander verwandte Familien umfasst. Ein Florenreich ist eine biogeografische Region mit einer eigenständigen Flora, also zahlreichen Pflanzenordnungen und -familien, die nur in der betreffenden Region vorkommen, also dort endemisch sind. Analoges gilt für die Faunenreiche.

Blumentyp und Beispiele von Pflanzenarten und -gruppen sowie *Floren-* bzw. *Faunenreich*. In Klammern Angaben zu den systematischen Ordnungen	**Bestäuber** und Beispiele sowie in Klammern Angaben zu den systematischen Ordnungen
Bienenblumen: Scheiben-, Glocken-, Rachen-, Fahnen- und Röhrenblume, z. B. Apfelblüte, Glockenblume, Löwenmäulchen, Schmetterlingsblütler, Akelei	Ordnung **Hautflügler, also Bienen und Hummeln**, sowie andere Insekten
Tagfalterblumen: Röhrenblume, z. B. Nelken, Winden, bestimmte Orchideen	Ordnung **Tagfalter** sowie andere Insekten, jeweils meist mit langem Rüssel
Vogelblumen: Röhren-, Rachen- und Bürsten-Blume Im *paläotropischen* bzw. *Capensis-Florenreich:* Aloe (Asparagales) bzw. Strelitzien (Zingiberales) Im *neotropischen Florenreich:* bestimmte Lobelien (Asterales), Fuchsien (Myrtales)	Im äthiopischen (afrikanischen) Faunenreich: **Nektarvögel** und **Honigfresser** (beides Passeriformes) Im *neotropischen Faunenreich:* **Kolibris** (Apodiformes), **Tangaren** (Passeriformes)
Fledermausblumen: Scheiben-, Schalen- und Bürstenblume (Bananenstaude, Baobab, einige Kaktusgewächse und Agaven)	Bestimmte **Fledermäuse** und Flughunde

Blütenbestäubung erfolgt bekanntlich vor allem durch Insekten. Die daran beteiligten Pflanzen- und Tierarten gehören z. T. ganz verschiedenen systematischen Ordnungen an, sind also z. T. nur sehr entfernt miteinander verwandt. In den Tropen geschieht die Bestäubung u. a. auch durch Vögel und Fledertiere (siehe Tabelle und Abbildungen). Blütenbestäubende Vögel gibt es auf mehreren Kontinenten; z. T. gehören sie ganz verschiedenen Faunenreichen an, sind also ebenfalls nur äußerst entfernt miteinander verwandt.
Zusammenfassend zeigt die Tabelle, dass die Blütenbestäubung bei z. T. überhaupt nicht oder nur sehr entfernt miteinander verwandten Pflanzen- und Tiergruppen

Konvergenz bezüglich der Bestäubung, also bei stammesgeschichtlich nicht näher miteinander verwandten Arten. Honigbiene *(Apis mellifera)* an Kirschblüte *(Prunus avium)*; Apollo *(Parnassius apollo)* auf Distelblüte *(Carduus)*; Purpurkehlkolibri *(Eulampis jugularis)* an Lobelie; Langnasen-Fledermaus *(Leptonycteris yerbabuenae)* an Saguaro-Kaktus *(Carnegia gigantea)* in Arizona USA.

vorkommt. Untersuchungen ergeben, dass die Blütenbestäubung nicht nur einmal vor Urzeiten entstanden ist, wonach sich die beteiligten Pflanzen- und Tierarten weiterentwickelt haben, unter Beibehaltung der Bestäubungssymbiose. Sondern es ist umgekehrt: Die Symbiose ist im Verlauf der Evolution und Koevolution *mehrfach unabhängig neu* entstanden. Gemäß dem oben Gesagten liegt also eine Konvergenz vor.

Konvergenz bei der symbiotischen Stickstofffixierung?

Stickstoffverbindungen sind in vielen Ökosystemen ein Mangelnährstoff für die Pflanzen. Dieser Mangel wird in der Natur durch verschiedene Typen von biologischer Stickstofffixierung überwunden (siehe die unten stehende Tabelle und Kap. 2.5). Die an dieser Symbiose beteiligten Pflanzenordnungen und Bakteriengruppen sind jeweils stammesgeschichtlich zum Teil weit voneinander entfernt. Dies legt die Annahme nahe, dass die symbiotische Stickstofffixierung im Verlauf der Evolution mehrfach und auf *voneinander unabhängigen Wegen* entstanden ist, also eine Konvergenz vorliegt.

Beispiele von symbiotischer Stickstofffixierung von Pflanzen mithilfe von Mikroorganismen

Beispiele von Arten mit Stickstofffixierung sowie systematische Ordnung	**Symbiotische, stickstofffixierende Mikroorganismen**
Klee, Luzerne, Bohne, Goldregen, Robinie usw. Schmetterlingsblütenartige (Fabales)	Alphaproteobakterien Knöllchenbakterien *(Rhizobium)*
Erlen Buchenartige (Fagales)	Aktinobakterien, grampositiv *Frankia alni*
Gelbe Silberwurz (*Dryas drummondii* in Nordamerika) Rosenartige (Rosales)	Aktinobakterien *Frankia alni*
Sanddorn, Ölweiden *(Eleagnus)* Rosenartige (Rosales)	Aktinobakterien *Frankia alni*
Gerberstrauch *(Coriaria)* im Mittelmeerraum Kürbisartige (Cucurbitales)	Aktinobakterien *Frankia alni*
Palmfarn *(Cycas)* in tropischen Gebieten Palmfarnartige (Cycadales)	Cyanobakterien, Blaugrünbakterien *Nostoc, Anabaena* usw.
Schwimmfarn *(Azolla)* Schwimmfarnartige (Salviniales)	Cyanobakterien *Nostoc, Anabaena*
Horn- und Lebermoose (Anthocerato- und Marchantiophyta) verschiedene Arten; Flaschenmoos *(Blasia)*	Cyanobakterien *Nostoc*

Konvergenz bei weiteren Symbiosen

Konvergenz liegt auch bei der Symbiose zwischen z. T. nur äußerst entfernt miteinander verwandten Beerenpflanzen (i. w. S.) und den sie verbreitenden, ganz verschiedenen Vogelarten vor. Ähnliches gilt auch für die Symbiose zwischen bestimmten Ameisenarten und Pflanzen mit Elaiosomen (Ölkörperchen, Kap. 3.2.1). Denn Elaiosome kommen bei systematisch z. T. sehr weit voneinander entfernten Pflanzenfamilien vor (Lengyel et al. 2010). Letzteres trifft auch für die Symbiose zwischen den Pflanzen mit extrafloralen Nektarien und ihren Nutzern zu (siehe Kap. 2.2.1 und 4.2). Kutzelnigg (2013) schreibt hierzu, «dass die Samenausbreitung durch Ameisen, also die Myrmekochorie mindestens 100-mal und die Ausbildung von extrafloralen Nektarien sogar mehr als 450-mal unabhängig entstanden sein soll» (zu Letzterem siehe Weber & Keeler, 2013). Weitere Untersuchungen könnten aufzeigen, inwieweit Konvergenzen auch bei der Mykorrhiza-Symbiose (Kap. 3.5) und in anderen Fällen vorkommen. Zusammenfassend kommt man zu folgendem Fazit:

Konvergenzen bei Symbiosen verdeutlichen, wie ökologisch unerlässlich diese sind.

Bei mehreren Symbiose-Typen zeigt sich, dass diese jeweils unabhängig voneinander im Lauf der Evolution und Koevolution entstanden sind …	… bei stammesgeschichtlich weit voneinander entfernten Artengruppen (z. T. sogar auf verschiedenen Kontinenten): also liegt **Konvergenz** vor.	Dies zeigt, wie **wichtig** die **Symbiosen** offenbar für das **Funktionieren** der **Ökosysteme** und der Ökosphäre sind.

5.3.3 Die Endosymbiontentheorie der Entstehung der tierischen und der pflanzlichen Zelle

Die Endosymbiontentheorie (EST) wurde vor allem von der amerikanischen Biologin Lynn Margulis entwickelt und publik gemacht (Margulis 1971). Das Ziel dieser heute weitgehend unbestrittenen Theorie ist, die Entstehung der Zellen, aus denen die heutigen Tiere und Pflanzen bestehen, zu erklären. Ausgangspunkt dieser Evolution sind einzellige Organismen, über deren Entstehung die EST jedoch keine Aussagen macht.

Gemäß der Endosymbiontentheorie verleibten sich bestimmte primitive zellkernhaltige Zellen vor ein bis zwei Milliarden Jahren gewisse Bakterien ein. Zwischen diesen und den zellkernhaltigen Zellen entwickelte sich in Hunderten von Millionen Jahren eine sogenannte Endosymbiose (griech. *endo* = innen), also ein Zusammenleben zu beidseitigem Nutzen. Dieses führte dann zu Vorläufern der Zellen, aus

denen heute die Tiere, die Pflanzen und im Weiteren auch die Pilze aufgebaut sind (siehe die unten stehende Abbildung).
Margulis erweiterte in «Symbiotic planet» ihre Sicht der Endosymbiose und der Evolution der verschiedenen Lebewesen dieser Erde weiter (Margulis 1999). Auf Seite 14 der deutschsprachigen Ausgabe, die 2018 unter dem Titel «Der symbiotische Planet oder wie die Evolution wirklich verlief» erschienen ist, steht, bezogen auf den Menschen, der aufschlussreiche Satz: «*Wir sind Symbionten auf einem symbiontischen Planeten.*»

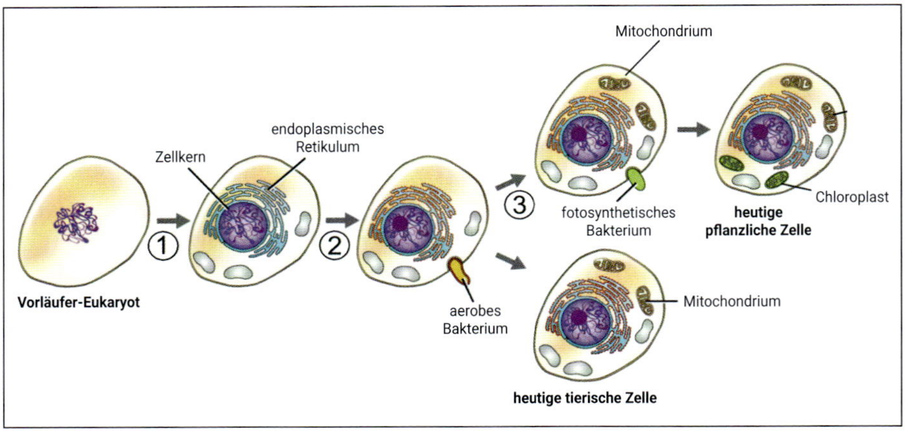

Vereinfachtes Schema der Endosymbiontentheorie. Ausgangspunkt ist ein Ur-Eukaryot, also eine Zelle mit einer zellkernartigen Struktur. Zwischen diesem (Ur-)Eukaryoten und von ihm gefressenen (einverleibten) verschiedenen Bakterienarten entwickelten sich im Verlauf von Hunderten von Millionen Jahren dauerhafte, wechselseitig positive Beziehungen, sogenannte Endosymbiosen. Diese machten die Evolution sowie das Leben der tierischen bzw. der pflanzlichen Zellen möglich. Im Detail sind (gemäß der Abbildung) die folgenden Phasen zu unterscheiden: 1. Durch Einfaltung der äußeren Zellmembran entstanden in dieser Zelle ein Zellkern und das endoplasmatische Retikulum. Dies ist ein kleines Zell-Organ (Organell), das ganz verschiedene lebenswichtige Funktionen hat. 2. In einem ersten Schritt fraßen Ur-Eukaryoten sauerstoff-, also Luft benötigende Bakterien, aus denen sich die (heutigen) Mitochondrien entwickelten. Dies sind Organelle, die unter Verbrauch von Luftsauerstoff u. a. aus bestimmten Nährstoffen das ATP, einen Energieträger in der Zelle, synthetisieren. Dies führte zur Entstehung zunächst von Vorläufern und dann zur heutigen tierischen Zelle. 3. In einem zweiten Schritt fraßen bestimmte Eukaryoten fotosynthetisch aktive Bakterien; aus diesen entwickelten sich die Chloroplasten, also die grünen Körnchen (Organelle) in der Pflanzenzelle, in welchen die Fotosynthese stattfindet. Dieser Schritt führte dann zur heutigen pflanzlichen Zelle. Die Abbildung ist eine leicht veränderte Version der Darstellung bei CNX OpenStax.

6

Übersicht über die positiven Beziehungen und ihre Bedeutung in den Ökosystemen, in der Biosphäre und für den Menschen

Vorangehende Seite:
Die Blütenbestäubung – hier des Rot-Klees *(Trifolium pratense)* – durch Insekten ist die wohl bekannteste positive Beziehung zwischen verschiedenen Arten. Sie kommt bei etwa 80 % der etwa 380 000 Arten von Blütenpflanzen der Erde vor und ist direkt und indirekt für die Produktion von Obst und anderen Pflanzenprodukten für den Menschen von essenzieller Bedeutung.
Dieses Bild zeigt den Rot-Klee auch als sogenannte Rendezvous-Blume, d. h. eine positive Beziehung zwischen Pflanze und Tier, die zum Zusammenfinden und zur Paarung führt, hier des Hauhechel-Bläulings (*Polyommatus icarus;* rechts das Weibchen).
Eine weitere positive Beziehung liegt in den Wurzelknöllchen des Rot-Klees vor. Dort leben Bakterien (Rhizobium), die Luftstickstoff fixieren und die entstandenen Stickstoffverbindungen der Kleepflanze als wichtige Nahrung zur Verfügung stellen. Als Gegenleistung erhalten die Knöllchenbakterien vom Klee Kohlenhydrate: eine typische Symbiose. Eine solche kommt auch bei den anderen ca. 20 000 Arten von Schmetterlingsblütlern (Fabaceae) sowie zahlreichen anderen Pflanzenarten vor und ist für die Nährstoffversorgung vieler Land-Ökosysteme wichtig.

In der Kapiteln 2 bis 4 über die Magerwiese, den Laubwald und über weitere fünf Ökosysteme wurden jeweils größenordnungsmäßig je 100 Einzelbeziehungen im Text beschrieben sowie in Tabellen und Abbildungen zusammengestellt. Darin sind jedoch die 80 Waldflechtenarten (also Symbiosen) der Tabelle in Kap. 3.1 nicht enthalten. Weitere 184 bzw. 86 positive Beziehungen zwischen den Pflanzen und den Wurzelpilzen, den Knöllchenbakterien, den Bestäubern und den Verbreitern sind für die Magerwiese und den Laubwald in den Anhängen C und D aufgelistet. Addiert man alle diese Zahlen, so erhält man die *Gesamtzahl der einzelnen positiven Beziehungen,* die für alle sieben in diesem Buch besprochenen Ökosysteme zusammengestellt sind: Sie beträgt aufgerundet etwa 700. Die tatsächliche Zahl der positiven Beziehungen in den in diesem Buch behandelten Ökosystemen dürfte allerdings um ein Vielfaches größer sein.

6.1 Liste der 60 beschriebenen Typen von positiven Beziehungen

In diesem Kapitel geht es darum, einen Überblick über die soeben erwähnten insgesamt etwa 700 einzelnen positiven Beziehungen in den sieben besprochenen mitteleuropäischen Land-Ökosystemen zu erhalten. Dies geschieht dadurch, dass *Beziehungen, die auf dem gleichen Prinzip oder sehr ähnlichen ökologischen Prinzipien beruhen, zu jeweils einem Typus zusammengefasst* werden (siehe auch Kap. 1.6). Viele dieser Typen werden sehr breit gefasst. So umfasst z. B. der Typ «Ausbreitung (Verbreitung)» den Transport von Früchten, Samen, Sporen und Kleintieren durch Weidetiere, Vögel, Insekten (vor allem Ameisen) und weitere Artengruppen. Insgesamt ergeben sich etwa 60 verschiedene Typen von Beziehungen. Würden auch die vielfältigen Einzelbeziehungen zwischen den pflanzlichen, tierischen, pilzlichen und bakteriellen Abbauorganismen im Boden sowie im pflanzlichen und im tierischen Mikrobiom (Kap. 2.5, 2.6, 3.5 und 3.6) berücksichtigt, so ergäbe sich eine wesentlich größere Zahl von Typen. Von den indirekten, also den Dreierbeziehungen werden nur jene aufgeführt, die besonders interessant sind oder bei denen die Arten relativ eng zusammenhängen.

Einzelne an positiven Beziehungen beteiligte Arten können auch als Ökosystemingenieure bezeichnet werden (siehe Kap. 6.1.5).

Zwischen den verschiedenen Typen von positiven Beziehungen kommen, wie erwartet, Übergänge vor und manche Einzelbeziehungen könnten auch in andere Typen als unten angegeben eingereiht werden.

Der Übersichtlichkeit halber sind die Typen im Folgenden in vier Gruppen aufgeteilt; die Reihenfolge der Typen innerhalb der Gruppen folgt keinem bestimmten

6.1.2 Typen von Beziehungen, die vorwiegend für Pflanzen positiv sind

11. Die ***Mikroklima-Wirkungen der dominanten Pflanzen*** ermöglichen vielen anderen Pflanzen- sowie Tier-, Pilz- und Bakterien-Arten das Vorkommen.

12. ***Ammenpflanzen-Beziehung:*** Adulte Pflanzen ermöglichen Keimlingen und Jungpflanzen *anderer Pflanzenarten* das Aufwachsen.
    - Bestimmte Pionierpflanzen auf kahlen Böden bieten Keimlingen anderer Arten günstige mikroklimatische Bedingungen und an Steilhängen einen Schutz davor, weggeschwemmt zu werden.

13. ***Nutzung von Vegetationslücken, die von Tieren geschaffen worden sind,*** *als* günstige Orte für *das Aufwachsen von Pflanzen.*
    - Erdhaufen, die von Mäusen und anderen Kleinsäugern geschaffen worden sind.
    - Regenwurmhäufchen sind relativ nährstoffreich und günstig für das Aufwachsen von Pflanzen.
    - Vegetationslücken, die durch das Wild oder das Weidevieh beim Scharren und Wühlen entstanden sind.

14. Im ***Nährstofflift*** werden bestimmte Nährstoffe von Tiefwurzlern aus tiefen Bodenschichten aufgenommen. Sterben diese Pflanzen oder Teile von ihnen ab, so werden sie im Oberboden zersetzt, wodurch dort Nährstoffe freigesetzt werden, von denen auch die Flachwurzler profitieren.
    - Beispiele von Tiefwurzlern in Wäldern sind die Eichen und die Kiefern (Föhren); Flachwurzler sind der Sauerklee und das Salomonssiegel.

15. ***Bodendurchmischung*** durch Mäuse, Regenwürmer, Insekten usw. ermöglicht das Eindringen von Luft und Wasser in den Boden; davon profitieren die Pflanzen(wurzeln) und die Bodentiere sowie bestimmte Pilze und Bakterien, denn sie alle brauchen Sauerstoff und Wasser.

16. ***Humusbildung.***
    Aus Streu, Falllaub, Totholz usw. wird durch Kleintiere, Pilze, Bakterien und komplexe abiotische Prozesse Humus gebildet. Dieser kommt direkt oder indirekt allen Bodenorganismen und auch den Pflanzen zugute.

17. ***Förderung von Pflanzen, Pilzen, Bakterien und selten auch Tieren durch die Ausscheidungen von Tieren.***
    - Die Exkremente von Tieren enthalten Nährstoffe, die Pflanzen und Pilzen zugutekommen. Selten nutzen auch Tiere solche Exkremente.
    - Spezieller Fall: Durch ihre Ausscheidungen beim Baueingang fördern die Feldmäuse u. a. ihre Hauptnahrungspflanzen wie das Knaulgras und den Wiesen-Schwingel. Dies kann man als eine Art **Pflanzenanbau** bezeichnen. Dieses Phänomen kommt wohl auch bei anderen Tierarten vor.

18. ***Förderung von Pflanzenarten infolge der Schädigung benachbarter konkurrenzstarker Nachbarpflanzen*** durch Fraß oder Parasiten.
    - Fraß von hohen Gräsern und Kräutern in einer Wiese fördert (indirekt) niedrige Rosettenarten wie das Gänseblümchen.
    - Absterben von Eschen infolge Parasitierung durch einen Pilz verbessert die Bedingungen für benachbarte resistente Baumarten.

19. ***Fraßschutz, den bestimmte Pflanzenarten dadurch erreichen, dass sie außerhalb der Blüten Nektar produzieren, dessen Duft Ameisen oder Bienen anlockt, die die Fressfeinde vertreiben (Polizistenfutter).***
    - Beispiele solcher Pflanzenarten: Zaunwicke, Kirschbaum, Holunder-Arten. Bei den verholzenden hochwachsenden Arten spielt Fraßschutz wohl vor allem bei Jungpflanzen eine Rolle.

20. ***Fraßschutz von Pflanzen durch Gifte, die von bestimmten Pilzen in ihren Sprossen produziert werden*** (endophytische Pilze).
    - Diese wechselseitig positive Beziehung kommt vor allem bei Knaulgras, Rotschwingel und anderen Grasarten vor.

21. ***Symbiotische Stickstofffixierung durch Wurzelknöllchen-Bakterien.*** *Diese liefern der Pflanze Stickstoffverbindungen als Nährstoff und die Pflanze liefert den Bakterien dafür Kohlenhydrate, ebenfalls als Nährstoffe.*
    - Bei Schmetterlingsblütlern durch Knöllchenbakterien *(Rhizobium)*.
    - Bei Erlen und bestimmten anderen Pflanzenarten durch Aktinobakterien *(Frankia)* in Wurzelknollen.

22. ***Nachbarpflanzen von stickstofffixierenden Pflanzen profitieren,*** *wenn diese und deren Wurzelknöllchen absterben. Denn dann werden Stickstoffverbindungen freigesetzt, die auch den Nachbarpflanzen zugutekommen.*

23. ***Nicht symbiotische Stickstofffixierung*** *durch frei im Boden lebende Bakterien. Wenn diese absterben, kommen die fixierten Stickstoffverbindungen den umgebenden Pflanzen zugute.*

24. ***Hemmung der Ausbreitung von Pflanzenkrankheiten und -schädlingen*** *durch eine Barriere aus nicht anfälligen Pflanzenarten.*
    - Der Kleekrebs-Pilz kann sich in einer Wiese mit vielen nicht anfälligen Pflanzenarten weniger stark ausbreiten als in einem Reinbestand von Klee.

25. *Die* ***Stabilisierung des Bodens*** *an Steilhängen durch Tiefwurzler ermöglicht dem ganzen Ökosystem, am betreffenden Ort zu existieren.*
    - Kiefer (Föhre) und Eichen in Wäldern bzw. Doldenblütler in Wiesen sind Beispiele solcher Tiefwurzler.
    - In steilen alpinen Rasen stauen z. B. das Blaugras und die Schneeheide (Erika) den Schutt.

26. ***Förderung bestimmter nachfolgender Arten durch vorangehende Arten in der ökologischen Sukzession (Facilitation).***
- Nachfolgende Pflanzen profitieren u. a. von der Humusbildung und Nährstoffanreicherung der Pionier-Flechten und -moose sowie von der Stickstofffixierung durch Schmetterlingsblütler (Klee und Verwandte)
- Pflanzen in späten Sukzessionsphasen, insbesondere Bäume, bieten Tieren Lebensmöglichkeiten, z. B. Nistorte und Singwarten.

27. ***Flechtensymbiose*** zwischen Pilz und Grünalgen bzw. Cyanobakterien.
- Bestimmte Pilzarten bilden das Gerüst und liefern Grünalgen bzw. Cyanobakterien u. a. bestimmte Nährstoffe; diese Organismen liefern den Pilzen u. a. Kohlenhydrate.

28. ***Förderung bestimmter Flechten an Vogelsitzplätzen*** *(Vogelkotflechten).*
- Auf herausragenden Felsen, Steinen und auch Mauern deponieren manche Vogelarten ihren Kot; dieser ermöglicht dort das Vorkommen bestimmter Flechtenarten (ornithokoprophile Flechten).

6.1.3 Typen von Beziehungen, die vorwiegend für Tiere positiv sind

29. Das ***Dauerangebot an Blüten bzw. Früchten*** *von verschiedenen Arten im Jahreslauf gewährleistet ein stetes Nahrungsangebot* ***für die Bestäuber bzw. die Ausbreiter.***
- Es liegen also positive indirekte Beziehungen zwischen den verschiedenen Pflanzenarten und den verschiedenen Tierarten vor.

30. ***Rendezvous-Plätze von Männchen und Weibchen*** *sind positiv in Hinblick auf die Paarung.*
- Blüten und Blütenstände als Rendezvous-Plätze für Bienen, Fliegen, Käfer usw.
- Früchte und Fruchtstände als Rendezvous-Plätze für bestimmte Säugetiere, Vögel, Insekten, Schnecken usw.
- Exkremente, Kadaver und Totholz als Rendezvous-Plätze für Mistkäfer, Aasfliegen und andere Tierarten.

31. ***Nutzung von Sing- und Ansitzwarten sowie von Leitstrukturen durch bestimmte Tierarten.***
- Von hohen Bäumen profitieren viele Vogelarten als Ansitz- und Singwarte; dies ist auch wichtig bei der Partnerfindung. Wipfelbalz bei bestimmten Schmetterlingen und anderen Insekten.
- Hecken und Waldränder dienen als Orientierung (Leitstruktur) für den Flug von Fledermäusen.

32. ***Schlafstättenblumen bieten bestimmten Insekten Schutz*** *in der Nacht und bei ungünstigem Wetter. Dabei kann es auch zur Bestäubung kommen.*
- Die Blüten von Glockenblumen, Waldvögelein (Orchidee) und andere Arten bieten Wildbienen, Fliegen und anderen Insekten einen solchen Schutz.

33. ***Schlafgemeinschaften von Insekten auf Pflanzenstängeln sind offenbar nützlich.***
- Viele Arten von Wildbienen, Schmetterlingen und anderen Insekten bilden auf Pflanzenstängeln sogenannte Schlafgemeinschaften. Dort sind sie vor am Boden herumkriechenden Fressfeinden geschützt; wahrscheinlich gibt es zudem weitere Gründe für dieses Verhalten.

33a. ***Milbenhäuschen-Beziehung.***
- Milbenarten benutzen die Haarbüschel auf der Blattunterseite der Winter-Linde und anderer Baumarten als Unterschlupf und halten «dafür» die Blattunterseite von Sporen wahrscheinlich schädlicher Pilze frei.

34. ***Nachnutzung von verlassenen Nestern, Spechthöhlen, Käferfraßgängen usw.***
- Verlassene Spechthöhlen als Nistorte für andere Vogelarten, Fledermäuse, andere Kleinsäuger und Insekten.
- Verlassene Mäuselöcher sind manchmal Nistorte für Hummeln und andere Insekten.
- Bestimmte Wildbienen nutzen leere Schneckenhäuschen als Nistorte.
- Falken nisten in verlassenen Nestern von anderen Greifvögeln, Reihern und Krähen.

35. ***Nestgäste bei Vögeln und bei Ameisen.***
- Spatzen (Haussperlinge) brüten manchmal in Storchennestern, da sie dort vor Greifvögeln geschützt sind, weil diese sich nicht in die Nähe der Nester des Storches wagen.
- Bestimmte Ameisengäste wie der Ameisensackkäfer leben in Ameisennestern von Kadavern und Ausscheidungen der Ameisen sowie von Abfall; der Ameisensackkäfer ist also kein Parasit.

36. ***Belauschen anderer Tierarten zum eigenen Vorteil.***
- Das Rätschen des Eichelhähers warnt Artgenossen und andere Arten vor Feinden.
- Durch ihre Rufe warnen verschiedene Singvogelarten einander vor Feinden.

37. ***Gesundheitspolizei-Beziehung*** *hemmt die Ausbreitung von Krankheiten.*
- Fressfeinde (Raubtiere) fressen vor allem kranke (und alte) Tiere, wodurch die Ausbreitung von Krankheiten eingedämmt wird.
- Ameisen fressen kranke Tiere und Aas und verhindern so die Ausbreitung von Krankheiten.

38. ***Ameisen-Blattlaus-Symbiose und Ameisengarde-Beziehung bei Bläulingen.***

Die folgenden Beziehungen dauern einige Zeit lang, sodass man sie als Symbiose bezeichnen kann.
- Blattläuse saugen nährstoffhaltigen Saft aus bestimmten Pflanzenarten. Ameisen betrillern die Blattläuse, sodass sie für sie Honigtau ausscheiden, der von den Ameisen aufgesaugt wird. Als Gegenleistung halten die Ameisen Fressfeinde von den Blattläusen fern.
- Raupen vieler Bläulingsarten (Tagfalter) scheiden süße Tropfen aus, die von Ameisen aufgeleckt werden. Diese bieten den Raupen dafür einen gewissen Schutz vor Fressfeinden.

39. ***Fraßschutz für bestimmte Tierarten durch Gifte, die sie aus Pflanzen aufgenommen haben.***
- Blutströpfchen (auch Zygänen oder Widderchen genannt) sowie weitere Schmetterlingsarten schützen sich vor Fressfeinden durch Gifte aus Hornklee oder anderen Pflanzenarten, die sie im Raupenstadium gefressen haben.

40. ***Mimese ist eine besondere Form der Tarnung,*** *bei der eine Art ähnlich wie ein spezieller Teil des Lebensraumes aussieht, sichtbar bleibt und trotzdem von Fressfeinden nicht als Beute erkannt wird.*
   - Insekteneier oder -raupen sehen aus wie Vogelkot.
   - Adulte Insekten ähneln Blättchen oder Ästchen.

41. ***Mimikry: Nachahmung einer Art durch eine andere Art zu ihrem Schutz*** *oder zwecks anderer Vorteile.*
   - Wehrlose Schwebfliegen schützen sich dadurch vor Fressfeinden, dass sie aussehen wie wehrhafte Wespen.
   - Die Augen auf der Oberseite der Flügel des Tagpfauenauges sehen aus wie die eines viel größeren Tieres: Fressfeinde lassen deshalb den Schmetterling in Ruhe.
   - Bei der *Lockmimikry* lockt z. B. die Aronstab-Blüte durch ihren Gestank sogenannte Abortfliegen an, die auf dem Rand der Blüte sitzen, in diese rutschen und sie schließlich auf komplizierte Weise bestäuben.
   - Fledermäuse greifen die ihnen eigentlich gut schmeckenden Bärenspinner-Nachtfalter nicht an, weil diese die Ultraschalllaute von schlecht schmeckenden nachahmen; akustische Mimikry.
   - Blaumeisen, Wiedehopf und andere Vogelarten schützen sich in ihren Höhlen vor Fressfeinden, indem sie wie eine Schlange zischen.

42. ***Spechtschmiede: Nutzung von Spalten zum Festklemmen von Nahrung.***
   - Spechte und andere Vogelarten nutzen Risse und Spalten v. a. in Holz, um z. B. Kieferzapfen und Käfer einzuklemmen und so die Nahrung besser aus ihnen herauspicken zu können.
   - Ähnlich nutzt auch der Neuntöter die Dornen bestimmter Sträucher, um Käfer und andere Beutetiere aufzuspießen und so bequemer abknabbern zu können.

6.1.4 Seltene oder sehr spezielle Typen von positiven Beziehungen

43. ***Profitierung u. a. von Stickstoff-Verbindungen, die im Laubdach abgelagert worden sind (dry deposition).***
   - *Kräuter profitieren von diesen Verbindungen, wenn sie mit der Zeit auf den Boden gelangen, wo sie als Pflanzennährstoff wirken.*

44. ***Der hydraulische Lift liefert den Flachwurzlern Wasser.***
   - Unter trockenen Bedingungen kann Wasser während der Nacht mittels tief reichender Wurzeln passiv in oberflächennahe Wurzeln und von dort in umgebenden trockenen Boden gelangen. Hier steht das Wasser dann auch flach wurzelnden Pflanzenarten zur Verfügung (Beispiel aus den USA).

45. ***Selbstmedikation bei Tieren*** *durch pflanzliche oder tierische Produkte.*
   - Ameisen bringen Harz als Antibiotikum gegen Parasiten in ihren Bau.
   - Bestimmte Vogelarten tragen aromatische Pflanzen, z. B. Schafgarbe, in ihr Nest, was wahrscheinlich Parasiten der Nestlinge eindämmt.
   - Eichelhäher und andere Vogelarten sitzen auf großen Ameisenhaufen und lassen sich mit Ameisensäure besprühen; diese dämmt Parasiten ein: **Einemsen.**

46. ***Vorteile in Trupps aus verschiedenen Vogelarten:*** Nahrung finden, Warnung und Schutz vor Feinden.

47. ***Symbiose zwischen Tieren und Bakterien, die Giftstoffe produzieren.***
    - In seiner Höhle scheidet der Wiedehopf ein stinkendes Sekret aus, das symbiotische Bakterien enthält, die eine antibakterielle Substanz produzieren, welche die Nestlinge vor Parasiten schützt.
    - In den Speicheldrüsen des Ameisenlöwen, also der Larve der libellenähnlichen Ameisenjungfer, leben symbiotisch Bakterien, die ein Gift produzieren, das der Ameisenlöwe dazu benützt, seine Beutetiere zu lähmen.

48. ***Putzsymbiose zwischen Weidetieren und Vögeln.***
    (ist keine Symbiose im engeren Sinn).
    - Star, Elster und andere Vogelarten fressen Insekten und Spinnen, die auf Schafen und anderen Weidetieren herumkriechen. Dadurch verringern sie die Belästigung der Weidetiere und vielleicht sogar die Ausbreitung von Krankheiten, die durch die Insekten übertragen werden.

49. ***Aufscheuchen (durch Weidetiere) von Insekten, die dann Nahrung für Vögel sind.***
    - Vögel lernen, dass Vieh beim Fressen Insekten aufscheucht, die die Vögel dann fressen können.

50. ***Hirsche profitieren von Fledermäusen,***
    wenn diese blutsaugende Insekten fressen, die um die Hirsche herumfliegen (Beispiel aus den USA).

51. ***Schutz von Schnecken vor zu heißem Mikroklima bei der Bodenoberfläche durch Hinaufklettern auf Pflanzensprosse.***

52. ***Ermöglichung des Zugangs zu Nahrung für bestimmte Arten.***
    - Der Wolf reißt seine Beutetiere auf, sodass Geier zu deren Innereien gelangen können.
    - Bestimmte Käfer machen z. B. in Kuhfladen Löcher, durch die dann Pilzsporen und Bakterien ins feuchte Innere gelangen können, wo sie sich dann entwickeln.
    - Abfressen der hoch wachsenden Pflanzen durch Weidetiere ermöglicht den Vögeln, am Boden Kleintiere und Samen als Nahrung zu finden.

53. ***Bestimmte Tierarten profitieren von Nahrungsresten von Tieren, die gerissen worden sind.***
    - Diese Beziehung wird Kommensalismus (Mitessertum, Tischgemeinschaft) genannt und kommt z. B. bei bestimmten Arten von Geiern oder Rabenvögeln vor.

54. ***Ambrosiapilz-Borkenkäfer-Symbiose – eine Art Pilzanbau.***
    - Bestimmte Käfer, z. B. Splintholzkäfer, bringen mit ihren Ausscheidungen Sporen spezieller Pilz-Arten in ihre Bohrgänge im Holz. In diesen bilden die Pilze dann rasenartige Überzüge (= Ambrosia), die von den Käfern und ihren Larven gefressen werden. Holz können die Splintholzkäfer nicht direkt verdauen.

55. ***Bestimmte Baumarten erhalten gegen Raupenfraß Hilfe von Vögeln.***
    - Offenbar werden die Vögel durch Duftstoffe der angefressenen Blätter und Zweige angelockt. Dieses seltene Phänomen wurde in Experimenten z. B. bei der Hänge-Birke und der Grau-Weide festgestellt.

56. ***Warnung vor Fressfeinden durch Stoffe, die angefressene Pflanzen abgeben und die benachbarten anderen Pflanzenarten zugutekommen.***
   - Dieses Phänomen wurde in der Natur bisher nur selten nachgewiesen, z. B. bei Halbwüstenpflanzen in den USA.

57. ***Schutz bestimmter Pflanzenarten durch Anlockung (mit Duftstoffen) von Parasiten von Pflanzenfressern.***
   - Die Blätter des Spitz-Wegerichs sind eine Nahrung der Raupen des Gewöhnlichen Scheckenfalters. Sobald dieser seine Eier auf Blätter des Spitz-Wegerichs gelegt hat, produzieren diese Blätter (evtl. sind es auch die Eier) Duftstoffe, die Schlupfwespen anlocken. Diese legen ihre Eier in jene des Scheckenfalters. Die aus den Schlupfwespen-Eiern geschlüpften Räupchen fressen die Eier des Scheckenfalters von innen auf und verhindern so, dass die Blätter des Spitz-Wegerichs gefressen werden. Ähnliches kommt auch bei anderen Pflanzenarten vor.

58. ***Schutz von Pflanzenwurzeln vor Fadenwürmern.***
   - Bestimmte Pilz-Arten fressen (!) im Boden lebende Fadenwürmer (Nematoden), welche verschiedene Pflanzenarten parasitieren können.

59. ***Können Fressfeinde zu nachhaltiger Nutzung von Grasland beitragen?***
   - Fressfeinde wie der Wolf und der Luchs lernen, wo z. B. Hirsche häufig fressen und damit die Grasnarbe evtl. zerstören. Die Fressfeinde jagen dann ihre Beute bevorzugt an diesen Stellen und verscheuchen sie dadurch an andere Orte. Infolgedessen wird die Pflanzendecke des Gebietes wohl gleichmäßiger und somit nachhaltiger genutzt.

60. ***Torfmoose ermöglichen in Hochmooren das Vorkommen bestimmter Arten von Blütenpflanzen, Tieren und Pilzen.***
   - Bestimmte Pflanzenarten wie die Moosbeere und die Rosmarinheide können praktisch nur in Torfmooren leben.
   - Bestimmte Tierarten sind auf Nahrung angewiesen, die nur in Hochmooren wächst. So fressen z. B. die Raupen des Hochmoor-Perlmutterfalters praktisch nur Moosbeeren-Pflanzen (eine indirekte positive Beziehung zwischen den Torfmoosen und dieser Tierart).

61. ***Bestimme Tiere nutzen Wärme, die von Bakterien bei der Verrottung von organischem Material entsteht.***
   - Der Dachs bringt Streu in seine unterirdischen Kammern. Dort zersetzen Mikroorganismen die Streu, wodurch Wärme entsteht, die den Bau erwärmt: für den Dachs und die Mikroorganismen positiv, für die Pflanzen(streu) bedeutungslos.
   - Die Ringelnatter lässt ihre Eier durch die Wärme ausbrüten, die durch mikrobiellen Abbau von pflanzlichem Material in Streuhaufen oder Kompost entsteht.

62. ***Feenfeuer: bestimmte Pilze locken mit Licht Insekten als Sporenausbreiter an.***
   - Es gibt weltweit etwa 80 Pilzarten (20 in der Schweiz), die nachts ein schwaches Licht erzeugen, durch das Insekten angelockt werden. An diesen bleiben Pilzsporen haften, die dann (passiv) verbreitet werden, eine positive Beziehung für den Pilz.

6.1.5 Fazit und die Bedeutung von Ökosystemingenieur-Arten

In ihrer ökologischen Bedeutung unterscheiden sich die in der Abbildung in Kap. 6.1.1 und in den Listen (Kap. 6.1.2–6.1.4) zusammengestellten Beziehungstypen stark. Einerseits gibt es Typen, an denen nur ganz wenige Arten beteiligt sind, z.B. die Spechtschmieden-Beziehung, die nur bei wenigen Vogelarten vorkommt. Andererseits gibt es Arten und Artengruppen, die die Umweltbedingungen von ganzen Ökosystemen «erschaffen», erhalten, verändern oder gar zerstören und durch Neues ersetzen: Sie werden als Ökosystemingenieure bezeichnet *(ecosystem engineers)*. Solche Ökosystemingenieur-Arten haben zu zahlreichen anderen Arten positive, aber auch negative Beziehungen (siehe auch Kap. 6.8).
Beispiele:

- **Waldbäume prägen das ganze Ökosystem** und ermöglichen vielen anderen Arten das Leben (siehe Kap. 6.1.1 sowie die Typen 11, 14, 31, 43). Weniger ausgeprägt gilt Entsprechendes auch für die dominanten Pflanzen in Grasland-Ökosystemen.
- **Torfmoose schaffen in Hochmooren** die Lebensgrundlage für viele andere Arten (Beziehungstyp 60 und Kap. 4.1).
- **Bodentiere stellen durch Bodendurchmischung** und das Schaffen von Poren die unerlässliche Zufuhr von Luft und Wasser für Pflanzenwurzeln, Pilze und die Bodentiere selbst sicher (Beziehungstyp 15 und Kap. 3.2.1).
- **Spechte werden manchmal als Ökosystemingenieure bezeichnet,** weil in den von ihnen gezimmerten und später verlassenen Höhlen viele verschiedene andere Tierarten nisten (Beziehungstyp 34 und Kap. 3.4).

Das wohl bekannteste Beispiel eines Ökosystemingenieurs ist der Biber: Er verändert durch den Gewässeraufstau und andere Aktivitäten ganze Landschaften.
Der dominanteste Ökosystemingenieur ist natürlich der Mensch. Man denke nur an die Land- und Forstwirtschaft, den Gartenbau und die unzähligen anderen Eingriffe, mit denen er Ökosysteme verändert und neue schafft (siehe Kap. 6.6).
Bemerkenswert an der Liste der 62 Typen von positiven Beziehungen in den Kap. 6.1.1 bis 6.1.4 ist ferner, dass unter ihnen nur acht Symbiosen (im eng definierten Sinn) sind. Solche wechselseitig obligaten positiven Beziehungen können sehr riskant sein, weil beim Ausfallen des einen Partners natürlich auch der andere ausfällt. Andererseits sind einzelne dieser Symbiosen für das Funktionieren der Ökosysteme und, wie wir in Kap. 6.5 sehen werden, der Biosphäre, also für die gesamte belebte Welt und somit auch für den Menschen unerlässlich.

6.1.6 Weitere Typen positiver Beziehungen

Sicher können in den mitteleuropäischen Land-Ökosystemen noch weitere Typen positiver Beziehungen entdeckt werden, vor allem im Zusammenhang mit den Pilzen und den Mikroorganismen. Unzählige weitere Typen kommen natürlich in den Feuchttropen, in den Wüsten oder in der Arktis, im Süßwasser oder in den Ozeanen vor. Beispiele hierzu geben z. B. die Bücher von Offenberger (2014) und von Brandstetter & Reichholf (2016).
Weiter sei darauf hingewiesen, dass auch die Beziehungen zwischen dem Menschen und den Wiesenpflanzen sowie zu den Nutztieren und -pflanzen z. T. als positiv angesehen werden können. Dieses Thema wird in Kap. 6.6 behandelt.

6.2 Kurzer Vergleich der verschiedenen Ökosysteme hinsichtlich der positiven Beziehungen

Die verschiedenen in diesem Buch besprochenen Ökosysteme unterscheiden sich stark in der Anzahl der in ihnen vorkommenden Einzelbeziehungen und Typen von Beziehungen. Die Anzahl Einzelbeziehungen bzw. Typen reicht von einigen Dutzend bzw. etwa 10 im alpinen Blumenpolster bis zu größenordnungsmäßig einigen Tausend Einzelbeziehungen bzw. etwa 45 Typen im Laubwald. Es leuchtet sofort ein, dass diese Zahlen mit der Anzahl der Arten in den betreffenden Ökosystemen korrelieren; je artenreicher, desto mehr Einzelbeziehungen und -typen.
Ein beträchtlicher Teil der Typen von positiven Beziehungen kommt in den meisten in diesem Buch beschriebenen Ökosystemen vor (siehe Kap. 6.1.1). Bemerkenswert ist nun, dass die Arten, die in den behandelten Ökosystemen jeweils am gleichen Beziehungstyp beteiligt sind, oft ganz verschieden sind. So erfolgt die Samenausbreitung in Wiesen und Weiden unter anderem durch Ameisen und Säugetiere, wogegen in der Hecke vor allem Vögel diese Funktion übernehmen. Ein weiteres Beispiel ist die Beziehung zwischen den Pflanzen und den Wurzelpilzen. In der mitteleuropäischen Flora wird diese symbiotische Beziehung bei den Wiesenpflanzen durch arbuskuläre Mykorrhizen (Endomykorrhizen) gebildet, bei den Laubbäumen hingegen vorwiegend durch Ektomykorrhizen, also ganz andere Pilzarten (siehe Kap. 2.5 und 3.5). Das Vorhandensein des betreffenden Typus von positiver Beziehung ist das Entscheidende für das Funktionieren der Ökosysteme; welche Arten an einem Beziehungstyp beteiligt sind, spielt offenbar eine untergeordnete Rolle.

6.3 Mehrere ökologisch unerlässliche Prozesse werden nur durch Symbiosen ermöglicht

Im Folgenden wird dargestellt, dass mehrere für das Funktionieren der Ökosysteme und der gesamten Biosphäre unerlässliche Prozesse nur dann stattfinden können, wenn an ihnen mindestens zwei grundverschiedene Arten beteiligt sind und in einer Symbiose miteinander leben. Mit grundverschieden ist gemeint, dass die beiden Arten jeweils verschiedenen biologischen Reichen angehören, also z. B. dem Pflanzenreich und dem Tierreich bzw. dem Bakterienreich. Die in der unten stehenden Tabelle beschriebenen Phänomene sind meist so bekannt und allgegenwärtig, dass man oft nicht realisiert, was eigentlich hinter ihnen steckt.

Zusammenstellung ökologischer schwieriger Lebensbedingungen («Probleme»), deren «Lösung» unerlässlich für die betreffenden Lebewesen bzw. für das Funktionieren der Land-Ökosysteme ist. Lösungen sind meist nur durch Symbiosen möglich. Einzelheiten zu den verschiedenen Symbiosen sind in den Kap. 2–5 zu finden.

Ökologisch schwierige Lebensbedingungen, d. h. «Probleme» für viele Lebewesen	«Lösung» des betreffenden «Problems» ist meist nur durch Symbiose möglich; entstanden durch Koevolution
1. Für **Pflanzen ist es schwierig,** die meist **spärlich im Boden verteilten Nährstoffe zu erhalten,** z. B. Nitrat und Phosphat (geringe Konzentration).	**Wurzelpilze (Mykorrhizen)** «leiten» Nährstoffe zu den Pflanzenwurzeln, und zwar aus einem großen Bodenvolumen (und erhalten «dafür» Kohlenhydrate).
2. Für die **Pflanzen ist der Stickstoff meist ein Mangelnährstoff** (geringe Konzentration im Boden).	**Biologische Stickstofffixierung mit Knöllchen- oder anderen Bakterien** ermöglicht bestimmten Pflanzenarten, Stickstoff-Nährstoff zu erhalten.
3. Für die **Pflanzen ist *gezielter* Pollentransport nicht möglich,** von Pflanze zu artgleicher Pflanze.	**Bestäubung durch Insekten oder andere Tiere ist die Lösung** (diese erhalten meist Nektar «dafür»).
4. Für die **Pflanzen ist der Transport von schweren Samen an entfernte neue Standorte nicht möglich.**	**Ausbreitung solcher Samen erfolgt durch Tiere,** die meist «dafür» Nahrung von den Pflanzen erhalten.
5. Für die **Tiere ist es unmöglich, sich von Holz (Zellulose) zu ernähren** ohne ein spezielles Verdauungsmikrobiom (siehe auch 6.).	**Manche Tierarten leben in Symbiose mit bestimmten Pilzen,** die auf Holz wachsen können, und ernähren sich von diesen, z. B. die Ambrosiakäfer und bestimmte Termiten.

>>>

weiteren Pflanzenfamilien. Unter diesen sind auch die etwa 200 Arten aus acht Familien, die in Symbiose mit *Frankia*-Actinobakterien leben (siehe Kap. 3.5). Nach Fowler et al. (2013) beträgt die symbiotische und nicht-symbiotische BNF in natürlichen und landwirtschaftlichen Land-Ökosystemen etwa 118 Mio. t pflanzenverfügbarer Stickstoff pro Jahr. Sie ist etwa gleich groß wie die chemische Produktion von Stickstoffdünger nach dem Haber-Bosch-Verfahren. Auf die vielen wichtigen weiteren Prozesse im ökosystemaren und im globalen Stickstoffhaushalt kann hier nicht näher eingegangen werden.

6.5.4 Ohne Bestäubung vor allem durch Insekten gäbe es viel weniger Früchte und Samen

Diese positive Beziehung mit Insekten, in tropischen Gebieten auch mit Vögeln, Fledermäusen und anderen kleinen Säugetieren ist wichtig für die Frucht- und Samenbildung von etwa 80 % der knapp 380 000 Blütenpflanzenarten der Erde. Die Artenzahl der an der Bestäubung beteiligten Tierarten, vor allem Insekten, wird auf 280 000 geschätzt: Käfer 212 000, Bienen 40 000, Falter 19 000, Fliegen 14 000, Vögel 900, Fledermäuse 165 (Sutter et al. 2017).
Als *Bestäuberkrise* wird die in den letzten Jahrzehnten festgestellte starke Abnahme der Bienen und anderen Insekten bezeichnet, die für die Blütenbestäubung auch vieler Nutzpflanzen unerlässlich sind. Gründe für diese Abnahme sind der massive Einsatz von Pestiziden und anderen Bioziden in der Landwirtschaft sowie die Verschleppung der Bienen schädigenden Varroa-Milbe von Asien über fast die ganze Erde. Indirekt werden die Bestäuber auch dadurch beeinträchtigt, dass natürliche und naturnahe Vegetation mit vielen Nektar- und Pollenpflanzen durch großflächige Monokulturen ersetzt werden. Diese liefern, wenn überhaupt, meist nur während einer kurzen Zeitspanne Nahrung für die Bestäuber. Nach einer FAO-Pressemitteilung von 2016 sind mehr als 40 % der wirbellosen Bestäuber, vor allem Bienen und Schmetterlinge, lokal stark gefährdet. Bei den Bestäubern aus der Gruppe der Wirbeltiere sind 16 % der Arten vom Aussterben bedroht. Laut neuesten Berechnungen von Lippert et al. (2021) beträgt der Wert der Erträge des Ackerbaus sowie von Obst-, Beeren- und weiteren Kulturen, die auf Insektenbestäubung angewiesen sind, global etwa 1000 Milliarden US-Dollar pro Jahr. Entsprechend enorm ist der Ertragsausfall, wenn der Mensch die Bestäuberpopulationen direkt oder indirekt schädigt (siehe auch Tabelle in Kap. 6.5.10).

Die blütenbestäubenden Insekten wurden in bestimmten Gebieten Chinas durch Insektizide großflächig vergiftet. Deshalb müssen diese Apfelbaum-Blüten von Hand mit einem kleinen Pinsel bestäubt werden. Dieses eindrückliche Bild zur Bestäuberkrise stammt samt Copyright aus dem Film «More than Honey» von Markus Imhoof.

6.5.5 Die Verbreitung (Ausbreitung) von Früchten und Samen durch Tiere ist wichtig

Quantitative Angaben über die globale Bedeutung dieser positiven Beziehung zwischen den Pflanzen und den Tieren konnten nicht gefunden werden. Jedoch gibt es Schätzungen der Anzahl Pflanzenarten, die durch Ameisen verbreitet werden, nämlich 11 000–23 000. Die Gesamtzahl der durch Vögel, Fledermäuse, andere Säugetiere, Schnecken und weitere Tiergruppen verbreiteten Pflanzenarten beträgt sicher ein Mehrfaches davon. Diese positive Beziehung ist wichtig für die Erhaltung funktionierender Ökosysteme und der Biodiversität. Selbstverständlich ist auch die Samen- und Sporen-Verbreitung mit Wind, Wasser und Schleudermechanismen sowie durch den Menschen von Bedeutung.

Neben Samen und Früchten breiten Tiere natürlich auch Kleintiere, Pilzsporen und Bakterien aus. Auch zu diesem wichtigen Phänomen konnten keine Zahlenangaben gefunden werden.

6.5.6 Die Rolle der 1 000 000 000 000 000 Ameisen auf der Erde

Auf der Erde lebt etwa eine Billiarde Ameisen aus mindestens 13 000 Arten. Ihre Biomasse beträgt etwa die Hälfte der Biomasse aller anderen Insekten zusammen und übertrifft jene der Menschen auf der Erde. Ameisen sind unerlässlich für verschiedenste Prozesse in der Biosphäre. Sie durchmischen und -löchern den Boden und tragen dadurch zur Versorgung der Pflanzenwurzeln sowie der Bodentiere, -pilze und -bakterien mit Luft und Wasser bei (Kap. 3.2.1 und Zusammenstellung in Kap. 3.8.1). Ameisen fressen u. a. kranke und tote Tiere, was als Gesundheitspolizei-Funktion bezeichnet wird (Kap. 3.4.2). Die wichtige Funktion der Samenausbreitung durch Ameisen wurde bereits erwähnt.
Ameisen haben, wie in Kap. 2.4 und 3.4 beschrieben, spezielle wechselseitige positive Beziehungen zu bestimmten Insekten. So beschützen sie z. B. pflanzensaugende Insekten vor deren Fressfeinden und erhalten dafür von diesen Insekten Honigtau oder andere süße Sekrete als sogenanntes Polizistenfutter. Zu den beschützten Insekten gehören vielen Arten von Blattläusen, Zikaden und Wanzen sowie die Raupen bestimmter Schmetterlingsarten. Es ist schwierig zu beurteilen, wie wichtig diese indirekte positive Beziehung im globalen Kontext ist.

6.5.7 Regenwürmer durchwühlen Milliarden Tonnen Boden pro Jahr

Diese unscheinbaren Tiere, von denen es etwa 3000 verschiedene Arten gibt, schaffen pro Jahr Milliarden Tonnen Erde an die Bodenoberfläche. Dabei durchmischen sie den Boden und schaffen Gänge, die für die Durchlüftung des Bodens und das Eindringen von Wasser entscheidend sind. Beides ist, wie in Kap. 3.2.1 erwähnt, für das Bodenleben unerlässlich und fördert die Bodenbildung sowie das Pflanzenwachstum, was letztlich wieder den Regenwürmern und vielen anderen Lebewesen zugutekommt. Eine gewisse Rolle spielen die Regenwürmer auch in der Ausbreitung von Samen, Pilzsporen und Bodenbakterien. Es liegen also mannigfache positive Beziehungen vor.
Schon Darwin berechnete, dass auf dem von ihm untersuchten Acker 13 Regenwürmer pro Quadratmeter vorkommen. Nach neueren Untersuchungen können es in nährstoffarmen Böden bis 62 und in nährstoffreichen bis 432/m^2 sein. In manchen Weiden ist das Gewicht der Regenwürmer größer als jenes des Viehs, das auf ihnen grast. Weiter wird angegeben, dass Regenwürmer in Gebieten mit gemäßigtem Klima 9–81 t Boden pro Hektar und Jahr durchwühlen und z. T. an die Oberfläche schaffen; das Maximum liegt bei 280 t pro Hektar und Jahr im tropischen Regenwald. Diese riesigen Mengen haben natürlich enorme ökologische Auswirkungen.

6.5.8 Haben Flechten eine globale Bedeutung?

Auf 8 % der Landoberfläche der Erde sind Flechten mit ihrer obligaten Symbiose zwischen Pilz und Grünalgen bzw. Cyanobakterien die dominante Lebensform (siehe Kap. 3.5 und Honegger & Aptroot 2008). Weltweit gibt es über 25 000 Arten, in Europa etwa 2000. In nördlichen Gebieten sind Flechten eine wichtige Nahrung für Rentiere bzw. Karibus und andere Tierarten. Flechten können an fast allen Landstandorte der Erde wachsen, insbesondere auch auf solchen mit ganz extremen Umweltbedingungen (siehe Kap. 6.3). Bei der Erstbesiedlung von nacktem Gestein oder anderen vegetationslosen Flächen spielen Flechten eine bedeutende Rolle (Kap. 5.1).

Flechtentundra in Norwegen. Alle hellen Flächen werden von verschiedenen Flechtenarten bedeckt, die z. T. Winternahrung für Rentiere *(Rangifer tarandus)* sind.

6.5.9 Weitere global wichtige positive Beziehungen

Die obige Zusammenstellung gibt nur einen kleinen Einblick in einige wenige global wichtige positive Beziehungen. Selbstverständlich gibt es noch unzählige weitere, insbesondere in den Tropen und natürlich in den Gewässern. Auf diese Beziehungen kann hier jedoch nicht näher eingegangen werden.

Weiter sei auch auf die Symbiosen zwischen dem Tier (auch dem Menschen) und dem auf und in ihm lebenden Mikrobiom hingewiesen (die sog. Darmflora ist ein Teil davon, siehe Kap. 2.6 und 3.6). Neuere Untersuchungen zeigen, dass auch die Pflanzen ein z. T. symbiotisches Mikrobiom haben (Kap. 2.5 und 3.5).

6.5.10 Anzahl Arten in global wichtigen Symbiosen in Land-Ökosystemen sowie der monetäre Wert der Bestäubung

Die folgende Tabelle fasst die Zahlenangaben des Kap. 6.5 zusammen.

Anzahl Arten in global wichtigen Symbiosen in Land-Ökosystemen sowie der monetäre Wert der Insektenbestäubung. Die Gesamtzahl der Pflanzenarten ist nach Willis (2017) 380 000. Alle Angaben sind nur Größenordnungen.

~ 300 000 Pflanzenarten (~ 80 %) benötigen **~ 280 000 Bestäuber-Tierarten** (v. a. Insekten). Etwa 75 % der Nahrungspflanzenarten bzw. 35 % der Nahrung des Menschen hängen direkt oder indirekt von diesen Bestäubern ab. Wert der entsprechenden Erträge aus Ackerbau, Obst, Gemüse usw.: Welt: ca. 1000 Milliarden (also 10^{12}) US-Dollar pro Jahr (Lippert et al. 2021) Deutschland: 2,6–3,5 Milliarden Euro pro Jahr (Lippert et al. 2021) Schweiz: 0,21–0,48 Milliarden CHF pro Jahr (Sutter et al. 2017)
> 50 000 (?) Pflanzenarten (> 13 %) benötigen **10 000e Samenausbreiter-Tierarten**.
~ 340 000 Pflanzenarten (~ 90 %) leben in **Symbiose mit ~ 25 000 Wurzelpilzarten** (Mykorrhizen), darunter auch viele Nutzpflanzen des Menschen.
≥ 23 000 Pflanzenarten (≥ 6 %) haben insgesamt **≥ 100 Arten von stickstofffixierenden Bakterien** in ihren Wurzelknöllchen. Darunter viele direkt oder indirekt für die Ernährung des Menschen wichtige Pflanzenarten (Hülsenfrüchte sowie Klee und Verwandte in Grasländern).
100 000e Kleintier-, Pilz- und Bakterienarten sind Zersetzer von abgestorbener organischer Substanz (Falllaub, Totholz, Exkremente, Kadaver usw.); oft liegen einseitig positive Beziehungen vor. Ohne diese gibt es keine Nährstoffkreisläufe.

Die Schätzungen der Anzahl Bakterien-, Pilz- und Protozoen-Arten (Urtierchen) in den Mikrobiomen, die im vorhergehenden Kapitel erwähnt worden sind, liegen im Bereich von einigen Hunderttausend bis Millionen. Die Artenzahl an Bakterien im menschlichen Verdauungstrakt wird mit 300–1000 angegeben; molekulare Analysen ergeben ein Vielfaches dieser Zahl.

6.6 Positive Beziehungen zwischen dem Menschen und dem Wiesen-Ökosystem sowie den Nutztieren und -pflanzen?

Es sei vorausgeschickt, dass die nun folgenden Überlegungen als weit hergeholt erscheinen können; sie werden aber gleichwohl präsentiert, weil sie zum Verständnis der Rolle des Menschen in der Natur beitragen.

In Kap. 2.1 wurde dargelegt, dass in tiefen Lagen Mitteleuropas die Magerwiesen und -weiden durch die Tätigkeit des Menschen, d. h. durch Rodung des ursprünglich vorhandenen Waldes und durch darauf folgende regelmäßige Mahd bzw. Beweidung, entstanden sind. Die Pflanzenarten, die die Magerwiesen bilden, stammen von trockenen, felsigen oder sandigen, natürlicherweise waldfreien Standorten, von trockenen lichten Wäldern und Waldlichtungen sowie z. T. auch von Gewässerufern. (Einige Pflanzenarten gelangten auch mit den Weidetieren aus östlichen und südlichen Gebieten nach Mitteleuropa.) Die erwähnten Standorte und somit auch deren Arten waren in tiefen Lagen Mitteleuropas natürlicherweise selten, da, wie gesagt, meist dichter Wald vorherrschte. Heute hingegen sind die Wiesenpflanzen und -ökosysteme infolge der Aktivität des Menschen und seiner Nutztiere weit verbreitet und häufig, sie wurden also gefördert. Und der Mensch profitiert über die Milch, das Fleisch und das Leder des Viehs von den Wiesen und Weiden. Man kann also sagen, dass zwischen dem Grasland und dem Menschen eine indirekte wechselseitig positive Beziehung besteht. Von dieser profitieren natürlich auch die Wiesenschmetterlinge und -heuschrecken sowie unzählige andere Lebewesen.

Auch zwischen bestimmten mitteleuropäischen Waldbaumarten und dem Menschen bestehen wechselseitig positive Beziehungen. So fördert der Mensch z.B. die in vielen Gebieten natürlicherweise recht seltenen Eichen, weil sie besonders gutes Bau- und Möbelholz liefern: eine + +-Beziehung. Analoges gilt auch für die in tiefen Lagen nicht heimische Fichte (Rottanne).

In ihrem bekannten Ökologie-Lehrbuch erweitern Begon et al. (1998, S. 332) das soeben Gesagte auf Nutzpflanzen und -tiere. Sie schreiben: «Die ökologisch schwerwiegendsten Mutualismen [also wechselseitigen positiven Beziehungen] sind jene der menschlichen Landwirtschaft. Die Anzahl der Weizen-, Gerste-, Hafer-, Mais- und Reispflanzen sowie die von diesen Getreidearten bedeckten Flächen sind sehr viel größer, als es der Fall wäre, wenn diese Spezies nicht kultiviert worden wären. Das Wachstum der menschlichen Bevölkerung seit der Zeit der Jäger und Sammler ist ein Maß für den entsprechenden Vorteil [für den] *Homo sapiens* [...]. Eine vergleichbare mutualistische Beziehung hat der Mensch zu Rindern, Schafen und anderen Haustieren.» Ähnliche Aussagen wie diese lassen sich natürlich auch über

Ein Beispiel biologischer Schädlingsbekämpfung. Der Mensch züchtet die Gewöhnliche Florfliege *(Chrysoperla carnea)* in großem Stil. Er setzt deren Larven zur Bekämpfung (Fraß) vor allem von Blattläusen sowie von Zikaden und anderen kleinen, für bestimmte Kulturpflanzen schädlichen Insekten sowie von Milben ein. Zwischen dem Menschen und den Florfliegen liegt also eine indirekte wechselseitig positive Beziehung vor, die auch als Feind-meines-Feindes-ist-mein-Freund-Beziehung bezeichnet wird.

die Beziehungen des Menschen zu weiteren Arten machen, handle es sich nun um Obstbaum-Arten, Gartenpflanzen, Heilpflanzen, Honigbienen, Haustiere, Zuchtpilze oder bestimmte Bakterien, die der Mensch z. B. für die Herstellung von Lebensmitteln nutzt.
Die *biologische Schädlingsbekämpfung* kann, wie bereits in Kap. 1.4.2 dargelegt, als Feind-meines-Feindes-ist-mein-Freund-Beziehung angesehen werden, d. h. als eine indirekte positive Beziehung zwischen dem Menschen und den Nützlingen.

Die Überlegungen dieses Kapitels können mit der folgenden Aussage von Daniel Janzen, einem Pionier der Erforschung der positiven Beziehungen, zusammengefasst werden: «… *humans, the most mutualistic of all organisms* …» (Janzen 1985, S. 40).

6.7 Positive Beziehungen und Naturschutz

Man kann sagen, dass im Naturschutz positive Beziehungen zwischen dem Menschen und geschützten Arten und Ökosystemen vorliegen. Einerseits profitieren gefährdete und seltene Arten bzw. Ökosysteme von Naturschutzmaßnahmen. Andererseits kann der Mensch vom Besuch von Naturschutzgebieten in vielfältiger Weise profitieren, etwa indem er in ihnen seltene und schöne Arten und Ökosysteme bewundert oder Ruhe genießt. Außerdem werden in Naturschutzflächen, im Gegensatz zu Flächen mit manchen anderen Nutzungen, der Boden, die Gewässer und die Luft nicht beeinträchtigt. Dies kann sich auch auf die menschliche Gesundheit positiv auswirken (Martinoli et al. 2019).
Hier muss unbedingt ergänzt werden, dass es beim Schutz der Natur auch um ihren Eigenwert und ihr Existenzrecht geht. Arten und Ökosysteme sind zu respektieren, zu erhalten und, wenn nötig, zu fördern, auch wenn der Mensch nichts davon hat.

Von einem Naturschutzgebiet soll vor allem die Natur profitieren, indem der Mensch dort durch bestimmte Maßnahmen gefährdete oder seltene Arten und Ökosysteme fördert. Andererseits erfreuen sich viele Menschen in Naturschutzgebieten an speziellen Lebensgemeinschaften und Arten, z. B. an Vögeln mit ihrem Flug und Gesang sowie an besonderen, sonst seltenen Pflanzenarten. Oft findet der Mensch in solchen Gebieten auch Ruhe und Erholung. Man kann von einer wechselseitig positiven Beziehung zwischen Mensch und Natur sprechen.

Positive Beziehungen zwischen verschiedenen Arten spielen im Naturschutz auch in anderer Hinsicht eine Rolle. Fehlen in einem Gebiet bestimmte Arten, so führt dies zum lokalen Aussterben von weiteren Arten, die auf die Erstgenannten spezialisiert sind. Dies soll anhand einiger Beispiele illustriert werden.

– Viele Tierarten haben mehr oder weniger enge (meist einseitige) positive Beziehungen zu bestimmten Pflanzentypen oder gar -arten, die ihnen Verstecke, Nistplätze, Singwarten oder andere Ressourcen bieten. Fehlen diese Pflanzenarten, so sind auch die betreffenden Tierarten beeinträchtigt. Hier kann das Beispiel der mindestens sieben mitteleuropäischen Wildbienen-Arten angefügt werden, die leere Schneckenhäuschen als Nistplatz benützen (eine obligate einseitig positive Beziehung, siehe Kap. 2.4). Fehlen die entsprechenden Schneckenarten, so können die betreffenden Bienenarten nicht vorkommen.

- In Mitteleuropa ist knapp ein Drittel der mehreren Hundert nestbauenden (und blütenbestäubenden) Wildbienen-Arten auf den Pollen von Pflanzenarten ganz bestimmter Gattungen oder Familien angewiesen (oligolektische Arten). Fehlen z. B. infolge ungünstiger Bewirtschaftung die betreffenden Pflanzenarten, so können auch die erwähnten Wildbienen nicht vorkommen (siehe das unten stehende Beispiel).
- Ein ganz anderes Beispiel betrifft die Geier. Fehlen Kadaver von Tieren, die von Wolf, Luchs oder anderen Fressfeinden gerissen worden sind, so sind die Geier wegen Nahrungsmangel beeinträchtigt (Kommensalismus, siehe Kap. 1.3.4). Natürlich gibt es auch Kadaver bei Bergstürzen, Lawinen u. v. m.
- Die Zerschneidung einer Landschaft durch Verkehrswege, Siedlungen oder intensiv bewirtschaftete Äcker und Wiesen kann das lokale Aussterben wenig mobiler Arten bewirken (Isolationseffekte und Unterschreitung der minimalen überlebensfähigen Population). Unerwartet kann dies auch andere Arten beeinträchtigen, die durch die Zerschneidung eigentlich gar nicht direkt betroffen sind. Und zwar, wenn diese Arten obligate positive Beziehungen mit den wegen der Zerschneidung lokal ausgestorbenen Arten haben bzw. hatten.

Die Grauschuppige Sandbiene *(Andrena pandellei)* ernährt sich ausschließlich von Nektar und Pollen der Rapunzel-Glockenblume *(Campanula rapunculus)* und anderer Glockenblumen-Arten. Fehlen diese, so kann die Sandbiene nicht vorkommen.

Die Küchenschelle *(Pulsatilla vulgaris)* blüht bei steigenden Temperaturen früher, wogegen die Gehörnten Mauerbienen *(Osmia cornuta)* nicht früher schlüpfen. Bei zunehmender Klimaerwärmung und damit einhergehenden höheren Durchschnittstemperaturen kann es deshalb zu einer geringeren Bestäubung von früh blühenden Küchenschellen-Pflanzen durch diese Insektenart kommen.

- Im Zusammenhang mit der Klimaerwärmung ist das folgende Untersuchungsergebnis aufschlussreich. In Magerwiesen bei Würzburg stellten Kehrberger & Holzschuh (2019) fest, dass steigende Temperaturen ein früheres Blühen der seltenen und geschützten Gewöhnlichen Küchenschelle *(Pulsatilla vulgaris)* zur Folge haben. Die Männchen der Gehörnten Mauerbiene *(Osmia cornuta)*, die u. a. die Küchenschelle bestäuben, schlüpfen bei wärmeren Temperaturen jedoch nicht wesentlich früher. Dies kann bei zunehmender Klimaerwärmung und damit steigenden Durchschnittstemperaturen zu einer mangelhaften Bestäubung der ersten im Jahreslauf blühenden Küchenschellen-Pflanzen führen.
- Die Klimaerwärmung kann die positiven (oder negativen) Beziehungen bestimmter seltener Zugvogel- und Wanderfalter-Arten beeinträchtigen, wenn sie früher aus dem Süden zurückkehren und dann zu wenig Nahrung für sie vorhanden ist.

Diese Beispiele machen deutlich, dass bei Naturschutzmaßnahmen für eine einzelne Art deren positive (und negative) Beziehungen zu anderen Arten zu berücksichtigen sind. Weber (2015, S. 230) hält fest: «Naturschutz ist Beziehungspflege.»
Die Bedeutung der positiven Beziehungen für den Schutz der Natur wird auch in Kap. 7.2 angesprochen. Dort wird dargelegt, dass die Berücksichtigung der positiven Beziehungen zu einem sachgerechteren und partnerschaftlicheren Naturverständnis und zu einem sorgsamen Umgang mit der Natur beitragen kann.

6.8 Biodiversität und Symbiosen

Biodiversität wird definiert als die Vielfalt (Variabilität) an Arten, Ökosystemen (Lebensräumen) und Genen. Ausserdem wird noch die funktionelle (funktionale) Biodiversität unterschieden, also die Vielfalt an ökologischen Funktionen und Prozessen in Ökosystemen und in der Ökosphäre. Beispiele hierfür sind die Vielfalt an Ernährungstypen von Tieren oder an Ausbreitungsmechanismen bei Pflanzen. Ein Aspekt der funktionellen Vielfalt ist auch die *Biodiversität an Symbiosen,* wobei dabei nur diejenigen im engeren Sinn gemeint sind (siehe Kap. 1.1.4). Beispiele für Letztere sind die Blütenbestäubung und die Beziehung zwischen Pflanzen und Wurzelpilzen (Mykorrhizen).
Man kann die Beziehungen zwischen den Symbiosen und der Biodiversität auch aus einem ganz anderen Blickwinkel betrachten. Die Symbiosen zwischen einzelnen Partnerarten ermöglichen, wie in Kap. 6.3 dargelegt, des Vorkommen unter «neuen» Bedingungen. Diese Symbiosepartner schaffen dann ihrerseits die Lebensmöglichkeit für weitere Arten, *vergrößern also die lokale Biodiversität.* So ermöglicht erst die Symbiose mit den Wurzelpilzen das Gedeihen von Bäumen; diese sind dann der Lebensort für zahlreiche baumbewohnende Pflanzen-, Pilz-, Flechten- und Tierarten. Ähnliches kann man auch für weitere symbiotische Ökosystemingenieur-Arten (siehe Kap. 6.1.5) zusammenstellen.

7

Die Bedeutung der positiven Beziehungen für das Naturverständnis des Menschen

Vorangehende Seite:
Beispiel einer positiven Beziehung zwischen dem Menschen und einem Ökosystem bzw. dessen Arten.
Diese artenreiche Orchideenwiese ist durch die Rodung des ursprünglichen Feuchtwaldes und danach im Laufe von Jahrhunderten durch Beweidung, Einschleppung von Arten aus verschiedenen seltenen natürlichen Ökosystemen und schließlich jährliche Mahd im Spätsommer/Frühherbst entstanden. Durch diese Bewirtschaftung sind viele Feuchtgebietsarten, hier u. a. die Breitblättrige Fingerwurz (*Dactylorhiza majalis*, eine Orchidee), gefördert worden, was für diese Arten als positiv angesehen werden kann. Früher nutzte der Mensch das Mähgut als Einstreu für den Stall und z. T. auch als Nahrung für das Vieh. Indirekt profitierte er also von der Feuchtwiese: ebenfalls eine positive Beziehung. Heute werden solche Wiesen, um die natürliche Wiederbewaldung zu verhindern und so die Vielfalt an Feuchtgebietsarten zu erhalten, im Allgemeinen von Naturschutzequipen jährlich gemäht (das Mähgut wird meist kompostiert). Spaziergänger/innen können sich an den vielen Blumen, Schmetterlingen und anderen Tieren erfreuen – eine weitere positive Wirkung (Beziehung) einer solchen Wiese für den Menschen.

7.1 Wird die Bedeutung der Symbiosen in der Natur unterschätzt?

Die bisherigen Ausführungen haben gezeigt, wie groß und unerlässlich die Symbiosen und anderen positiven Beziehungen für das «Funktionieren» der Ökosysteme und der Ökosphäre sind (siehe auch die Übersichten in Kap. 6, insbesondere 6.5.10, sowie im anschließenden Kap. 7.2). Trotzdem werden Kampf und Konkurrenz, also gemäß den Definitionen in Kap. 1 negative Beziehungen, bei der Betrachtung der Natur oft stärker hervorgehoben als das Zusammenleben und die positiven Beziehungen. Wahrscheinlich hat dies damit zu tun, dass der Mensch seit jeher und bis heute im Kampf mit Naturkräften steht, beispielsweise gegen Überschwemmungen, Waldbrände, Epidemien, wilde Tiere, Unkräuter und vor allem in den letzten Jahrzehnten gegen invasive fremdländische Arten (Neophyten und Neozoen).

Im Lauf der Evolution hat sich ein Verhalten entwickelt, sofort auf Kampf, Konkurrenz und andere Bedrohungen zu reagieren. Geschieht dies nicht, so können Überwältigung und eventuell Vernichtung die Folge sein. Auf positive, fördernde Phänomene muss hingegen nicht sofort reagiert werden, sie können bleiben, wie sie sind. Die Menschen sprechen auf Gefährdungen und Probleme offenbar leichter an als auf positive Messages. Dies führt in der Medienarbeit zum bekannten Spruch: «Bad news are good news.»

Ein weiterer Aspekt ist, dass man die Bedeutung von Symbiosen und anderen positiven Beziehungen meist erst bemerkt, nachdem sie beeinträchtigt oder zerstört worden sind (siehe unten). Analoges gilt selbstverständlich auch für die negativen Beziehungen.

Betrachten wir nun die Beziehungen des Menschen zu anderen Lebewesen. Unmittelbare Beziehungen hat er vor allem zu mehr oder weniger gleich großen und ähnlich wie er selbst aufgebauten Organismen, also zu den Säugetieren und im Weiteren auch zu den Vögeln (Haustiere, Vögel am Futterbrett, Nutztiere, Zootiere usw.). Fraß und Konkurrenz sind bei Tieren dieser Gruppen leicht zu beobachten. Dies führt offenbar zur verbreiteten Annahme, dass Fressen-und-gefressen-Werden sowie Konkurrenz die hauptsächlichen Kräfte in der belebten Natur sind.

Mehrere Forschende stellten bezüglich der positiven Beziehungen fest, dass diese sogar in Ökologie-Lehrbüchern viel weniger ausführlich behandelt wurden und werden als die negativen. So fand Keddy (2001), dass in zwölf englischsprachigen Lehrbüchern die Fraß-Beziehungen auf durchschnittlich 30 Seiten behandelt wurden, die Konkurrenz auf 38 und die positiven Beziehungen auf gerademal sieben. Bronstein (2015 b) bemerkt, dass eine solche Einseitigkeit in den Lehrbüchern im Wesentlichen nach wie vor besteht. Nentwig et al. (2017) stellten fest, dass es am 27.12.2016 im Web of Science (Internet der Wissenschaft, mit englischsprachigen

Insektenbestäubung und mit Mykorrhizen angewiesen). Und wovon würden wir uns ernähren, wenn die symbiotischen Wurzelpilze (Mykorrhizen) ausfielen? Von Pflanzen wie Kohl-Arten, Rettich, Raps(öl), Senf, Spinat, Randen, Buchweizen und Zucker aus Zuckerrüben – eine langfristig sicher ungesunde Ernährungsweise.

8. Schwierigkeit der mathematischen Modellierung der positiven Beziehungen
Mathematische Modelle für die Räuber-Beute-Beziehung sowie für die Konkurrenz zu erstellen, ist weniger schwierig als für die positiven Beziehungen. Diesbezügliche Modelle werden deshalb relativ selten erarbeitet, ein Aspekt, auf den auch May (1982) und Begon et al. (1998) hinweisen.

Zusammenfassend zeigt sich:
Die Bedeutung der positiven Beziehungen in der Natur wird allgemein und auch in Lehrbüchern im Vergleich zur Bedeutung der negativen Beziehungen unterschätzt. Dieser Befund ist nicht zuletzt auch kulturell bedingt.

7.2 Die Berücksichtigung der positiven Beziehungen kann zu einem sachgerechteren und partnerschaftlicheren Naturverständnis beitragen

Sachgerechtes Naturverständnis

Ein sachgerechtes, man kann auch sagen objektives Naturverständnis besteht, wie bereits mehrfach festgehalten, darin, nicht nur den Kampf, die Konkurrenz und das Recht des Stärkeren, sondern auch die positiven Beziehungen als entscheidende Prozesse in der Natur anzuerkennen. Die wichtigsten Fakten, die zu dieser Erkenntnis führen, sind in der unten stehenden Übersicht aufgelistet; sie ist eine Zusammenfassung des ganzen Buches:

Übersicht über die Bedeutung der positiven zwischenartlichen Beziehungen in den Ökosystemen und in der Biosphäre

– *Das generelle* «Funktionieren» der meisten Ökosysteme
  Dieses wird durch das Zusammenwirken von jeweils mehreren Dutzend bis einigen Tausend positiven Beziehungen zwischen einzelnen Arten gewährleistet (Kap. 2–6). (Selbstverständlich kommt auch ein Zusammenwirken mit den negativen Beziehungen hinzu.)

- *Etwa zehn der beschriebenen 60 Typen von positiven Beziehungen* (Typus = Gruppe von positiven Beziehungen, die auf dem ±gleichen ökologischen Prinzip beruhen) *kommen in praktisch allen natürlichen bzw. naturnahen mitteleuropäischen Land-Ökosystemen vor, und zwar auch wenn diese sich in ihrer Artengarnitur stark unterscheiden*. Dies untermauert, wie unerlässlich bestimmte positive Beziehungen sind. Beispiele: Auch bei unterschiedlicher botanischer Zusammensetzung kommt die Symbiose der Pflanzen mit Wurzelpilzen in allen Ökosystemen stets vor (Mykorrhiza). Analoges gilt auch für die Ausbreitung der Samen vieler Pflanzenarten durch Tiere (Kap. 6.1.1).
- *Mehrere ökologisch «schwierige» aber unerlässliche Prozesse können offenbar nur bewältigt werden, wenn die betreffenden Arten in einer positive Beziehung mit Arten aus einem anderen biologischen Reich zusammenleben*, also etwa von Pflanzen mit Tieren (Kap. 6.3). Beispiele: Für den *gezielten* Transport von Pollen zwischen artgleichen Pflanzen sind Insekten oder andere Tiere unerlässlich. Bei der Zufuhr von im Boden spärlich vorhandenen Nährstoffen zu den Pflanzenwurzeln spielen die Wurzelpilze eine entscheidende Rolle (Mykorrhiza).
- *Positive Beziehungen spielen zwischen dem tierischen (und dem menschlichen) Organismus und seinem Mikrobiom eine große Rolle.* Dieses umfasst die vielen ganz verschiedenen Mikroorganismen, die in und auf dem Organismus leben (Kap. 2.6). Ähnliches gilt wohl auch für die Pflanzen und ihr Mikrobiom (Kap. 2.5).
- *Entwicklung der Ökosysteme an einem Ort (Sukzession)*
  Vor allem in den ersten Phasen der Sukzession (und unter anderen extremen Standortbedingungen) ermöglichen bestimmte Arten das Aufkommen weiterer Arten; es liegen also positive Beziehungen vor (Facilitation, Kap. 5.1).
- Bei mehreren Symbiosen kann festgestellt werden, dass der betreffende Symbiosetyp im Lauf der Evolution mehrfach bei systematisch nicht miteinander verwandten Arten entstanden ist (z. B. die Blütenbestäubung mithilfe von Insekten, Vögeln bzw. Fledermäusen; die biologische Stickstofffixierung bei ganz verschiedenen Pflanzen- und Bakterienarten). Dieses Phänomen wird als Konvergenz bezeichnet; es zeigt, wie unerlässlich das Prinzip der Symbiose für das Funktionieren der Ökosysteme und der Ökosphäre ist (Kap. 5.3.2).
- *Bei der Evolution*, also der Entstehung neuer Arten im Verlauf von Jahrhunderten bis Jahrmillionen, ist neben Kampf, Konkurrenz und anderen Prozessen auch die Entwicklung immer «besser funktionierender» positiver Beziehungen ein Selektionsvorteil (Kap. 5.3).

Ein spezieller Aspekt der Evolution wird durch die Endosymbiontentheorie beschrieben (Kap. 6.4).

– *Die Beziehung zwischen dem Menschen und den von ihm geschaffenen land- und waldwirtschaftlichen Ökosystemen,* insbesondere zu den Nutztieren und -pflanzen, können z. T. als wechselseitig positive Beziehung aufgefasst werden (Kap. 6.6). *Ähnliches gilt auch für einige Aspekte des Naturschutzes.* (Kap. 6.7).

Die unten stehende Abbildung verdeutlicht, wie stark der Mensch auf zahlreiche positive Beziehungen zwischen den Pflanzen und Kleintieren, Pilzen und Bakterien angewiesen ist.
Wie problematisch unsere Nahrungsgrundlage ohne Symbiosen wäre, wurde in Punkt 7 in Kap. 7.1 dargelegt.

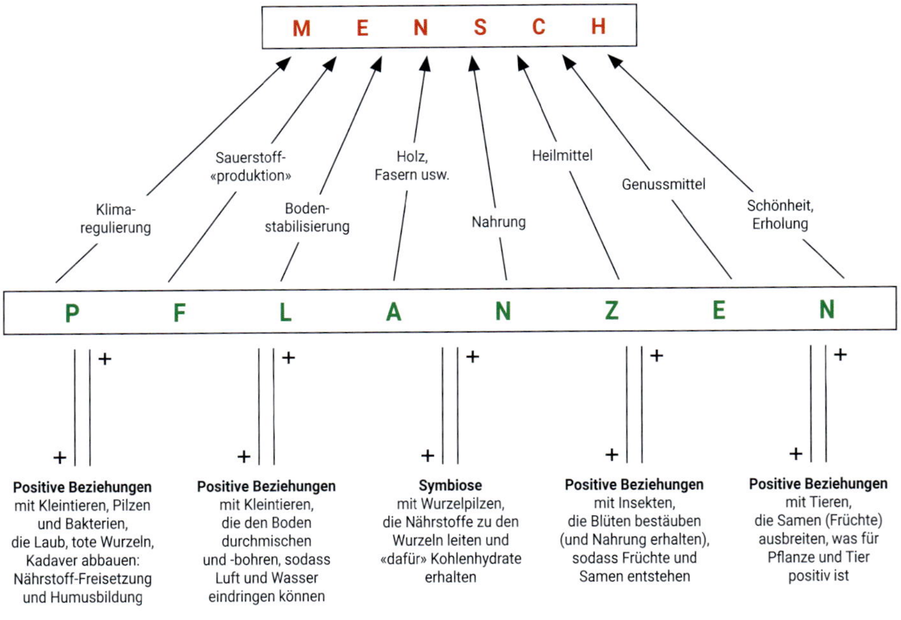

Schema der Abhängigkeit des Menschen von den Pflanzen und indirekt von deren zahlreichen positiven Beziehungen mit ganz verschiedenen Kleintieren (z. B. dem Regenwurm), Pilzen und Bakterien. Das Symbol + bedeutet positive Wirkung.

Partnerschaftliches Naturverständnis und Verhalten

Das Leben des Menschen hängt, wie oben dargelegt, von zahlreichen direkten und indirekten positiven Beziehungen mit vielen verschiedenen Arten ab. Es ist also einseitig, in der belebten Natur vor allem den Kampf und die Konkurrenz zu sehen. Eine solch einseitige Betrachtungsweise kann sich bis in gesellschaftliche Zusammenhänge auswirken, indem das Recht des Stärkeren undifferenziert auch auf das Zusammenleben der Menschen und auf Gesellschaftsmodelle übertragen wird. Im Extremfall kann dies bis zum menschenverachtenden Sozialdarwinismus führen.

Wird hingegen die Tatsache berücksichtigt, dass für das «Funktionieren» der belebten Natur auch fördernde, also positive Beziehungen entscheidend sind, so kommt man zu einer ganz anderen Betrachtungsweise der Natur. Diese Betrachtungsweise kann zu einem *partnerschaftlichen Naturverständnis und Verhalten* beitragen – auch im Interesse des Menschen selbst. Elemente eines solchen Verhaltens sind ein sorgsamer Umgang mit der Natur, ein Mit-der-Natur statt eines Gegen-sie, also u. a. eine nachhaltige Bewirtschaftung. Ziel ist eine Balance zwischen Mensch und Natur. Zu einer solchen Balance gehören auch die Erhaltung und die Förderung der Biodiversität auf allen Stufen: Gene, Arten, Ökosysteme bis zu den Landschaften und zur Biosphäre. Eine neue umfassende Studie von Martinoli et al. (2019) belegt anhand ganz verschiedener Fakten, wie wichtig die Biodiversität auch für die Gesundheit des Menschen ist.

Die große Anzahl, Verschiedenheit und Komplexität sowie die Schönheit der Symbiosen können einen zum Staunen bringen und Bewunderung auslösen.

Zusammenfassend zeigt sich: Das Bild der Natur, in der ein steter *Kampf-ums-Dasein* und ein dauerndes *Fressen-und-gefressen-Werden* dominieren, ist einseitig. Es ist zu ergänzen durch das Bild der *Kooperation-ums-Dasein* (Volker Arzt, 2019) und des *Fördern-und-gefördert-Werdens*. Diese Erkenntnisse können zu einem partnerschaftlicheren Umgang mit der Natur beitragen.

Anhänge

Anhang A: 21 Tipps für das Finden und Beobachten von positiven Beziehungen in Wiesen und Weiden (siehe auch Anhang B und Kap. 2.8 und 6.1). Lupe mitnehmen.
+ bedeutet Förderung; 0 = «Nullwirkung», insbesondere, wenn der betreffende Beziehungspartner bereits abgestorben ist. Δ = indirekte Beziehung. Die Reihenfolge dieser Symbole hat keine Bedeutung.

Zunächst gilt es sich vorzustellen, wie in einer Magerwiese Hunderte von positiven Beziehungen zwischen Pflanzen, Tieren, Pilzen und Bakterien zusammenwirken, über dem Boden sowie in ihm.

1. **Blütenbestäubung durch Insekten** (+ + und +0)
   Ist leicht zu beobachten: Viele Insekten saugen Nektar und/oder fressen Pollen, z. T. tragen sie diesen auch ins Nest; die Pflanzen profitieren, indem die Pollenübertragung von Blüte zu Blüte zur Befruchtung der Samenanlagen und dann zu Samen führt. Dies aber nur, wenn das Insekt blütentreu ist, d. h., jeweils die Blüten ein und derselben Art besucht (auch dies ist leicht zu beobachten). Den süßen Nektar kann man aus den Blüten z. B. des Wiesen-Salbeis aussaugen oder beim Abbeißen eines Sporns einer Akeleiblüte kosten. Nektartäusch- und Sexualtäuschblumen z. B. bestimmter Orchideen (siehe Kap. 2.2.1) erhalten keinen Nektar. Interessant ist bei Orchideen das Pollinarien-Experiment.
2. **Schlafstättenblumen für Insekten** (+0)
   Früh morgens kann man in Glockenblumen und im Roten Waldvögelein (Orchidee) kleine Fliegen, Bienen, Zikaden und Käfer finden, die dort geschützt die Nacht verbracht haben. Manche Insekten suchen auch am Tag bei schlechtem Wetter Schutz in Blüten.
3. **Rendezvous-Plätze** für Männchen und Weibchen von Insekten (+ + oder +0)
   auf Blüten/Blütenständen von Witwenblume, Skabiose, Flockenblume und Doldenblütlern, auf Frucht(ständen), auf Kot, auf Kadavern usw. Das Rendezvous führt oft zur Paarung, also letztlich zu neuen jungen Schmetterlingen, Käfern, Wildbienen usw.
4. **Blutströpfchen (Widderchen, Zygänen) sind leicht von Hand zu fangen** (+0)
   Blutströpfchen sind kleine schwarz-rote Schmetterlinge. Sie fliegen langsam, weil sie es sich leisten können, denn sie werden von Feinden – meist Vögeln – gemieden. Diese haben nämlich gelernt, dass diese Falter ebenso wie deren Raupen und Puppen giftig sind. Das Gift stammt aus den von den Raupen gefressenen Blättern des Hornklees oder anderer Schmetterlingsblütler.
5. **Ausbreitung (Verbreitung) von Früchten und Samen durch Anhaftung** (+0)
   von den doldigen Samenständen der Karotte (Rüebli), von Vergissmeinnicht, Klette usw. Die Anhaftung am Fell von Weidetieren (oder an Kleidern) ist für die Pflanze positiv, da dies zur Besiedlung neuer Orte führen kann.
6. **Ausbreitung (Verbreitung) von Früchten und Samen durch Fraß und Ausscheidung** (+0; + +)
   Die unverdaulichen Samen von Sauer-Ampfer, Wundklee usw. werden mit dem Kot von Reh und anderen Pflanzenfressern ausgeschiedenen und wachsen dann an einem neuen Ort dank der Nährstoffe im Kot rasch zu neuen Pflanzen heran.
7. **Ausbreitung von Samen durch Ameisen** (+ +)
   Die Samen vieler Pflanzenarten haben ein winziges, oft gelbliches Fett-Anhängsel (Lupe), das die Ameisen beim oder nach dem Transport fressen. Bsp. Veilchen, Flockenblumen, Kriechender Günsel sowie auch Schneeglöckchen, Krokus, Stängellose Primel und Borretsch im Garten.
8. **Tarnung: optische Verschmelzung mit dem Lebensraum** (+0)
   Grüne Eier, Puppen und Adulte von bestimmten Insekten sind im Gras nicht gut sichtbar.
   Bräunliche Insekten, Spinnen oder Vögel sind auf dem Boden schlecht zu sehen.

9. **Mimese = Tarnung durch Ähnlichkeit mit Teilen des Lebensraumes; das Lebewesen bleibt aber sichtbar!**
Manche Insekteneier (z. B. auf Zweigen und Blattunterseite) sehen aus wie Sandkörnchen oder Vogelkot. Raupen, Puppen und ausgewachsene Insekten, z. B. bei Schmetterlingen, ähneln Blättern, Ästchen oder ebenfalls Vogelkot und werden deshalb von Fressfeinden nicht entdeckt.
10. **Mimikry: Nachahmung anderer Arten zum eigenen Vorteil** (+0Δ)
Wehrlose Insekten, z. B. Schwebfliegen (stehen in der Luft und haben 2 Flügel), sehen mit ihrer schwarz-gelben Färbung auf dem Hinterleib aus wie wehrhafte (z. B. Wespen, Bienen, die 4 Flügel haben) und werden deswegen von Fressfeinden (Vögeln) in Ruhe gelassen.
11. **Stachlige oder giftige Pflanzen schützen Nachbarpflanzen vor Viehfraß** (+0Δ)
Zwischen Silberdisteln und anderen stachligen Pflanzen (auch Büschen) wachsen Gräser und Kräuter zum Teil üppiger als in der umgebenden Weide, wo sie abgefressen werden. Einen ähnlichen Effekt haben die Giftstoffe in Hahnenfuß-Pflanzen und Brennnesseln.
12. **Pflanzen als Verstecke, Nistplätze und Nistmaterial** (+0)
für Heuschrecken, Käfer, Raupen usw. Auch Aufhängungsorte für Spinnennetze, Insektenkokons usw. Hohle Stängel nach Insekten absuchen. All dies sind für die Tiere einseitig positive Beziehungen.
13. **Futterbau der Feldmäuse** (+ +)
In den hellgrünen Magerwiesen hat es manchmal einige Quadratdezimeter große dunkelgrüne, üppig grasige Stellen: der Eingang zu einem Mäuseloch. Daneben deponiert die Maus ihre Ausscheidungen, welche Dünger für das dunkelgrün aufwachsende Knaulgras und andere Pflanzen sind, von denen sich die Maus ernährt.
14. **Die Wurzelknöllchen der Schmetterlingsblütler (Klee-Arten, Luzerne, Esparsette usw.) kann man von Auge sehen!**
Die 1–3 mm großen Knöllchen sind an vorsichtig ausgegrabenen Wurzeln sichtbar, auch an solchen von Bohnen- oder Erbsenpflanzen. Die in den Knöllchen vorhandenen Bakterien (Rhizobien) wandeln das Stickstoffgas (der Luft) in pflanzenaufnehmbare Stickstoffverbindungen um, also in wichtige Nährstoffe für die Pflanzen, und erhalten dafür Kohlenhydrate von den Pflanzenwurzeln.
15. **Mikroklima zwischen hohen Gräsern und Kräutern** (+0)
ist z. T. ausgeglichener bezüglich Temperatur, Luftfeuchtigkeit usw. als auf einer kahlen Fläche. Dies ist positiv z. B. für viele Arten von Moosen und Kleintieren, insbesondere Insekten.
16. **Tiere schaffen Stellen, die für das Aufwachsen neuer Pflanzen günstig sind**
Durch Grabtätigkeit bzw. Tritt schaffen Tiere (Mäuse, Fuchs, Wildschweine, Weidetiere usw.) in der Pflanzendecke Lücken. Vor allem an deren Rändern können Keimlinge zu adulten Pflanzen heranwachsen.
17. **Düngewirkung von Ausscheidungen und Kadavern** (+0)
Diese sind Nahrung für Kleintiere, Pilze, Bakterien und letztlich Dünger für Pflanzen. In Wiesen und ungedüngten Parkrasen ist die Nährstoffwirkung von Tierkot (auch von Hunden) an den dunkelgrünen üppigen Stellen im Grasbestand leicht zu erkennen.
18. **Regenwürmer und andere Kleintiere lockern den Boden auf** (+ +) und **breiten Samen, Pilzsporen und Mikroorganismen aus** (+0)
Die Bodenlockerung ermöglicht das Eindringen von Luft (Sauerstoff) und Wasser, die von den Pflanzenwurzeln, Bodentieren, -pilzen und Bodenbakterien zum Leben benötigt werden.
19. **Vögel folgen Weidetieren, die Insekten aufscheuchen** (+0 und + +)
Die Vögel fressen dann diese Insekten, profitieren also von den Weidetieren. Selten picken die Vögel Insekten auch vom Rücken von Weidetieren auf.
20. **Tiefwurzler halten den Boden an Steilhängen zusammen, verhindern die Erosion** (+ +)
Dies kommt den Flachwurzlern und dem ganzen Ökosystem zugute.
21. **Positive Beziehungen zwischen dem Menschen und einer Wiese?** (+ +)
In tiefen Lagen Mitteleuropas sind praktisch alle Wiesen und Weiden durch jahrhundertelange und bis heute andauernde Bewirtschaftung durch den Menschen entstanden. Viele Wiesenpflanzen, Kleintiere und natürlich auch die Nutztiere verdanken ihre große Häufigkeit also dem Menschen. Und der Mensch profitiert mit der Milch und dem Fleisch des Viehs indirekt von den Wiesen- und Weidepflanzen. Man kann also sagen, dass eine wechselseitig positive Beziehung vorliegt.

Anhang B: 24 Tipps für das Finden und Beobachten von positiven Beziehungen in Wäldern
(siehe auch Anhang A und Kap. 3.8 und 6.1). Lupe mitnehmen.
+ bedeutet Förderung; 0 = «Nullwirkung», insbesondere, wenn der betreffende Beziehungspartner bereits abgestorben ist. Δ = indirekte Beziehung. Die Reihenfolge dieser Symbole hat keine Bedeutung.

Zunächst gilt es sich vorzustellen, wie in einem Wald viele Hundert positive Beziehungen zwischen Pflanzen, Tieren, Pilzen und Bakterien zusammenwirken, in den verschiedenen Vegetationsschichten über dem Boden sowie in ihm.

1. **Das Rätschen des Eichelhähers beim Herannahen von Fremdem** (+0Δ)
(auch des Menschen) ist so auffallend und laut, dass dadurch nicht nur Artgenossen, sondern auch andere Vögel sowie Rehe und weitere Tiere gewarnt werden.
2. **Die Rufe (nicht die Gesänge) vieler Kleinvögel sind oft ähnlich und sehr hoch** (+ +)
Dies erschwert den Fressfeinden, z. B. dem Sperber, die Rufer zu orten. Das heißt: Bestimmte Vogelarten unterstützen einander bei der Verwirrung von Fressfeinden. Dies erschwert auch für den Menschen das Erkennen der verschiedenen Vogelarten an ihren Rufen.
3. **Spechthöhlen-Nachnutzer** (+0)
Oft hört man das Hämmern eines Spechts bei der Nahrungssuche, dem Markieren des Reviers oder beim Zimmern einer Höhle. Verlassene Höhlen sind oft Nistplatz für Star, Meisen, Hohltaube, Waldkauz, Fledermäuse, Eichhörnchen, Hornissen, Wespen usw.
4. **Blütenbestäubung durch Insekten** (+ +, +0)
ist bekanntlich für Bestäuber und Pflanzen positiv. Beispiele: Busch-Windröschen, Waldmeister, Veilchen und viele Straucharten sowie auch Kirschbaum und Ahorn. Manchmal kann man das Summen der Bienen in der Baumkrone hören.
5. **Rendezvous-Plätze** für Männchen und Weibchen auf Blüten, Blütenständen (z. B. Holunder, Schneeball, Doldenblütler) sowie auf Früchten/Fruchtständen, Totholz, Kot oder Kadavern (+ + u. +0). Das Rendezvous führt oft zur Paarung, also zu Nachkommen bei den betreffenden Schmetterlingen, Käfern, Wildbienen usw.
6. **Die Aronstabblüte ist eine Kessel-Gleitfalle** (+0),
welche durch Aasgeruch bestimmte Fliegen- und Mückenarten anlockt. Diese Insekten setzen sich auf den Rand der Blüte und rutschen dann in sie hinein. Erst am Folgetag werden sie aus der Falle entlassen und bestäuben anschließend andere Aronstabblüten.
7. **Verbreitung von Früchten bzw. Samen durch Anhaftung ist positiv für die Pflanzen** (+0)
Dies erfolgt an Fell von Tieren und an Kleidungsstücken, z. B. bei Kletten-Labkraut, Waldmeister, Gewöhnlicher Nelkenwurz und Hexenkraut. Auch beim Schütteln durch vorbeilaufende Tiere werden Samen verbreitet, z. B. beim Rainkohl und bei den Springkräutern (Rühr-mich-nicht-an).
8. **Samenausbreitung mit Kot von Reh, Fuchs, Vögeln usw. ist positiv für die Pflanzen** (+0)
Oft enthält Kot unverdaute Samen von Himbeere, Heidelbeere, Kirschbaum usw. Manchmal werden auch Samen-Nahrungsreserven, z. B. Eicheln und Bucheckern, im Boden vom Eichhörnchen oder vom Eichelhäher vergessen. Deshalb sieht man dann ganze Gruppen von gleichzeitig herangewachsenen Keimlingen oder Jungpflanzen.
9. **Ameisen breiten bestimmte Samen aus (Myrmekochorie)** (+ +)
Samen bestimmter Arten haben ein winziges, oft gelbliches Fettkörperchen (Lupe), dessen Duft Ameisen anzieht. Diese tragen die Samen in ihr Nest; auf dem Weg dorthin oder im Nest wird das Fettkörperchen dann gefressen. So gelangen die Samen an neue Standorte. Pflanzen mit solchen Samen sind z. B. Busch-Windröschen, Wald-Veilchen und Taubnessel.
10. **Ausscheidungen und Kadaver von Reh, Fuchs, Mäusen, Insekten usw. sind Nahrung** (+0)
für Mistkäfer und andere Kleintiere (Kot oder Kadaver umdrehen), Pilze und Bakterien.
11. **Laub und Totholz sind Nahrung** (+ +)
für Dutzende von Kleintier- und Pilz-Arten, die man auf und im Boden oder wenn man Laub und Totholz umdreht, sehen kann, sowie für Milliarden von Bakterien; sie alle machen daraus Nährstoffe für die Pflanzen. Das Laub sammelt sich deshalb nicht an, sondern ist nach 1–3 Jahren abgebaut: Nährstoffkreisläufe.

12. **Gesundheitspolizei der Ameisen und anderer Insekten** (+ +Δ)
Diese fressen kranke und tote Tiere und verhindern so die Ausbreitung von Krankheiten.
13. **Polizistenfutter für Ameisen aus Drüsen am Blattstiel oder -grund** (+ +Δ)
Diese liefern süßen Nektar, der Nahrung u. a. für Ameisen ist, welche dafür die Pflanze gegen Fressfeinde verteidigen. Bsp.: Kirschbaum, Springkräuter, Holunder, Kirschlorbeer.
14. **Polizistenfutter-Honigtau der Blattläuse für die Ameisen** (+ +Δ)
Blattläuse saugen an Pflanzentrieben und scheiden Honigtau-Tröpfchen aus (mit Lupe sichtbar). Die Ameisen lecken den Honigtau als Nahrung auf und verteidigen dafür die Blattläuse gegen Fressfeinde, z. B. andere Insekten.
15. **Mimese = Tarnung durch Ähnlichkeit mit Teilen des Lebensraumes** (+0Δ)
Insekteneier sehen oft aus wie Sandkörnchen. Raupen und Puppen sehen aus wie Blätter oder Ästchen und werden von feindlichen Insekten gesehen, aber nicht wahrgenommen und deshalb natürlich nicht gefressen.
16. **Mimikry = spezielle Nachahmung anderer Arten** (+ +Δ)
Wehrlose Insekten, z. B. bestimmte Schwebfliegen, sehen aus wie wehrhafte, z. B. Wespen oder Bienen, und werden deshalb von Vögeln und anderen Tieren nicht angegriffen und gefressen.
17. **Efeu, Baummoose und -flechten profitieren von ihren Bäumen** (+0),
denn sie erhalten dort mehr Licht bzw. Nährstoffe aus abgelagertem Staub und mit dem Stamm-Wasserabfluss. Außerdem ist bei Baumbewohnern die Ausbreitung von Samen bzw. Sporen leichter und damit besser.
18. **Pflanzen sind nützlich als Verstecke bzw. Nistplätze und -material** (+0 und +0Δ)
für Vögel, Eichhörnchen, Insekten, Insekteneier, Raupen, Kokons, Spinnen(netze) usw.
19. **Das Einemsen von Vögeln ist wohl kaum zu beobachten, aber …**
Manche Vogelarten setzen sich auf Ameisenhaufen und lassen sich mit Ameisensäure bespritzen gegen Parasiten (+0). Legt man blaue Blüten (z. B. Glockenblume oder Akelei) auf ein Nest von Ameisen, so erscheinen deren Stiche wegen der Ameisensäure als rote Pünktchen.
20. **Das ausgeglichene Klima im Wald ist für viele Arten positiv**
Die im Vergleich zum Freiland ausgeglichenere Temperatur und Luftfeuchtigkeit spürt auch der Mensch. Dieses Mikroklima ermöglicht vielen daran angepassten Pflanzen-, Tier- und Pilz-Arten, im Wald zu leben, z. B. schattenertragenden Moosen und Farnen, dem Sauerklee usw.
21. **Pflanzennährstofflift**
Tiefwurzler (Buche, Eiche, Ahorn usw.) nehmen Nährstoffe aus dem Untergrund auf; mit dem Laubfall gelangen diese auf den Boden, wo sie dann, nach der Zersetzung des Laubes, den Flachwurzlern wie Waldmeister, Busch-Windröschen und Veilchen zugutekommen. Auch Bodenstabilisierung an Steilhängen.
22. **Pilzsammler wissen, zwischen Pilz- und Pflanzenarten bestehen enge Beziehungen** (+*+, + +). Bsp. Sommer-Steinpilz unter Rot-Buche; Speise-Morchel oft unter Esche.
Pilze mit Hut und Stiel oder andere Pilzformen sind die Fruchtkörper eines riesigen Geflechts aus Pilzfäden (Hyphen) im Boden, das den Wurzeln fast aller Pflanzen Phosphat- und Stickstoff-Nährstoffe zuführt und von den Wurzeln «dafür» Kohlenhydrate erhält: eine ±obligate Symbiose (= Mykorrhizen). Entfernt man das in Muldenlagen oft mehrschichtige Laub, so sieht man nach einigem Suchen weißliche, bis Millimeter dicke Pilzfäden oder -schichten, insbesondere bei sich zersetzenden Zweigen. Meist handelt es sich um Stränge aus sehr zahlreichen Pilzfäden.
23. **Flechten sind symbiotische Doppel-Lebewesen** (+ +) aus einem Pilz und mit ihm eng zusammenlebenden bestimmten Grünalgen oder Cyanobakterien. Der Pilz liefert das Gerüst, Wasser und bestimmte Nährstoffe, die Algen oder die Cyanobakterien die Kohlenhydrate. Diese Struktur ist auch mit einer Lupe nicht sichtbar.
24. **Beim Pflanzenwachstum** wird in der Fotosynthese Sauerstoff produziert und Kohlendioxid gebunden; dieses Gas stammt u. a. aus der Atmung der Tiere, die für Letztere gleichzeitig Sauerstoff benötigen. Nicht nur durch die Nahrung, sondern auch durch die Atmung sind die Tiere und der Mensch mit den Pflanzen wechselseitig verknüpft (+ +).

Anhang C: Tabelle der positiven Beziehungen zwischen 68 Magerwiesen-Pflanzenarten, Mykorrhizen und Knöllchenbakterien sowie Tieren als Bestäubern und Samenverbreitern

68 Magerwiesen-Pflanzenarten, die nach Gigon & Ryser (2000) in mindestens 11 von 118 Probeflächen à 1 m² in der Nähe von Schaffhausen vorkommen. Das Symbol (+) bedeutet zweit-, z. T. auch drittwichtigste Beziehung, Am. = Ausbreitung durch Ameisen (Myrmekochorie), beides nach Landolt et al. (2010). (+S) = Arten, die gemäß Tab. 1 in Fischer et al. (1996) von Schafen verbreitet werden. Die Angaben zu den Mykorrhizen stammen aus Wang & Qiu (2006). Die Summe aller + und (+), also der einzelnen positiven Beziehungen, ist 184.

Typ von positiver Beziehung / Pflanzenarten	→ Wissenschaftlicher Pflanzenname, jeweils alphabetisch	Symbiot. Wurzelpilze, Mykorrhizen	Symbiot. Knöllchenbakterien, N-Fixierung	Insekten als Bestäuber	Tiere als Samenausbreiter
Einkeimblättrige	**Monokotyledonen**				
Ruchgras	*Anthoxanthum odoratum*	+	0	0	(+)
Fromental, Glatthafer	*Arrhenatherum elatius*	+	0	0	(+)
Fieder-Zwenke	*Brachypodium pinnatum*	+	0	0	(+S)
Mittleres Zittergras	*Briza media*	+	0	0	(+S)
Aufrechte Trespe	*Bromus erectus*	+	0	0	(+) Am.
Frühlings-Segge	*Carex caryophyllea*	0	0	0	(+)
Schlaffe Segge	*Carex flacca*	0	0	0	(+)
Berg-Segge	*Carex montana*	0	0	0	+ Am.
Wiesen-Knaulgras	*Dactylis glomerata*	+	0	0	+
Schaf-Schwingel	*Festuca ovina*	+	0	0	(+)
Wiesen-Schwingel	*Festuca pratensis*	+	0	0	(+)
Flaumhafer	*Helictotrichon pubescens*	+	0	0	(+S)
Behaartes Honiggras	*Holcus lanatus*	+	0	0	(+)
Kleines Knabenkraut	*Orchis morio*	+	0	+	0
Blasses Knabenkraut	*Orchis pallens*	+	0	+	0
Schmalblättriges Rispengras	*Poa angustifolia*	+	0	0	+
Wiesen-Rispengras	*Poa pratensis*	+	0	0	+
Goldhafer	*Trisetum flavescens*	+	0	0	(+S)
Schmetterlingsblütler	**Fabaceae**, Leguminosen				
Gewöhnlicher Wundklee	*Anthyllis vulneraria*	+	+	+	(+)
Hufeisenklee	*Hippocrepis comosa*	+	+	+	(+)
Verschiedenblättrige Platterbse	*Lathyrus heterophyllus*	+	+	+	(+)
Wiesen-Platterbse	*Lathyrus pratensis*	+	+	+	(+)
Gewöhnlicher Hornklee	*Lotus corniculatus*	+	+	+	+ Am.
Sichelklee. Gelbe Luzerne	*Medicago falcata*	+	+	+	+
Hopfen(schnecken)klee	*Medicago lupulina*	+	+	+	+
Saat-Esparsette	*Onobrychis viciifolia*	+	+	+	+
Kriechender Hauhechel	*Ononis repens*	+	+	+	0
Mittlerer Klee	*Trifolium medium*	+	+	+	(+)

Rot-Klee	*Trifolium pratense*	+	+	+	+ Am.
Weiß-Klee	*Trifolium repens*	+	+	+	+
Vogel-Wicke	*Vicia cracca*	+	+	+	(+)
Zaun-Wicke	*Vicia sepium*	+	+	+	(+)
Weitere Zweikeimblättrige	**Kräuter**				
Gewöhnliche Schafgarbe	*Achillea millefolium*	+	0	(+)	(+)
Behaarte Gänsekresse	*Arabis hirsuta*	0	0	(+)	(+S)
Gänseblümchen, Margritli	*Bellis perennis*	+	0	+	(+)
Rundblättrige Glockenblume	*Campanula rotundifolia*	+	0	+	(+) Am.
Wiesen-Flockenblume	*Centaurea jacea*	+	0	+	(+) Am.
Gewöhnliches Hornkraut	*Cerastium fontanum* subsp. *vulgare*	0	0	+	(+)
Wilde Möhre, Karotte	*Daucus carota*	+	0	+	+
Weißes Labkraut	*Galium album*	+	0	(+)	+
Behaartes Habichtskraut	*Hieracium pilosella*	+	0	(+)	0
Echtes Johanniskraut	*Hypericum perforatum*	+	0	(+)	+
Wiesen-Witwenblume	*Knautia arvensis*	+	0	+	+ Am.
Gewöhnliche Wiesen-Margerite	*Leucanthemum vulgare*	+	0	(+)	(+)
Purgier-Lein	*Linum catharticum*	+	0	(+)	(+) Am.
Acker-Vergissmeinnicht	*Myosotis arvensis*	0	0	(+)	+
Habichtskraut-Bitterkraut	*Picris hieracioides*	+	0	+	(+)
Kleine Bibernelle	*Pimpinella saxifraga*	+	0	+	+ Am.
Spitz-Wegerich	*Plantago lanceolata*	+	0	(+)	+
Mittlerer Wegerich	*Plantago media*	+	0	(+)	+ Am.
Schopfige Kreuzblume	*Polygala comosa*	+	0	+	+ Am.
Frühlings-Fingerkraut	*Potentilla verna*	+	0	(+)	+ Am.
Frühlings-Schlüsselblume	*Primula veris* s.l.	+	0	+	(+)
Großblütige Brunelle	*Prunella grandiflora*	+	0	+	+
Knolliger Hahnenfuß	*Ranunculus bulbosus*	+	0	+	0
Kleiner Klappertopf	*Rhinanthus minor*	0	0	(+)	0
Wiesen-Sauerampfer	*Rumex acetosa*	+	0	(+)	+
Wiesen-Salbei	*Salvia pratensis*	+	0	(+)	+
Kleiner Wiesenknopf	*Sanguisorba minor*	+	0	0	0
Tauben-Skabiose	*Scabiosa columbaria*	+	0	+	(+)
Hirschheil, Bergfenchel	*Seseli libanotis*	+	0	+	(+S)
Gewöhnlicher Löwenzahn	*Taraxacum officinale*	+	0	(+)	(+)
Stängelumfass. Täschelkraut	*Thlaspi perfoliatum*	0	0	+	0
Arznei-Thymian = Feld-Thymian	*Thymus pulegioides*	+	0	+	(+) Am.
Östl. Wiesen-Bocksbart	*Tragopogon pratensis or.*	+	0	+	(+)
Feld-Ehrenpreis	*Veronica arvensis*	+	0	+	+
Gamander Ehrenpreis	*Veronica chamaedrys*	+	0	(+)	(+)
Behaartes Veilchen	*Viola hirta*	+	0	(+)	+ Am.
Positive Beziehungen	**+ und (+): Anzahl und %**	**60 88** %	**14 21** %	**51 75** %	**59 87** % 14 Am. 21 %
0 Keine Beziehung	Anzahl und Prozent	8 12 %	54 79 %	17 25 %	9 13 %

Literaturverzeichnis und Internetquellen

Aarssen L., 1995. Hypotheses for the evolution of apical dominance in plants: implications for the interpretations of overcompensation. Oikos 74 (1): 149–156.

Agrawal A. A., 2000. Overcompensation of plants in response to herbivory and the by-product benefits of mutualism. Trends Plant Sci. 5 (7): 309–313.

Albrecht L., 1995. Das Reservat Aletschwald. Der Ornithologische Beobachter 92 (2): 97–110.

Amiet F., Krebs A., 2019. Bienen Mitteleuropas. 3. Aufl. Haupt, Bern. 423 S.

Arzt V., 2019. Kumpel & Komplizen. Warum die Natur auf Partnerschaft setzt. Bertelsmann. München. 368 S.

Axelrod R., 2009. Die Evolution der Kooperation. Übersetzung von "The evolution of cooperation" durch W. Raub und T. Voss. 7. Aufl. Oldenburg, München. 235 S.

Bascompte J., Jordano P., 2014. Mutualistic networks. Princeton University Press, Princeton. 224 S.

Bascompte J., Olesen J. M., 2015. Mutualistic networks. S. 203–220, in: Bronstein (2015 a).

Bauer J., 2008. Prinzip Menschlichkeit. Warum wir von Natur aus kooperieren. 9. Aufl. Heye, München. 256 S.

Begon M. E., Harper J. L., Townsend C. R., 1998. Ökologie. Übersetzung von «Ecology», 3. engl. Aufl. Spektrum, Heidelberg, Berlin. 750 S.

Bellmann H., 2018. Der Kosmos Insektenführer. Franckh-Kosmos, Stuttgart. 448 S.

Bertness M. D., Callaway R. M., 1994. Positive interactions in communities. TREE 9: 191–193.

Berg G., Grube M., Schloter M. et al., 2014. Unraveling the plant microbiome: looking back and future perspectives. Frontiers in Microbiology 5 (148): 1–7.

Bertram J., 2000. Moosvegetation und Moosflora des Reservates Aletschwald. La Murithienne. Les cahiers des sciences naturelles 4: 1–143.

Besson J.-M., 1971. Nature et manifestations des relations sociales entre quelques espèces végétales herbacées. Berichte der Schweizerischen Botanischen Gesellschaft 81: 319–397.

Blab J., 1993. Grundlagen des Biotopschutzes für Tiere. 4. Aufl. Schriftenreihe für Landschaftspflege und Naturschutz, Heft 24. Bonn-Bad Godesberg und Kilda-Verlag, Greven. 479 S.

Bonn S., Poschlod P., 1998. Ausbreitungsbiologie der Pflanzen Mitteleuropas. Quelle & Meyer, Wiesbaden. 404 S.

Boschi C., Baur B., 2007. The effect of horse, cattle and sheep grazing on the diversity and abundance of land snails in nutrient-poor calcareous grasslands. Basic and Applied Ecology 8: 55–65.

Boschi C., Baur B., 2008. Past pasture management affects the land snail diversity in nutrient-poor calcareous grasslands. Basic and Applied Ecology 9: 752–761.

Boucher D. H. (Hrsg.), 1985. The biology of mutualism: ecology and evolution. Croom Helm, London, Sydney. 388 S.

Bouée M., Maurice J.-P., Zeller B. et al., 2011. Influence of tree species on richness and diversity of epigeous fungal communities in a French temperate forest stand. Fungal Ecology 4: 22–31.

Bowman W. D., Hacker S. D., Cain M. L., 2018. Ecology. 4. Aufl. Oxford University Press, New York. 594 S. + Annexes.

Brandstetter J., Reichholf J. H., 2016. Symbiosen. Das erstaunliche Miteinander in der Natur. Matthes & Seitz, Berlin. 298 S.

Bronstein J. L. (Hrsg.), 2015 a. Mutulalism. Oxford University Press, Oxford. 315 S.

Bronstein J. L., 2015 b. The study of mutualism. S. 3–19 in Bonstein (2015 a). S. 3–19, in: Bronstein (2015 a).

Bühler-Cortesi T., 2013. Schmetterlinge. Tagfalter der Schweiz. 2. Aufl. Haupt, Bern. 238 S.

Bulgarelli D., 2018. How manipulating the plant microbiome could improve agriculture. The Scientist. 32 (2).

https://search.proquest.com/docview/2008881611/D876DE6885524FF0PQ/7?accountid=27229 (zugegriffen am 18.10.2019)

BUWAL (Bundesamt für Umwelt, Wald und Landschaft, Hrsg.), 2005. Stickstoffhaltige Luftschadstoffe in der Schweiz. Status-Bericht der Eidg. Kommission für Lufthygiene (EKL). Schriftenreihe Umwelt Nr. 384. Bern. 168 S.

Callaway R. M., 2007. Positive interactions and interdependence in plant communities. Springer, Dordrecht NL. 415 S.

Callaway R. M., Brooker R. W., Choler P. et al., 2002. Positive interactions among alpine plants increase with stress. Nature 417: 844–848.

Castelo M. K, van Nouhuys S., Corley J. C., 2010. Olfactory attraction of the larval parasitoid, *Hyposoter horticola*, to plants infested with eggs of the host butterfly, *Melitaea cinxia*. J. Insect Science 10 (53):1–16.

Cerletti G., 1997. Soil water conditions and root growth of seedlings and their importance for species richness in limestone grasslands. Dissertation ETH Nr. 12220. 70 S.

Claessens J., Kleynen J., 2011. The flower of the European orchid. Form and function. Schrijen-Lippertz, Voerendaal/Stein NL. 439 S.

Clarke D., Whitney H., Suttton G., Robert D., 2013. Detection and learning of floral electric fields by bumblebees. Science 340 (6128), 66–69.

Compant S., Samad A. et al., 2019. A review on the plant microbiome: Ecology, functions, and emerging trends in microbial application. Journal of Advanced Research 19: 29–37.

Cramer E. (Hrsg.), 1952–1955. Mitteleuropäische Vogelwelt. Kronen-Verlag Erich Cramer, Frankfurt/Main und Hamburg. Einleitung, Stichwortregister und 272 Tafeln.

Cofer T. M., Seidl-Adams I., Tumlinson J. H., 2018. From Acetoin to (Z)-3-Hexen-1-ol: The Diversity of Volatile Organic Compounds that Induce Plant Responses. Journal of Agricultural and Food Chemistry 66: 11197–11208.

Darwin C., 1859. On the origin of species by means of natural selection, or the preservation of favoured races in the struggle for life. John Murray. London. 502 S.

De Bary A., 1879. Die Erscheinung der Symbiose. K. J. Trübner, Straßburg.

De Moraes C. M., Lewis W. J. et al., 1998. Herbivore-infested plants selectively attract parasitoids. Nature 393: 570–573.

De Roode J. C., Lefèbre T., Hunter, M. D., 2013. Self-medication in animals. Science 340: 150–151.

Douglas A. E., 1994. Symbiotic interactions. Oxford University Press, Oxford. 148 S.

Douglas A. E., 2010. The symbiotic habit. Princeton University Press, Princeton NJ. 202 S.

Douglas A. E., 2015. The special case of symbioses: mutualism with persistent contact. S. 20–36, in: Bronstein 2015 a.

Ellenberg H., 1996. Vegetation Mitteleuropas mit den Alpen. (5. Aufl.). Ulmer, Stuttgart. 1095 S.

Ellenberg H., Leuschner C., 2010. Vegetation Mitteleuropas mit den Alpen. (6. Aufl.) Ulmer, Stuttgart. 1334 S.

Ellenberg H., Schauermann J., Ulrich B.,1979. Ökosystemforschung im Solling – eine knappe Synthese 1979. Systematisch-Geobotanisches Institut, Universität Göttingen. 66 S.

Erb M., 2018. Volatiles as inducers and suppressors of plant defenses and immunity – origins, specificity, perception and signaling. Current Opinion in Plant Biology 44: 117–121.

FAO, 2016. Pollinators vital to our food supply under threat. http://www.fao.org/news/story/en/item/384726/icode/ (zugegriffen am 18.10.2019).

Fischer S. F., Poschlod P., Beinlich B., 1996. Experimental studies on the dispersal of plants and animals on sheep in calcareous grasslands. J. Appl. Ecology 33 (5): 1206–1222.

Fowler D., Coyle M. et al., 2013. The global nitrogen cycle in the twenty-first century. Philosophical Transactions of the Royal

Martinoli D., Crump. L., Zinsstag J., 2019. Biodiversität, eine Garantie für Gesundheit? Swiss Academies Factsheets 14 (3). 10 S.

Mattes H., 1982. Die Lebensgemeinschaft von Tannenhäher, *Nucifraga caryocatactes* (L.), und Arve, *Pinus cembra* L., und ihre forstliche Bedeutung in der oberen Gebirgswaldstufe. Eidg. Anst. forstl. Versuchswesen, Birmensdorf. 74 S.

May R. M., 1982. Mutualistic interactions among species. Nature 296: 803–804.

Meiners T., Hilker M., 1997. Host location in *Oomyzus gallerucae* (Hymenoptera: Eulophidae), an egg parasitoid of the elm leaf beetle *Xanthogaleruca luteola* (Coleoptera: Chrysomelidae). Oecologia 112: 87–93.

Mäntylä E., Kleier S. et al., 2017. The attraction of insectivorous tit species to herbivore-damaged Scots pine. J. Ornithologie 158: 479–491.

Milchunas D. G., Lauenroth W. K., 1993. Quantitative effects of grazing on vegetation and soils over a global range of environments. Ecological Monographs 63: 327–366.

Molenda O., Reid A., Lortie C. J., 2012. The Alpine Cushion Plant Silene acaulis as Foundation Species: A Bug's-Eye View to Facilitation and Microclimate. PLoS ONE 7(5): e37223. https://doi.org/10.1371/journal.pone.0037223

Møller A. P., Flensted-Jensen E., Liang W., 2020. Behavioral snake mimicry in breeding tits. Current Zoology. Hyperlink „https://doi.org/10.1093/cz/zoaa028“ doi.org/10.1093/cz/zoaa028.

Nentwig W., Bacher W., Brandl R., 2017. Ökologie kompakt. 4. Aufl. Springer, Berlin. 369 S.

Nentwig W., Bacher S. et al., 2004. Ökologie. Spektrum-Verlag Heidelberg, Berlin. 466 S.

Oehl F., Jansa J. et al., 2011. Arbuskuläre Mykorrhizapilze als Bioindikatoren in Schweizer Landwirtschaftsböden. Agrarforschung Schweiz 2 (7–8): 304–311.

Offenberger M., 2014. Symbiose: Warum Bündnisse fürs Leben in der Natur so erfolgreich sind. DTV, München. 158 S.

Paracer S., Ahmadjian V., 2000. Symbiosis. An Introduction to Biological Associations. 2. Aufl. Oxford University PressNew York. 291 S.

Plattner C., 2006. Ameisen als Schlüsseltiere in einem Grasland. Biodiversity and Ecology Series: Band 1. Universitätsverlag Göttingen. 170 S.

Primack R. B., 1995. Naturschutzbiologie. Aus dem Englischen übersetzt von D. Matthies und M. Reich. Spektrum, Heidelberg, Berlin, Oxford. 713 S.

Pugnaire F. I. (Hrsg.), 2010. Positive plant interactions and community dynamics. CRC Press/Taylor & Francis Group, Boca Raton, USA. 156 S.

Remmert H. (Hrsg.), 1991. The mosaic-cycle concept of ecosystems. Ecol. Studies 85. Springer Verlag, Berlin, Heidelberg. 168 S.

Richard J.-L., 1968. Les groupements végétaux de la Réserve d'Aletsch (Valais, Suisse). Beitr. Geobot. Landesaufnahme Schweiz 51. 30 S.

Richard J.-L., 1973. Dynamique de la végétation au bord du grand glacier d'Aletsch (Alpes Suisses). Ber. Schweiz. Bot. Ges. 83: 159–174.

Rinaldi A. C., Comandini O., Kuyper T. W., 2008. Ectomycorrhizal fungal diversity: separating the wheat from the chaff. Fungal Diversity 33: 1–45.

Ryan, F., 2002. Darwin's Blind Spot: Evolution Beyond Natural Selection. Houghton Mifflin. Boston, Mass. 310 S.

Ryser P.,1993. Influences of neighbouring plants on seedling establishment in limestone grassland. Vegetation Science 4: 195–202.

Schaefer M., 2012. Wörterbuch der Ökologie. 5. Aufl. Spektrum Akedemischer Verlag, Heidelberg, Berlin. 379 S.

Schmidt A., 2010. Präsenz und Bedeutung symbiotischer Beziehungen. Atelier Symbiota. Leipzig. 12 S.

Schmidt M. H., Rocker S. et al., 2008. Rotational fallows as overwintering habitat for grassland arthropods: the case of spiders in fen meadows. Biodiversity Conservation 17: 3003–3012.

Senn-Irlet B., Bieri G., Egli S. (2007). Rote Liste Grosspilze. Rote Liste der gefährdeten Arten der Schweiz. Umwelt-Vollzug: Vol. 0718.

Bern; Birmensdorf ZH: Bundesamt für Umwelt (BAFU); Eidgenössische Forschungsanstalt für Wald, Schnee und Landschaft (WSL). 92 S.

Simard S. W., Perry D. A. et al., 1997. Net transfer of carbon between ectomycorrhizal tree species in the field. Nature 388 (6642): 579–582.

Smith D. C., Douglas A. E., 1987. The biology of symbiosis. Edward Arnold Publishers, London. 302 S.

Soler J. J., Martín-Vivaldi M., Peralta-Sánchez J. M., 2014. Hoopoes color their eggs with antimicrobial uropygial secretions. Naturwissenschaften 101: 697–705.

Suter W., Graf R. F., Hess R., 2002. Capercaillie (*Tetrao urogallus*) and avian biodiversity: testing the umbrella-species concept. Conservation Biology 16: 778–788.

Sutter L., Herzog F., Dietemann V., Charrière J.-D., Albrecht M., 2017. Nachfrage, Angebot und Wert der Insekten-Bestäubung in der Schweizer Landwirtschaft. Agrarforschung Schweiz 8 (9): 332–339.

Thompson J. N., 2006. Mutualistic webs of species. Science 312: 372–373.

Ulrich B., Mayer R., 1973. Systemanalyse des Bioelementhaushaltes von Wald-Ökosystemen. S. 165–174, in: Ellenberg H. (Hrsg.), 1973. Ökosystemforschung. Springer, Berlin, Heidelberg, New York. 280 S.

Van Beneden P. J., 1876. Animal parasites and messmates. Henry S. King, London. 274 S.

Van der Heijden M. G. A., Bardgett R. D., van Straalen N. M., 2008. The unseen majority: soil microbes as drivers of plant diversity and productivity in terrestrial ecosystems. Ecology Letters 11: 296–310.

Van der Heijden M. G. A., Sanders I. R. (Hrsg.), 2003. Mycorrhizal ecology. Ecological Studies 157. Springer, Berlin, Heidelberg. 469 S.

Wang B., Qiu Y. L., 2006. Phylogenetic distribution and evolution of mycorrhizas in land plants. Mycorrhiza 16 (5): 299–363.

Weber E., 2015. Der Fisch, der lieber eine Alge wäre. Das erstaunliche Zusammenleben von Tieren und Pflanzen. C. H. Beck, München. 245 S.

Weber M. G., Keeler K. H., 2013. The phylogenetic distribution of extrafloral nectaries in plants. Annals of Botany 111: 1251–1261.

Wermelinger B., 2017. Insekten im Wald. Vielfalt, Funktionen und Bedeutung. WSL Birmensdorf und Haupt, Bern. 367 S.

Wildermuth H., 1978. Natur als Aufgabe. Schweizerischer Bund für Naturschutz, Basel. 298 S.

Willis K. J. (Hrsg.), 2017. State of the World's Plants 2017. Report. Royal Botanic Gardens, Kew, England. 100 S.

Wohlleben P., 2015. Das geheime Leben der Bäume. 16. Aufl. Ludwig Verlag, München. 224 S.

Xin Wang et al., 2014. Bacteria can mobilize nematode-trapping fungi to kill nematodes. Nature Communications 5: 1–9.

York J. E., Davies N. B., 2017. Female cuckoo calls misdirect host defences towards the wrong enemy. Nature Ecology & Evolution 1: 1520–1525.

Dank

In erster Linie danke ich meiner Frau Maria für zahlreiche wertvolle Gespräche und kritisch-konstruktive Kommentare zum Manuskript, Hinweise zur Gestaltung und für große Geduld in den vergangenen dreieinhalb Jahren intensiver Arbeit am vorliegenden Buch. Mein Bruder Beat hat mehrere Kapitel kritisch durchgesehen und wertvolle Verbesserungsvorschläge gemacht. Viele Hinweise gaben mir auch meine Töchter Bettina und Daniela Lüthi-Gigon. Für all dies bedanke ich mich herzlich.

Dem Haupt Verlag in Bern danke ich für die Aufnahme des Buches in sein Programm. Anfangs haben Frau Regine Balmer und Herr Martin Lind, später Frau Gabriela Bortot die Herausgabe des Buches betreut und immer mit konstruktiven Vorschlägen unterstützt. Frau Claudia Huber, Naturwissenschaftliches Lektorat in Erfurt, hat den Text überprüft, das Grafikbüro pooldesign in Zürich hat das Layoutkonzept entwickelt und Frau Christine Rölke von der Werkstatt Medien-Produktion in Göttingen den Satz und das Layout gestaltet. Ihnen allen danke ich vielmals.

Den folgenden Stiftungen danke ich für namhafte Beiträge an die Druckkosten: Bristol Stiftung der Ruth und Herbert Uhl-Forschungsstelle für Natur- und Umweltschutz, Zürich; Dr. Bertold Suhner-Stiftung für Natur-, Tier- und Landschaftsschutz, St. Gallen; Stiftung Geobotanisches Forschungsinstitut Rübel, Zürich.

Wichtige fachliche Angaben erhielt ich von den folgenden Freund/innen und Kolleg/innen: Matthias Baltisberger, ETH Zürich; Thomas Boller, Universität Basel; Heike Hofmann, Universität Zürich; Ottmar Holdenrieder, ETH Zürich; Ruben Kretzschmar, ETH Zürich; Adrian Leuchtmann, ETH Zürich; Andreas Müller, Natur Umwelt Wissen GmbH, Zürich; Wolfgang Nentwig, Universität Bern; Michael Nobis, WSL, Birmensdorf; Bruce Patterson, Universität Zürich; Felix Stauffer, Hinteregg ZH; Edwin Urmi, Universität Zürich; Verena Wiemken, Universität Basel.

Weitere Fachkolleg/innen, die mir wertvolle Informationen haben zukommen lassen, sind: Sven Bacher, Universität Fribourg; Matthias Erb, Universität Bern; Gerhard Falkner, Wörth-Hörlkofen (D); Daniel Janzen, University of Pennsylvania (USA); Guilhem Mansion, Zürich; Christian Marti, Schweizerische Vogelwarte Sempach; Andreas Moser, Schweizer Radio und Fernsehen; Maria Nuber, Schweizerische Vogelwarte Sempach; Jens M. Olesen, University of Aarhus (DK); Jörg Rüetschi, Universität Bern; Beatrice Senn-Irlet, WSL, Birmensdorf. Ihnen allen sei hier gemeinsam gedankt.

Zahlreiche Menschen haben mir nach Anfrage kostenlos Fotos für das Buch zur Verfügung gestellt, wofür ich vielmals danke. Ihre Namen und die Themen der Fotos sind im Bildnachweis zusammengestellt.

Ein weiterer großer Dank geht an die vielen Fotografinnen und Fotografen, die erlauben, die Bilder, die sie ins Internet gestellt haben, gratis zu verwenden (siehe Bildnachweis).

Dank für Hinweise für die 2. Auflage

Mein Dank geht an Angelika Jenny, Rodersdorf (CH), Alfred Leutert, Fachhochschule Rapperswil-Jona (CH), Christian Marti, Vogelwarte Sempach (CH) und Florian Schiestl, Universität Zürich.

Glossar

Aktinobakterien: Bestimmte Bakterien, die in Böden und Gewässern weit verbreitet sind. (Vertreter der Gattung *Frankia* bilden mit Erlen und anderen Arten Wurzelknöllchen, in denen Luftstickstoff fixiert wird.)

Ambrosiakäfer und -pilz: Siehe Kap. 3.6.

Ammenpflanze: Pflanze, die Bedingungen schafft, die das Aufwachsen von Jungpflanzen (anderer Arten) ermöglicht. Engl. *nurse plant*.

Arbuskuläre Mykorrhizen: Symbiotische Pilze, deren Hyphen (Pilzfäden) im Inneren von Wurzelzellen bäumchenartige Strukturen bilden (auch als Endomykorrhizen bezeichnet). Siehe Mykorrhizen.

Ausbreitung einer Art: Im wissenschaftlichen Sinn: Transport von Früchten bzw. Samen an einen neuen Ort (engl. *dispersal*). Umgangssprachlich wird hierfür oft der Begriff Verbreitung verwendet (siehe dort).

Bestäubernetz: Netz von verschiedenen Bestäuberarten zu verschiedenen Pflanzenarten.

Biodiversität: Biologische Vielfalt in einem Gebiet. Meist ist die Vielfalt (Anzahl) an Arten gemeint. Biodiversität umfasst aber auch die Vielfalt an Genen und Ökosystemen (Lebensgemeinschaften) sowie im Weiteren auch von funktionalen Gruppen von Arten bzw. Vielfalt von geografischen Einheiten.

Biologische Schädlingsbekämpfung: Bekämpfung von Populationen bestimmter (schädlicher) Arten durch andere (nützliche) Arten oder Viren.

Biosphäre: a) Gesamtheit der Lebewesen auf der Erde; b) Gesamtheit der Räume der Erde, in denen Lebewesen vorkommen.

Biotopbaum: Meist großer alter Baum mit zahlreichen Lebensorten (Biotopen) für andere Arten.

Collembolen: Springschwänze: Zu den Gliedertieren gehörende Gruppe von 0,1–17 mm großen Organismen, die meist im Boden leben und dort v. a. verrottendes Pflanzenmaterial fressen. Charakteristisch ist eine auf der Unterseite des Körpers liegende Sprunggabel.

Destruenten: Organismen, die organische Substanzen abbauen und in ihre anorganischen Bestandteile zerlegen. Zersetzer.

Detritus: Tote organische Substanz, insbesondere Falllaub, Streu, tote Äste, aber auch Totholz, Exkremente, Kadaver usw.

Detritusnahrungskette: Nahrungskette, die auf toter organischer Substanz, vor allem abgestorbenen Pflanzen, basiert; Zersetzernahrungskette.

Einemsen: Sich von Ameisen (veraltet Emsen) mit ihrer Ameisensäure besprühen lassen.

Einzelbeziehung, positive: Positive Beziehung zwischen einer bestimmten Art und einer bestimmten anderen Art.

Ektomykorrhizen: Symbiotische Pilze, deren Pilzfäden (Hyphen) um die Feinwurzeln von Pflanzen einen dichten Mantel bilden, aber nicht in sie eindringen. Siehe Mykorrhizen.

Elaiosom: Fettkörperchen an Pflanzensamen, das von Ameisen (in den Tropen auch Vögeln) als Nahrung dient, wobei der Samen ausgebreitet (verbreitet) wird.

Emergenz: Die Herausbildung neuer Eigenschaften (Fähigkeiten) eines Systems durch das Zusammenwirken seiner Elemente. Die neuen emergenten Eigenschaften lassen sich dabei nicht bzw. nicht offensichtlich auf die Eigenschaften der Elemente zurückführen, sind also nicht vorhersehbar.

Endochorie: Ausbreitung von Samen durch Fraß und dann Ausscheidung.

Endophytisch: Im Innern einer Pflanze lebend.

Endosymbiontentheorie: Siehe Kap. 5.3.3.

Epichorie: Ausbreitung von Samen durch Anhaftung an Tieren.

Epiphyt: Aufsitzerpflanzen, also Pflanzen, die auf anderen Pflanzen leben.

Eusymbiose: Symbiose im engeren Sinn, also obligate wechselseitig positive Beziehung.

Extrafloral: Außerhalb der Blüten gelegen, also an Stängeln, Ästen oder Blättern.

Facilitation: Positive Beziehung, durch die einer der Partner gefördert wird und der andere unbeeinflusst bleibt. Wird im deutschen Sprachraum (selten) vor allem im Zusammenhang mit der ökologischen Sukzession verwendet, wo bestimmte Arten das Vorkommen anderer, neuer Arten ermöglichen. Begünstigung.

Flora: Die Gesamtheit der Pflanzenarten in einem Gebiet.

Förderungsfunktionen: Mechanismen, auf denen die positiven Beziehungen beruhen, vor allem Schutz, Ernährung und Transport.

Förderungskonstellation: Grafische Darstellung von positiven Beziehungen, die zwischen einer einzelnen sogenannten Zentralart oder -artengruppe und mehreren anderen Arten bestehen.

Förderungsnetz: Grafische Darstellung von positiven Beziehungen zwischen vielen verschiedenen Arten in einem Ökosystem.

Grundkategorien von positiver Beziehung: Die fünf Möglichkeiten des Zusammenwirkens von obligater Förderung (+*), fakultativer Förderung (+) und Nullwirkung (0) zwischen zwei Partnern, also +*+*, +*+, ++, +*0 und +0.

Hydraulischer Lift: Siehe Kapitel 3.3.

Hyphe: Pilzfaden (meist im Boden).

Interdependenz: Gegenseitige Abhängigkeit.

Koevolution: Wechselseitige genetische Anpassung von Arten aneinander im Verlauf der Evolution.

Kommensalismus: Auch als Tischgemeinschaft oder Mitessertum bezeichnet. Beziehung bei der eine andere Art von der Beute eines Fressfeindes frisst, ohne diesen zu beeinträchtigen. Der Begriff wird auch für andere Beziehungen verwendet, in denen einer der Partner gefördert und der andere weder gefördert noch beeinträchtigt wird.

Konvergenz: Das Phänomen, dass bei stammesgeschichtlich (also systematisch) nicht näher miteinander verwandten Arten bzw. Artengruppen im Verlauf der Evolution unabhängig voneinander ähnliche Strukturen und Funktionen entstanden sind. Beispiel: Die kaktusartige Wuchsform bei den nicht näher miteinander verwandten Pflanzenfamilien der Kaktus-, der Wolfsmilch- und der Seidenpflanzengewächse. Selektionsfaktor ist hier das heiß-trockene Klima.

Mikrobiom: Gesamtheit der Bakterien, bestimmter Pilzarten, Protozoen (Urtierchen) und anderer Mikroorganismen in und auf einem Organismus.

Milbenhäuschen: Haarbüschel oder kleine Mulden, die Milben Schutz bieten, z. B. in den Winkeln der Nerven auf der Blattunterseite von Linden.

Mimese: Beziehung, bei der eine Art eine Ähnlichkeit mit einem Teil der unbelebten oder belebten Umwelt hat und von anderen Arten durchaus wahrgenommen wird, aber nicht als Lebewesen (z. B. als Beute) erkannt wird. Für die «nachahmende» Art ist dies vorteilhaft; es liegt also eine einseitig positive Beziehung vor. Manchmal auch als Mimikry bezeichnet (siehe Tabelle in Kap. 1.4.3).

Mimikry: Beziehung, bei der eine Art in Gestalt, Farbe, Duft oder Lautäußerung Ähnlichkeit mit einer anderen Art hat und so ein täuschendes Signal ausgesendet wird, das für die erstgenannte Art vorteilhaft (positiv) ist, z. B. Schutz vor Feinden oder Anlockung von Beute. Für die nachgeahmte Art ist die Beziehung bedeutungslos (siehe Tabelle in Kap. 1.4.3).

Mutation: Spontan auftretende (sprunghafte) und dauerhafte Veränderung des Erbgutes.

Mutualismus: Beziehung, bei der zwei Arten einander gegenseitig fördern. Manchmal und vor allem im Englischen werden auch bestimmte Formen von Symbiose (siehe dort) zum Mutualismus gezählt (symbiotischer Mutualismus).

Mykorrhiza: Symbiose von Pilzen mit den Wurzeln von Pflanzen.

Myrmekochorie: Transport (Ausbreitung) von Samen durch Ameisen.

Myzel: Gesamtheit der Pilzfäden (Hyphen).

Nahrungskette: Abfolge von Fressen und Gefressen-Werden. Meist liegt allerdings ein Nahrungsnetz vor.

Nährstofflift: Siehe Kapitel 3.3.

Nahrungsnetz: Netz von Nahrungsbeziehungen, insbesondere Fraß.

Nektarium: Drüse, die Nektar absondert.

Nemadoden: Fadenwürmer (auch Ählchen genannt): Sehr artenreiche Gruppe von meist mikroskopisch kleinen Tieren, die sowohl in terrestrischen wie in aquatischen Ökosystemen leben. Manche sind Parasiten in Pflanzen und Tieren.

Neodarwinismus: Weiterentwicklung der Darwin'schen Evolutionstheorie; berücksichtigt auch die Rekombination der Gene bei der sexuellen Fortpflanzung, die Mutation von Genen und weitere Prozesse.

Ökosphäre: a) Synonym von Biosphäre; b) Gesamtheit der Lebewesen der Erde und der Lebensräume, in denen sie leben, also das globale Ökosystem.

Ökosystem: Gesamtheit der Lebewesen (Lebensgemeinschaft, Biozönose) und der unbelebten Umwelt (der Biotop), wo die Lebewesen leben.

Ökosystemingenieur-Arten: Arten und Artengruppe, welche die Umweltbedingungen von ganzen Ökosystemen «erschaffen», erhalten, verändern oder zerstören und dann durch Neues ersetzen. Beispiel: der Biber.

Parasitoid: Parasit, der seinen Wirt allmählich tötet.

Pollinarium: Gesamtheit von Pollinium und einem Stiel, an dem dieses oben haftet, sowie einer Klebscheibe unten am Stiel. Vor allem bei bestimmten Orchideen.

Pollinium: Meist klebrige Masse aus Pollen.

Polizistenfutter: Nahrung, die bestimmte Pflanzen- bzw. Tierarten an gewisse Ameisen «liefern», die sie «dafür» vor Fressfeinden beschützen.

Population: Gesamtheit aller Individuen einer Art, die in einem bestimmten Gebiet leben und bei denen es zumindest zwischen einzelnen Individuen zur Fortpflanzung, also zu einer Durchmischung des Erbgutes, kommt.

Positive Beziehung zwischen Arten: Beziehung, bei der eine Art durch eine andere Art gefördert wird und diese entweder auch gefördert oder unbeeinflusst bleibt. Weitere Einzelheiten siehe Kommensalismus, Mutualismus, Symbiose und Kap. 1.1.4. und 1.1.5.

Rendezvous-Platz von Arten: Ort, wo Individuen einer Art, insbesondere Männchen und Weibchen, zusammentreffen, was dann zu Nachkommen führen kann. Beispiele: Blüten, Früchte oder Kadaver.

Schlafstättenblumen: Blumen, in denen kleine Insekten oder Spinnen übernachten. Beispiel: Glockenblume *(Campanula)*.

Selbstmedikation: Diese liegt bei Tieren vor, wenn eine Substanz eindeutig ausgesucht und dann angewandt wird und diese Substanz präventiv und heilend wirkt und dadurch das Überleben und die Vermehrung der betreffenden Art vergrößert.

M

N

O

P

Q

R

S

Umschlagbilder hinten
Beispiele von positiven Beziehungen: Der Tannenhäher *(Nucifraga caryocatactes)* versteckt jedes Jahr Tausende von Nüsschen der Arve (Zirbe, *Pinus cembra*) als Nahrungsreserve; einige findet er nicht mehr, wodurch diese Nadelbaumart verbreitet wird. Das Tagpfauenauge *(Inachis io)* saugt Nektar an einem Korbblütler (Asteraceae) und überträgt dabei auch Pollen: eine wechselseitig positive Beziehung. Auch täuschen die vier Augenflecke ein größeres Tier vor: Schutzmimikry, eine einseitig positive Beziehung. Bestimmte Ameisen ernähren sich z. T. vom Zuckersaft (Honigtau), den gewisse Blattläuse ausscheiden, und beschützen Letztere «dafür» vor Fressfeinden: Ameisengarde. Viele Pilzarten, hier der Dunkelscheibige Fälbling *(Hebeloma mesophaeum),* leiten Bodennährstoffe zu den Pflanzen und werden «dafür» von diesen mit Kohlenhydraten versorgt. Der Gewöhnliche Regenwurm *(Lumbricus terrestris)* durchwühlt den Boden, wodurch Poren für die Luft- und Wasserzufuhr entstehen, die für die Wurzeln und die Bodentiere lebenswichtig sind: eine positive Beziehung. In den Wurzelknöllchen leben stickstofffixierende Bakterien (Rhizobium) in Symbiose mit Pflanzen (z. B. mit dem Sumpf-Hornklee, *Lotus pedunculatus*): Die Bakterien versorgen die Pflanzen mit Stickstoffverbindungen, und die Pflanzen liefern den Bakterien Kohlenhydrate.